한국유전학회 총서 11권

당신의 유전자는 안녕하십니까?

당신의 유전자는 안녕하십니까

찍은날   2007년 7월   5일
펴낸날   2007년 7월 10일

저 자   필립 R. 레일리
옮긴이   한국유전학회
펴낸이   손영일

펴낸곳   **전파과학사**
　　　　서울특별시 서대문구 연희2동 92-18
　　　　전화 02-333-8877 · 8855
　　　　팩스 02-334-8092
　　　　출판등록 1956. 7. 23(제10-89호)

　　　　ISBN 978-89-7044-256-3 93470

홈페이지 : www.s-wave.co.kr
E-mail : s-wave@wave.co.kr
　　　　chonpa2@hanmail.net

당신의 유전자는 안녕하십니까?

가장 흔한 100여 종의 유전병 관련 유전자의 영향력

Is It In Your Genes?
The Influence of Genes on Common Disorders and Diseases
That Affect You and Your Family

필립 R. 레일리 지음
한국유전학회 옮김

전파과학사

Is It In Your Genes?

Copyright © 2004 by Cold Spring Harbor Laboratory Press, Cold Spring Harbor, New York as in Proprietor's edition
All rights reserved.

Korean translation copyright © 2006 by
Chonpa Kwahak Sa.
Korean translation rights arranged with ATMARR Agency Services through Eric Yang Agency.

이 책의 한국어판 저작권은 에릭양 에이전시를 통한
ATMARR AGENCY SERVICES사와의 독점 계약으로 한국어 판권을
'전파과학사'가(이) 소유합니다.
저작권법에 의하여 한국 내에서 보호를 받는 저작물이므로
무단전제와 복제를 금합니다.

번역에 부쳐서

새로운 밀레니엄이 생명과학(BT)의 시대로 열리면서 우리 사회의 여러 영역에서 매우 의미 있는 변화와 발전이 이루어지고 있다. 특히 2003년 사람 유전체의 전체 염기 순서가 밝혀짐에 따라 질병 유발 가능성에 미치는 유전자의 영향을 보다 잘 이해할 수 있게 되었다.

술을 즐기고, 운동을 싫어하여 과체중이면서도 끽연가였던 처칠(Winston Churchill)은 90세까지 살 수 있었던 반면, 마라톤 선수인 픽스(Jim Fixx)는 깡마르고 담배를 피우지 않았음에도 불구하고 왜 52세에 심장마비로 죽었을까? 거의 모든 질병에 대한 발병의 위험성은 태어날 때부터 지니게 되는 유전자와 관계된다는 사실이 자명하다. 천식에서 난청에 이르는 대부분의 소아기성 질환은 물론 심장질환, 모든 암 및 치매를 포함한 성인 질환들도 이 범주에 속한다.

우리는 이미 '유전자 의학' 시대에 살고 있다. 조만간 사람 유전체 사업과 관련된 수많은 연구들이 성공을 거두게 되면 건강관리나 의료분야에 상당한 변화가 있을 것으로 예상되고 있다. 생명의 탄생이 시작되는 시기에 발생하는 불임과 유산으로부터 태아시기에 나타나는 발생결함, 어린이의 자폐증과 천식, 그리고 성인의 심장질환, 암, 알츠하이머병 등과 같이 우리가 태어나서 죽을 때까지 겪게 될지 모르는 여러 질환들이 유전자 이상에 의해 생긴다는 사실이 밝혀짐에 따라, 앞으로 질병의 진단, 치료, 예방에 유전자 정보가 크게 적용될 전망이다.

유전학적 지식을 의료분야에 적용하기 위해서는 의사뿐만 아니라 일반인들도 건강상태나 질병이 유전자에 의해 어떻게 영향받는지에 대해 이해할 필요가 있다. 이러한 시대적인 요구에 부응하여 본 학회에서는 유전자에 관하여 알아야 할 필요성, 염색체와 유전의 관계, 인종과 유전자, 유전자 검색, 정신박약과 유전자, X선, 화학 물질과 유전 관계,

유전상담 제도, 유전 결함의 산전 진단과 윤리 문제, 유전병의 치료, 유전병은 극복할 수 있는가? 등 현대 교양인을 위한 필수적인 요소를 망라하여 개괄적으로 기술한 한국유전학회 총서 제2권 『유전병은 숙명인가?』를 출판한 바 있다.

　이번에 번역 출판하게 된 한국유전학회 총서 제11권 『당신의 유전자는 안녕하십니까?』는 임신기에서부터 성인에 이르기까지 나타나는 유전질환 중 유전자 수준에서 연구가 많이 진행되어 그 원인이 비교적 잘 알려진 100종 이상의 호발성 유전질환에 대하여 발병 위험성에 대한 이해를 유전자 수준에서 조명하는 내용을 담고 있다.

　내과의사이면서 유전학자인 레일리 박사(Dr. Philip Reilly)는 지난 30년 동안 의사 및 일반 대중을 상대로 한 수백 건의 강연 내용을 기반으로 가족의 질환 유전성에 대해 더 많은 정보를 원하는 사람들에게 매우 가치 있는 정보를 쉽게 이해할 수 있도록 전하고 있다. 예를 들어 "내 자매는 다발성 경화증을 앓고 있다. 그렇다면 내게도 나타날 확률은 높은가?"와 같이, 그는 질문에 근거한 답을 제시하고 있다. 이 책에는 임신에서 노인에 이르는 동안 나타나는 100건 이상의 일반적인 증상, 질환 및 질병에 대한 내용이 소개되고 있다. 레일리 박사는 용어의 사용에서 기교를 부리지 않고 유전적 요인에 대하여 무엇이 알려졌고, 어떤 점은 알려지지 않았는지에 대해 분명하게 설명하고 있으며, 발병 위험성이 높은 경우 이에 대해 대처할 방안도 제시하고 있다. 이러한 관점에서 이 책은 독창적이며 가치가 높다고 평가되고 있다. 이 책을 통하여 독자들이 평소 관심을 가지고 있던 가계에서 나타나는 유전질환에 관한 이해와 통찰이 있기를 기대한다.

　본 학회에서는 학회 창립 10주년 기념사업의 하나로 1988년부터 회원들의 적극적인 성원에 힘 입어 후진들의 유전학 교육과 연구에 도움을 주고자 '유전학 총서 출판사업'을 추진해 오고 있다. 1989년 『현대 유전학의 창시자 멘델』을 시작으로 이제 제11권 『당신의 유전자는 안녕하십니까?』를 출판하게 되었다.

그동안 본 출판 사업을 위해 헌신적으로 봉사해 주신 박은호(1988-1992, 1994-2004), 강신성(1993-1994) 전 출판위원장님께 심심한 감사를 드린다. 아울러 이 책의 번역에 참여하여 주시고 성원을 아끼지 않으신 한국유전학회 회원 여러분께도 감사를 드리며, 일평생을 우리나라 유전학 교육과 발전에 몸 바치신 후에도 후학을 사랑하는 마음으로 기꺼이 유려한 번역을 해주신 정용재 명예이사님께 특별한 감사 마음을 전해 드린다.

이 책이 나오기까지 헌신해 주신 출판위원장 김철근 교수 및 출판간사 김찬길 교수에게 진심으로 감사드린다. 또한 지난 52년간 끊임없이 과학 대중화를 위하여 내용에 걸 맞는 알찬 책을 출판해 주신 전파과학사 손영일 사장님과 편집진 여러분들께 감사를 드린다.

2007년 6월 30일
한국유전학회 회장
충남대학교 생명과학부 교수 방재욱

원저에 대하여

이 책의 원저는 레일리 박사(Dr. Philip R. Reilly)가 저술한 『Is it in your genes?』이다. 2004년 콜드스프링하버연구소 출판부(Cold Spring Harbor Laboratory Press)에서 출판한 이 책은 한 개인이나 가족에서 일반적인 질환이나 질병을 유발하는 유전자의 영향을 기술한 명저이다. 레일리 박사는 이 책 외에도 4권의 책을 집필하였으며, 가장 최근에 동 출판사에서 출판된 『아브라함 링컨의 DNA와 유전학의 다른 도전』도 매우 각광을 받고 있다.

본 학회는 이 책이 유전학자, 생물학자, 학생은 물론 생명과학의 시대를 살아가고 있는 일반 대중에게도 가족의 건강과 행복을 위하여 모든 가정에 비치해 놓고 수시로 보아야 하는 꼭 필요한 책이라고 판단하여 교양총서 제11권으로 번역 출판하게 되었다. 학회의 방침에 따라서 31명의 회원이 분담하여 번역한 후 내용의 통일을 기하기 위하여 이를 출판위원회에서 가필 정정하였으며, 모든 생물학 용어는 한국생물과학협회에서 심의·제정하여 2005년에 출판한 『생물학용어집 제2판』과 2004년에 지제근 교수가 출판한 대한의사협회 의학용어에 따른 『의학용어 큰사전』에 따랐다.

2007년 6월 30일
한국유전학회 출판위원장
한양대학교 자연과학대학 생명과학 전공 교수 김철근

번역하신 분들

■ 서문
채지형 박사 (한양대학교 자연과학대학 생명과학 전공)

■ 서론: 유전의학
정용재 명예교수 (이화여자대학교)

■ 제1부 임신
정영란 교수 (이화여자대학교 사범대학 과학교육과)
김욱 교수 (단국대학교 첨단과학대학 생물학 전공)

■ 제2부 유아
송규영 교수 (울산대학교 의과대학 생화학 교실)
김명희 교수 (연세대학교 의과대학 해부학 교실)

■ 제3부 유년
여창열 교수 (이화여자대학교 자연과학대학 생명과학 전공)
김원선 교수 (서강대학교 자연과학대학 생명과학과)
안태인 교수 (서울대학교 자연과학대학 생명과학부)
박경숙 교수 (성신여자대학교 자연과학대학 생물학과)
임준 교수 (건국대학교 생명공학과)

■ 제4부 성인
김현섭 교수 (공주대학교 사범대학 생물교육과)
전상학 교수 (서울대학교 사범대학 생물교육과)
이한웅 교수 (연세대학교 이과대학 생화학과)
조윤신 박사 (국립보건원 유전체센터 형질연구팀)

심용희 교수 (건국대학교 이과대학 생명과학과)
김철근 교수 (한양대학교 자연과학대학 생명과학 전공)
김재범 교수 (서울대학교 자연과학대학 생명과학부)
송기원 교수 (연세대학교 이과대학 생화학과)
양재섭 교수 (대구대학교 자연과학대학 유전공학과)
신인철 교수 (한양대학교 자연과학대학 생명과학 전공)
이귀숙 교수 (전남대학교 생명과학기술학부)
강성만 교수 (고려대학교 생명과학대학 생명과학부)
백경희 교수 (고려대학교 생명과학대학 생명과학부)
김윤희 교수 (경희대학교 이과대학 생물학 전공)
박은정 박사 (국립암센터 기초과학연구부 암유전체연구과)
허성오 교수 (한림대학교 의과대학 약리학 교실)
정선주 교수 (단국대학교 자연과학대학 분자생물학 전공)
이준호 교수 (서울대학교 자연과학대학 생명과학부)

■ 결론
박은호 교수 (한양대학교 자연과학대학 생명과학 전공)
김찬길 교수 (건국대학교 의료생명대학 생명공학부)

■ 기획 및 편집진
출판위원장 김철근 교수(한양대학교 자연과학대학 생명과학 전공)
출판간사 김찬길 교수(건국대학교 의료생명대학 생명공학부)

머리말

많은 사람들은 유전병이란 아주 드물게 하나의 유전자에 이상이 생겨 일어나는 것이라고 생각한다. 이러한 생각은 20년 전에는 그럴듯해 보였으나, 현재는 더 이상 받아들여지지 않는다. 인간 유전학 분야의 눈부신 발전으로 인해 의사들은 병의 원인을 찾는데 새로운 개념들을 도입하게 되었다. 오늘날 대부분의 사람들은 모든 병과 장애는 근본적으로 유전자의 영향을 받는다는 데에 동의한다.

우리는 이른바 '유전자 의학' 시대에 살고 있다. 이것은 새로운 분야이며, 태동기에 있다고 말할 수 있다. 그러나 몇 십 년 쯤 후면 사람 유전체 사업과 관련된 수많은 연구들이 성공을 거두어 건강관리나 의료 분야에 상당한 변화가 있게 될 것이다. 예를 들어, 생명이 시작되는 시기에 발생하는 불임과 유산, 태아시기에 나타나는 발생 결함, 어린이의 자폐증과 천식, 그리고 성인의 심장 질환, 암, 알츠하이머병 등과 같이 우리가 태어나서 죽을 때까지 겪게 될지 모르는 여러 질환들이 유전자의 이상에 의해 생긴다는 사실은 이미 잘 알고 있다. 많은 경우에 있어 우리가 알고 있는 정보를 치료에 이용하기에는 아직 미흡하지만, 새로운 연구결과와 발견들이 계속적으로 축적된다면 새로운 진단, 치료, 예방에 유전자 정보를 적용할 수 있을 것이다. 과학자들과 의사들이 예견하고 있는 '맞춤 의학'의 시대가 조만간 도래할 것이다.

유전학적 지식을 의료분야에 성공적으로 적용시키기 위해서는 의사 뿐만 아니라 일반인들도 건강 상태나 질병이 유전자에 의해 어떻게 영향을 받는지에 대해 알아야 할 필요가 있다. 지난 10년간 의사들을 교육시켜 왔지만 별 진전을 보지 못했다. 오히려 종종 가족력을 가진 환자가 의사들로 하여금 유전자에 대해 생각하게 유도하는 경우도 있다.

이 책을 저술한 목적은 가능한 한 많은 사람들이 유전자가 건강과 질병에 어떻게 영향을 미치는지에 대해 쉽게 이해할 수 있도록 돕는 것이다. 일반인들이 현재 자신의 가족들에게 나타나는 문제점이 유전자에 의한 영향일 수도 있는지를 의사, 간호사, 또는 건강관리 분야에 종사하는 사람들에게 더 자주 물어보기를 원한다. 지난 수년 간 많은 사람들과 대화를 나누어본 결과 지금이 바로 그런 질문을 할 때임을 확신한다. 우리가 맞춤 의학 시대로 들어서기 위해서는 새로운 건강관리 혹은 의료 분야의 장을 열어야 할 것이다. 이것이 바로 예방이 치료보다 우선되어야 한다는 개념이다.

맞춤 의학의 주요 개념은 최적의 건강 상태를 유지하고, 질병을 치료하기 위해서는 개인의 유전 정보를 필수적으로 이해해야 한다는 것이다. 조사 자료에 의하면, 만성 질환자 중 최소 10% 정도는 유전자 이상에 의해 나타난다고 추정된다. 이것은 상당히 큰 수치이다. 6,000만 명 이상의 미국인이 심장 질환을 앓고 있고, 1,700만 명이 당뇨병, 500만이 암, 최소 400만이 알츠하이머병으로 고통받고 있다. 이들 중에서 10% 만이라도 질환의 발병을 막거나 지연시킬 수 있다면, 800만 명 이상이 도움을 받게 되는 것이다.

지난 25년간 나는 DNA 분자에 대한 이해가 깊어지면 세상이 어떻게 바뀔 것인지에 대해 수많은 사람들과 토론해 왔다. 언제나 강연이 끝난 후에는 몇 명의 사람들이 찾아와 개인적으로 이야기를 나누었다. 그들은 자신의 가족이 앓고 있는 질환과 건강 상태에 대해 이야기하였고, 자신 혹은 자녀들이 직면한 위험성에 대해 질문하곤 했다. 그들은 의사들이 유전적 요소와 관련이 없을 것이라고 말한 질환에 대해서도 걱정하고 있었으며, 자신 혹은 자녀들이 어떤 유전적 위험성에 놓여 있는 건 아닌지에 대해 알고 싶어 했다. 이들은 "정말 어떤 유전적 위험성이 내 유전자 안에 존재합니까?"라고 질문했으며, 현대 유전학에 대해 의사들보다 더 해박한 지식을 가지고 있는 경우도 있었다.

나는 많은 사람들을 돕기 위하여 훨씬 더 보편적인 질문에 대한 답을 제시하고자 한다. 예를 들어, "22살 먹은 내 딸이 조울증으로 진단받았습니다. 다른 애들도 이 질환이 발병할 가능성이 있나요?" 혹은 "우리 아버지는 45세에 심장병으로 사망하였습니다. 나에게도 어떤 위험성이 있나요?" 혹은 "내 언니는 다발성 경화증 진단을 받았어요. 나도 위험한가요?" 나는 최근에 이런 질문들을 많이 들었다. 여기에 정확한 답을 하기란 무척 힘들다. 그러나 이런 질문을 하는 사람들은 가족력 혹은 가족 내의 유전자가 중요하다는 것을 정확하게 파악하고 있다고 볼 수 있다. 당신의 언니가 다발성 경화증 진단을 받았을 경우를 상상해보라. 분명히 당신은 다발성 경화증이 유전적 요인에 의해 발병할 수 있는지에 대한 증거를 찾게 될 것이다. 현재, 몇 몇 유전자들이 다발성 경화증과 관련이 있을 것이라는 근거자료들이 제시되고 있다. 또한 과학자들은 여러 연구기관 사이의 공동 연구를 통하여 다발성 경화증 원인 유전자를 찾는 일을 진행하고 있다. 다발성 경화증은 멘델의 유전 법칙을 따르는 어떤 유전자에 이상이 생겨 나타날까? 물론 다발성 경화증은 하나의 유전자 이상에 의해 발병하는 것은 아니다. 그러나 다발성 경화증을 앓고 있는 사람들의 가족들에게서 이 질환의 발병 가능성이 높다는 사실은 특정 유전자형(대립형질)이 질환에 걸릴 위험성이 높다는 것을 보여준다. 머지않아 우리는 어떤 유전자형이 특정 질환에 걸릴 위험성을 내포하는지 알게 될 것이며, 몇 년 더 지나면 다발성 경화증 치료를 위한 새로운 약품이 개발될지도 모른다. 또한, 특정 질병에 걸릴 확률이 높은 사람들을 위해 질환의 발병을 줄일 수 있는 약제 개발도 이루어질 것이다. 특정 질환을 앓고 있는 가족을 가진 사람과 상담할 때 유사한 가족력을 가진 사람들에 대한 수백 건의 연구결과에 근거한 실제적 질병 위험 수치를 이야기하게 될 날이 올 것이다.

유전자가 다발성 경화증 같은 심각한 질환에 얼마나 영향을 미치는지에 대해 질문하는 사람들은 다른 질환에 대해서도 유사한 의문을 가지게 된다. 이 책에서는 사람이 살아가는 동안 나타날 수 있는 질환, 질병의 징후 등과 같은 건강상의 문제에 유전자가 어떤 기능을 담당하는지에 대한 최근까지의 연구를 소개한다. 주로 질문 받았던 200여 개의 질환 중에서 대부분 외상을 제외한 원인으로 생명을 잃거나 장애를 야기하는 100여 개를 선정하였다. 또한, 각 질환과 관련 있는 유전자들에 대한 연구의 진척 상황과 질환에 미치는 유전자의 영향이 어느 정도인지에 대해 가급적 상세히 기술하였다. 각 질환에 대한 정보와 연구방향에 대해서도 다루었다. 가능한 한 가족력에 따른 질환의 위험도를 산출해 보고자 노력하였다. 어떤 경우에는 평이하게 유전자의 영향을 기술한 반면, 다른 경우에는 가족력에 대해 상세하게 설명하고 실제적인 질환 위험도를 산출하기도 하였다.

　마지막으로 이 책이 의료 지침이나 유전자 상담을 대체할 수는 없으며, 이 책을 읽음으로써 평상시에는 의문을 가지지 않았던 질환과 유전자와의 관계에 대해 의사에게 더 많이 묻기를 바랄뿐이다. 또한 의사 역시 새로운 방식으로 이 문제에 접근하고, 동료들과 논의하면서 현대의학에서 유전적 위험도의 측정과 유전자 상담의 중요성을 재평가할 수 있기를 바란다.

　이 책은 다양한 질환에 대해 폭넓게 다루고 있고, 유전자 의학 분야에서 다루는 전 영역을 아주 심도 있게 이해하기는 불가능하기 때문에, 일부는 다소 피상적으로 기술하였다. 전문적인 분야의 정보는 최근의 연구 자료를 참고하였다. 특히 〈에머리와 리모인의 의학유전학 원리와 실제〉(Emery and Rimoin's Principles and Practice of Medical Genetics, 4th edition, Churchill Livingstone, 2002)와 〈일반적인 질환의 유전적 기초〉(The Genetic Basis of Common Diseases, 2nd edition, Oxford University Press, 2002)를 많이 참고하였다. 또한 유전자의학 분야는 놀라운 속도로 발전하고 있으며, 매일 새로운 정보가 의학 및 과학 관련 잡지에 발표되고 있다. 이러한 새로운 정보를 담고 있는 기사들에 기초하여 레일리 박사는 웹 사이트(www.is-it-in-your-genes.org)도 갱신하고 있으며, 유전자와 질환간의 상관관계에 관한 연구 자료들을 쉽게 찾을 수 있도록 유용한 웹 정보들과도 연결되어 있다.

이 책에서 자주 사용되는 전문 용어들의 정의

* 세포의 핵 내에 존재하는 실과 같은 구조인 염색체(chromosome)는 유전자를 암호화하고 있는 DNA로 구성되어 있다. 사람 세포에는 22쌍의 상염색체와 한 쌍의 성염색체가 존재한다.
* 상염색체(autosome)는 성을 결정하는 유전자가 포함되지 않은 모든 염색체를 말한다.
* 일란성과 이란성 쌍둥이 연구에서 주로 사용되는 용어인 상동형질(concordance)은 특정 질환이 유전적 요인과 얼마나 연관되는지를 분석하는 비교의 척도가 된다.
* 하나의 단위로 유전되는 DNA 조합을 반수체(haplotype)라 한다.
* 유전성(heritability)이란 환경에 비해 유전자가 생물학적인 상태에 얼마나 영향을 주는가의 정도를 측정하는 것이다. 유전성의 범위는 0에서 1까지로 수치화할 수 있으며, 0.5 이상의 유전성은 유전적 영향력이 크다는 것을 의미한다.
* 염색체 내 특정 부위의 유전자가 서로 다른 대립유전자로 이루어져 있는 것을 이형접합성(heterozygosity)이라 한다.
* 침투도(penetrance)는 유전성 돌연변이를 가진 개체에서 해당 표현형이 나타나는 정도를 측정하는 값이다.
* 유전체의 특정 서열에서 하나의 염기쌍에 변이가 나타난 것을 단일 뉴클레오티드 다형성(single-nucleotide polymorphism, SNPs)이라 한다. 사람의 유전체에는 수백만 개의 다형성이 존재하며, 이러한 단일 뉴클레오티드 다형성은 개체 간의 유전적 다양성을 표지하거나 특정 유전자를 찾는 데 이용된다.

차 례

서론: 유전의학 / 23
유전자와 돌연변이 / 31

제1부   임신(Pregnancy)

불임(Infertility) / 37
자궁내막증(Endometriosis) / 41
자궁 섬유종(Uterine Fibroids) / 44
근친결혼(Consanguinity) / 46
인종과 민족성(Race and Ethnicity) / 48
재발성 자연유산(Recurrent Pregnancy Loss) / 52
자간전증(Preeclampsia: Pregnancy-induced hypertension) / 55
쌍생아 출산(Twinning) / 57
미숙아 출생(Premature Births) / 60

제2부   신생아기(Infancy)

선천성 기형(Congenital Malformations-Birth Defects) / 63
   다운증후군(Down Syndrome) / 64
   척추갈림증(Spina Bifida) / 66
   선천성 심장 결함(Congenital Heart Defects) / 67
   입술갈림증과 입천장갈림증(구개열-Cleft Lip and Cleft palate) /
   68

유문협착증(Pyloric Stenosis) / 69
곤봉발(Clubfoot) / 70
신생아 유전진단(Newborn Genetic Screening) / 71
난청(Deafness) / 75
영아돌연사증후군(Sudden Infant Death Syndrome) / 78

제3부 소아기(Childhood)

뇌성마비(Cerebral Palsy) / 81
정신지체(Mental Retardation) / 85
자폐증(Autism) / 89
발생학적 장애(Developmental Disabilities) / 95
  특정읽기장애(Specific Reading Disability-Dyslexia) / 95
  특정언어장애(Specific Language Impairment, SLI) / 98
  주의력결핍 과다행동장애(ADHD: Attention Deficit Hyperactivity Disorder) / 100
  말더듬(Stuttering) / 103
간질(발작, Epilepsy, Seizures) / 105
소아당뇨병(Juvenile Diabetes) / 111
천식(Asthma) / 114
습진(Eczema) / 117
척추만곡 / 118
신장(Stature) / 120
사시(Strabismus) / 122
눈 색깔(Eye color) / 123
잘 쓰는 손(Handedness, 오른손이나 왼손 중 어느 한쪽을 다른 쪽 손보다 잘 쓰는) / 124

제4부 성인시기(Adulthood)

심장병(Heart Diseases) / 127
    동맥경화증(Coronary Artery Disease-Atherosclerosis) / 127
    고콜레스테롤(High Cholesterol) / 134
    고혈압(High Blood Pressure) / 136
    심근증(Cardiomyopathy) / 139
    폐색전(Pulmonary Embolism) / 143
    갑작스런 죽음(급사-Sudden Death) / 146
    대동맥류(Aortic Aneurysms) / 149
    심방 세동(Atrial Fibrillation, AF) / 152
    승모판 일탈증(Mitral Valve Prolapse; MVP) / 154
    수명(Longevity) / 155

폐질환(Lung Diseases) / 161
    만성폐쇄성폐질환(Chronic Obstructive Pulmonary Disease, COPD, Emphysema) / 161
    사코이드증(Sarcoidosis) / 163

위장 관련 질병들(Gastrointestinal Diseases) / 166
    염증성 장 질환(Inflammatory Bowel Disease) / 166
    소화성 궤양증(Peptic Ulcer Disease) / 172
    소아 지방병증(Celiac Disease = Gluten-sensitive Enteropathy) / 175
    췌장염(Pancreatitis) / 178
    락토오즈 과민성(락타아제 결핍증-Lactose Intolerance, Lactase Deficiency) / 180
    맹장염(Appendicitis) / 182
    담석증(담낭염, 담낭질환-Gallstones, Cholecystitis, Gallbladder

Disease) / 184
내분비계 질환(Endocrine Disorders) / 186
　성인개시당뇨병(인슐린-비의존성 당뇨병, 당뇨병 유형
　　II-Adult-onset Diabetes, NIDDM, Diabetes Type II) / 187
　비만(Obesity) / 190
　골다공증(Osteoporosis) / 197
　갑상선 질환(Thyroid Diseases) / 201
감염성 질환(Infectious Diseases) / 205
　감염에 걸리는 감수성 정도(Susceptibility to Infection) / 205
　후천성 면역결핍증(HIV/AIDS) / 213
류머티스성 질병(Rheumatological Disorders) / 215
　류머티스성 관절염(Rheumatoid Arthritis) / 215
　골관절염(Osteoarthritis) / 220
　통풍(Gout) / 223
　루푸스(Lupus, 낭창) / 225
　섬유염 증후군(Fibromyalgia Syndrome) / 230
피부병(Skin Disorders) / 231
　아토피성 피부염(Atopic Dermatitis) / 231
　건선(Psoriasis) / 233
　탈모(Baldness) / 235
암(Cancer) / 237
　유방암(Breast Cancer) / 237
　난소암(Ovarian Cancer) / 246
　자궁암(Endometrial Cancer) / 249
　대장암(Colon Cancer) / 252
　전립선암(Prostate Cancer) / 256
　신장암(Kidney cancer) / 259
　방광암(Bladder Cancer) / 262
　위암(Stomach Cancer) / 263

췌장암(Cancer of the Pancreas) / 267
백혈병(Leukemia) / 270
임파종(Lymphoma) / 272
  호지킨병(Hodgkin's Disease) / 273
  비호지킨병(Non Hodgkin's Lymphoma) / 274
흑색종(Melanoma) / 275
폐암(Lung Cancer) / 277

뇌질환(Brain Disorders) / 279
  뇌졸중(Stroke)- 뇌출혈 / 279
  알츠하이머병(Alzheimer's Disease) / 284
  편두통(Migraine Headaches) / 289
  다발성경화증(Multiple Sclerosis) / 291
  파킨슨 질환(Parkinson's Disease) / 294
  근위축성측색경화증 ; 루게릭병(Amyotrophic Lateral Sclerosis;
    Lou Gehrig's Disease) / 298

안과 질환(Eye Disorders) / 301
  녹내장(Glaucoma) / 301
  황반 변성(Macular Degeneration, MD) / 305

정신질환(Mental Illness) / 309
  정신분열증(Schizophrenia) / 309
  정서불안증(중증 우울증, 조울증)-Affective Disorder(Major
    Depression, Bipolar Illness / 313
  공포 장애(Panic Disorder) / 319
  강박신경증(Obsessive Compulsive Disorder) / 322
  신경성 식욕부진증, 거식증(Anorexia Nervosa, AN) / 324

인간 행동(Human Behavior) / 326
  알코올 중독(Alcoholism) / 326
  약물 중독(Drug Addiction) / 329
  동성애(Homosexuality) / 332

결 론 / 334
찾아보기 / 339

서론 : 유전의학

　유전학에 대한 큰 관심에도 불구하고, 일반인들은 건강할 때나 질병에 걸렸을 때 유전자가 어떻게 작용하는가에 대해서 쉽게 알 수 없는데, 이 책은 바로 그 점에 착안하여 쓴 것이다. 이 책의 목적은 분자생물학 분야의 수많은 연구소와 실험실에서 진행되는 연구와 의학 관련 교과서의 내용을 일반 사람의 눈으로도 이해할 수 있도록 도움을 주는 데 있다. 건강과 질병에 있어서 유전자의 역할에 관한 지식은 이제 더 이상 소수의 사람들만이 알고 있는 난해한 지식이 아니다. 누구나 원하기만 하면 유전의학의 세계에 발을 들여놓을 수 있으며, 그런 가운데 많은 궁금증들이 차근차근 풀리게 될 것이다. 우선 이 책은 처음부터 차근차근 읽지 않고 독자가 원하는 곳 어디를 읽어도 이해할 수 있도록 구성하였음을 밝혀둔다. 다만 유전학에 대한 지식이 적은 독자라면 서론부터 차례대로 읽어야 할 것이다.
　유전자는 어떻게 작용하여 질병을 일으키는 것일까? 유전자는 다양한 방식으로 만성질환을 유발하거나 혹은 이러한 질환에 영향을 미칠 수 있다. 가장 먼저 생각할 수 있는 것이 임신에 직접적으로 관여하는 난자, 정자 또는 이들 모두의 DNA에 있는 생식세포 변이체이다. 생명이 창조되는 바로 그 시점에 질병의 유전적 요인도 함께 잉태되는 것이다. 그 대표적인 예가 유방암이다. 유방암 환자의 5~10%에게서 유전자 돌연변이가 발견되며, 이 돌연변이로 인해 유방암에 걸릴 확률이 10%에서 85%까지 증가하게 된다. 이 여성들은 정상적으로 세포분열을 하도록 유도해 주는 특정 단백질에 이상이 생긴 것인데, 나이가 듦에 따라 이상 세포는 정상 단백질의 조절을 받지 않게 되어 정상인에 비해 암 발생이 빨라진다. 유방암과 난소암을 일으키는 유전자들 외에도 6개의 결장암 관련 유전자, 다수의 심장병 요인 유전자, 최근 빠른 속도로 그 수가 늘어나고 있는 당뇨병 관련 유전자들 및 3개의 특정 알츠하이머병 관련 유전자 등이 알려져 있다. 또한 우리가 일상적으로 접하는 흔한 질병들의 원인이 되는 유전자들이 많이 발견되고 있다. 일반적으로 유전적 요인에 의한 질병이 아닐 것이라고 생각하는 것조차도 알고보면 유전성 질환인 경우가 많으며, 그 수는 꾸준히 증가하고 있고, 앞으로도 계속 그러할 전망이다.

유전자가 질병을 일으키는 두 번째 방식은 체세포 돌연변이이다. 이는 일생 동안 핵을 가진 모든 세포(적혈구를 제외한 체내의 모든 세포)에서 지속적으로 발생하는 유전자 돌연변이로서, 이 돌연변이는 세포분열시 그 딸세포로 전달된다. 그리고 하나의 세포에 특정 돌연변이들이 축적되면 그 세포는 암을 일으킬 수 있다. 따라서 모든 암은 유전적 질병이라고 볼 수 있다. 암은 정상적인 세포분열에서 나타나는 기본 법칙을 따르지 않는 단일세포로부터 비롯되며, 체세포돌연변이가 계속 축적되면 정상적인 세포분열 경로를 이탈해서 암이 되는 것이다. 요컨대 특정 세포에서 체세포 돌연변이가 반복적으로 발생하고 축적되어 나타난 최종적인 결과가 암이라고 생각할 수 있다. 1990년대 존스홉킨스대학의 포겔스타인 박사(Dr. Bert Vogelstein)와 공동연구자들은 결장암을 일으키는 돌연변이 유전자를 밝혀낸 바 있다.

유전적 요인에 크게 영향 받는 질병들 외에도, 비록 아직 확인되지 않았지만 질병의 위험성과 어느 정도 관련될 것으로 보이는 유전자 변이체도 적지 않다. 이런 유전자들을 확실하게 구별하기란 쉽지 않으며 연구에도 커다란 어려움이 따른다. 그렇지만 이와 같은 유전자 변이체가 흔하게 발견된다는 점이 더 중요한 문제가 된다. 실제로 어느 정도의 유전자변이체는 우리 모두에게서 나타난다. 그러나 이들에 의해 질병이 발생할 위험성은 아주 미약하기 때문에 이들에 대한 연구는 매우 힘들다. 다시 말해 표본을 추출하여 계량화하기가 지극히 어렵고, 이와 마찬가지로 질병 위험성을 줄일 수 있는 방법을 개발하는 일 또한 전혀 불가능하지는 않지만 대단히 어렵다.

수천 개에 달하는 유전자들에서 흔하게 나타나는 유전자 변이는 다양한 조건 하에서의 신체적 기능에 영향을 미친다. 이의 예로서 개개인의 생식 능력, 유산의 위험 정도, 신생아의 선천성 심장기형, 유아의 재귀성 급성중이염과 천식, 아동의 읽기장애, 성인의 비정상적 심박동에서 오는 급사, 노인들의 뇌졸중 등을 들 수 있다. 이와 같은 질병을 유발하는 유전자들은 다른 유전자들 혹은 환경요인들과 복잡한 방식으로 상호 작용함으로써 핵심적이거나 혹은 지엽적인 위험 요인으로 작용한다. 이들은 질병에 걸릴 위험성을 증감시키기도 하고, 질병이 진행되는 양상을 바꾸거나 증세의 심각성에 영향을 끼치며, 치료효과까지도 결정한다. 한 가지 예를 들어 보자.

오늘날 관상동맥질환의 주요 위험 요인에 대해서는 모르는 사람이 거의 없을 정도이다. 남성의 경우 가족력이 뚜렷하며, 당뇨병, 고혈압, 고지질증, 흡연 그리고 오랜 시간 앉아 있어야 하는 생활양식 등이 모두 중요한 질병유발 위험 요인이다. 그러나 놀라운 점은 매년 미국에서 심장병으로 사망하는 사람의 약 40%는 방금 지적한 이러한 위험 요인들과 전혀 무관하다는 것이다. 다시 말해 관상동맥질환의 원인을 규명하기 위한 많은 연구에도 불구하고, 심장병 사망인구의 60%에서만 위험 요인을 알고 있다. 환경적 위험 요인에 관한 연구도 요구되지만, 질병의 발생 위험성은 궁극적으로 유전자 변이에 의해 좌우된다는 연구사례들이 급속히 증가하고 있는 추세이다. 가장 대표적인 예로 하버드대학의 리드커(Dr. Paul Ridker) 박사의 연구를 들 수 있다. 그에 따르면 심장질환은 주로 만성 염증에 의해 유발된다는 것이다. CRP라는 단백질의 농도와 심장마비 사이에는 매우 밀접한 상관관계가 있으며, 간에서 생성되는 이 단백질은 개인차가 매우 큰데, 이러한 차이는 몇 종의 유전자에 의해서 비롯된다.

단일 유전자의 사소한 변이라도 인간의 건강에 크게 영향을 미치는 아주 좋은 예가 소아 급성 임파성 백혈병이다. 이의 치료에 6-메르캅토퓨린이라는 항암제가 이용된다. 그러나 이 질환에 걸린 아이들 가운데 일부는 상기의 항암제를 분해시킬 수 있는 티오퓨린메틸트랜스페라제라는 효소의 유전자에서 돌연변이가 발견된다. 이 유전자 변이체는 상기 항암제를 잘 분해하지 못하므로, 이런 환자들에게 항암제를 투여할 경우 골수기능이 치명적으로 저하될 수 있다. 따라서 이러한 문제점을 극복하기 위하여 현재의 표준 치료법은 6-메르캅토퓨린을 투여하기 전에 이 변이체의 존재여부를 유전자 검사를 통해 실시하도록 규정하고 있다.

유전학자들은 질병 유발의 위험성이 높은 유전자를 어떻게 발견하는 것일까? 여기에는 여러 가지 방법들이 있고 계속해서 새로운 방법들이 개발되고 있다. 20세기 전반에 걸쳐 주종을 이루었던 유전자 탐색 방법은 크게 쌍생아 연구, 양자(養子) 연구 및 가족 연구 세 가지가 있다. 쌍생아 연구는 일란성 쌍생아에서는 그들이 가지고 있는 게놈이 동일한 반면 이란성 쌍생아에서는 게놈의 절반만이 서로 동일하다는 점을 활용한 연구방법이다. 만일 일란성쌍생아가 이란성쌍생아에 비해 비슷한 환경조건에서 더 많이 질병에 걸린다면, 이 높은 일치성은 바로 유전자에 의한 것이라 추론할 수 있다. 예를 들어 몇몇 연구에 의하면 일란성쌍생아 중 한 명이 정신분열증에 걸릴 경우 다른 한 명도 평균적으로 40%의 비율로 같은 병에 걸리는 것으로 나타나고 있다. 그렇지만 이란성쌍생아에 있어서는 단지 10%에 불과하다. 이런 경우 비록 관련된 유전자의 정체는 모른다 할지라도, 이 질병의 유전성은 매우 뚜렷하다고 추측할 수 있다. 반면 일란성쌍생아의 일치성이 낮다면 이 질병의 발현은 환경적 요인에 의해 나타난다고 볼 수 있다. 또한 일란성쌍생아에서의 일치성이 100%에 가깝다면 환경적 요인은 거의 작용하지 않으며 유전자의 영향이 절대적이라고 추정하는 것이 타당하다.

스칸디나비아 국가들에서 실시되었던 입양 연구는 입양된 아이의 질병 발생률을 양부모 및 친부모에서의 발생률과 비교한 것이다. 만일 친부모에게서 높은 발생률의 일치성을 보인다면 유전성이 높다는 것을 의미한다. 입양아가 중년에 당뇨병 증세를 보인다고 할 때, 친부모 중 20%가 당뇨병 증세를 보인 반면, 양부모 중 단지 5%만이 당뇨병 증세를 보였다면, 질병의 발현에 있어 유전이 중요하게 작용한 것이라 할 수 있다.

가족연구는 병에 걸린 사람들의 1차 친척(근연친척)과 대조군의 친척에 있어서의 발병률을 비교하는 연구이다. 만일 특정 질병의 발생 빈도가 대조군보다 1차 친족에서 높으면 유전자 작용이 우세하다고 추론할 수 있다. 이 책에서는 자주 이런 연구들에 대하여 언급하게 될 것인데, 그 이유는 지금까지 의사들이 유전적 요인이 없다고 간주한 질병들에서도 유전자의 역할에 관한 중요한 단서가 나왔기 때문이다. 또한 과거 20년간 분자생물학의 눈부신 발전에 의해 이루어진 질병의 유전적 관여도를 이해하는 새로운 방법들에 대해서도 서술하고자 한다.

유전학자들은 당뇨병이나 심장병과 같은 심각한 질병에서 어떤 유전자가 위험요인인가를 어떻게 입증할 수 있을까? 사람 유전체사업의 중요한 성과 중 하나는, 식별하기 어려울 정도로 아주 미약한 수준에서 질병유발의 위험성에 영향을 미치는 유전자까지도 탐지해낼 수 있는 효과적인 방법을 개발했다는 것이다. 25년 전이라면 이 같은 일은 하기 어려웠을 것이다. 대략 40여 년 전 분자생물학이 대두하기 이전에는 질병과 형질의 유전적 연관성을 확립하기 위해 경험적 연구에 의존하여 수많은 증거를 수집하지 않으면 안 되었다. 그렇지만 유전적 요인의 중요성을 확인할 수 있었을 뿐, 질병유발 유전자 또는 유전자군을 탐지할 수는 없었다. 오늘날 우리는 특정 유전자를 추적하여 대량으로 복사할 수 있으며, 유전자에 의해 만들어진 단백질이 특정 질병이나 이상증후군에 어떻게 관여하는지도 연구할 수 있게 되었다. 한 가지 예로 최근에는 수백 명에 달하는 100세 이상 노인의 DNA를 조사하여 장수와 관계된 유전자를 분리해내는 실험까지도 이루어지고 있다. 100세 이상 노인군과 70대 노인군에서 어떤 유전자변이체가 더 많이 또는 더 적게 존재하고 있는가를 분석하는 것도 이러한 연구의 하나이다. 이와 같은 유전자 관련 연구는 여러 가지 이유로 인해 많은 어려움이 따르며, 초창기의 연구 성과들은 미미해서 확실한 증거를 얻기에 역부족인 경우도 많았다. 그러나 이제는 통계학적으로 유의성이 높은 대규모 연구들이 활발하게 이루어지고 있다.

  이 책은 인간의 일생, 즉 출생에서부터 사망까지를 순차적으로 다루고 있으며, 각 단계(출생, 유아, 청소년과 성인)에 있어서 가장 중요한 건강문제나 유전자가 수행하는 역할에 대해 서술할 것이다. 각 장의 첫 부분은 지금까지 받아온 수백 가지 질문 가운데 하나를 던지면서 시작한다. 이것은 별로 어렵지 않은 일이다. 왜냐하면 나는 지금까지 가족 내의 질병유발 위험률에 관한 확고한 데이터를 확보해 왔기 때문이다. 그리고 "내 유전자 속에 그것이 있습니까?"라는 질문에 대해, 지금도 관련 연구가 계속 진행 중임을 잊지 않는 것이 중요하다고 말한다. 그 질문에 적절하게 대답하기 위해서는 현재 수준의 지식뿐만 아니라 계속되고 있는 연구 성과들도 함께 고려해야 할 것이다. 하루가 다르게 빠른 속도로 진전되고 있는 최근의 연구들은 정말로 눈이 부실 정도여서, 심지어 내가 1년 후 책을 다시 쓴다면 여러 군데 크게 손을 봐야 할 것이다. 그렇다 하더라도 필자에게는 달갑지 않은 게 아니라 오히려 반가운 일이다. 현재 방대한 임상 유전학 연구가 진행되고 있으며, 이 추세는 좀처럼 수그러들지 않을 것이다. 이 책은 건강에 대한 유전자의 역할에 관심이 있는 사람들에게 일종의 문답 지침서가 될 것이다. 이 책을 통해 독자 여러분의 관심과 이해가 더욱 커질 수 있기를 진심으로 기원한다.

편집자 주 : 레일리(Reilly) 박사의 웹사이트(www.is-it-in-your-genes.org.)를 참조하면 이 책에서 다루는 문제에 관한 최신 지식을 얻을 수 있다.

유전자와 돌연변이

인간은 정자와 난자의 결합으로 일생을 시작한다. 단일 수정란은 양친에게서 온 두 벌의 염색체를 가지고 있는데, 유전학 용어로 말하자면 정상세포에 있는 염색체의 반수를 가진 두 개의 반수성 세포인 난자와 정자가 합일하여 전수(全數)의 염색체를 갖는 2배성 생물로 되는 것이다. 인간을 비롯한 대부분의 생물은 각 염색체를 두 벌씩 가지고 있으며, 이들이 지니고 있는 유전체가 어떻게 몸을 구성하고, 어떻게 태아 발달에 작용하며, 어떻게 출산 시 중요한 생리학적 특징을 부여하며, 어떻게 성장의 각 단계를 지배하고, 어떻게 사춘기의 변화가 나타나며, 어떻게 늙어가는지에 관한 모든 것을 결정하는 정보를 담고 있다. 이 유전학적 소프트웨어의 능력을 설명하기 위해 필자가 즐겨 인용하는 예는 바로 자궁 속에서 불과 몇 달 만에 엄청나게 많은 세포가 만들어지고, 300여개의 조직과 십여 개의 기관을 형성하여 한 아이가 탄생되는 놀라운 과정을 유전자가 결정한다는 것이다.

유전자는 과연 무엇인가? 오랜 동안 유전자는 생식세포를 통하여 정확히 전달되는 정보의 한 단위라고 생각되었다. 이 개념은 멘델(Gregor Mendel)* 이란 신부에 의해 1860년대에 처음으로 파악되었다. 그는 완두의 여러 형질들이 다음 세대로 전달되는 현상을 끈질기게 반복 실험하여 기본적인 유전법칙을 발견하였다. 그의 발표에도 불구하고

---

* 한국유전학회 총서 제1권 「멘델」, 1989. 아카데미 서적, 서울.

당시에는 이것이 갖는 혁명적 의의가 충분히 인식되지 못하다가, 1900년에 이르러서야 개별적으로 연구를 수행했던 몇몇 유럽 학자들이 멘델법칙을 재발견함으로써 비로소 현대유전학이 태동하였다. 그렇지만 유전자의 물리적 특징에 대해서는 아무것도 모르고 있었기 때문에 이러한 발견이 있은 후 30년 동안 유전자 개념에 대한 별다른 진전이 없었다. 그러다가 1927년 유전학자인 뮬러(H. J. Muller)가 초파리에게 X선을 조사한 결과 인위적인 돌연변이가 일어남을 발견하였는데, 그는 이 업적으로 노벨상을 수상하는 영광을 안았을 뿐만 아니라 유전자의 물리적 특징을 이해하는데 커다란 공헌을 하였다.

    1940년대에는 초파리와 효모 실험을 통해 얻은 발견을 토대로, 모든 유전자가 단백질 합성에 관여한다는 사실을 밝히는 등 유전자 개념의 학문적 발전이 이루어졌다. '1유전자-1효소' 학설이라 불리는 이 업적은 비들(George Beadle)과 테이텀(Edward Tatum)이 발견하였으며, 이들은 이 연구로 노벨상을 수상하였다.* 이어서 40년대 후반에는 DNA가 모든 유전자의 구성성분임이 확인되었다. 1953년에는 왓슨(James Watson)과 크릭(Francis Crick)** 이 20세기 생물학의 최대 업적으로 손꼽히는 DNA의 이중나선구조를 밝힘으로써 또 노벨상 수상의 영광을 안았다. 1960년대에는 DNA가 단지 4개의 알파벳, 다시 말해 아데닌(A), 구아닌(G), 시토신(C)과 티민(T)으로 표현되는 4종류의 화학성분으로 되어 있으며, 이것이 모든 생물의 유전적 구성에 어떻게 관여하는지가 밝혀졌다. 이 네 문자를 활용하면 64가지의 서로 다른 유전암호(AAA, AAC 등)를 만들 수 있다. 이 유전암호는 단백질을 구성하는 20개의 아미노산 정보를 암호화하는데 충분하며, 각 유전자의 염기서열이 서로 다르므로 우리 몸을 구성하고 생명을 유지하는데 필요한 수천 개의 서로 다른 단백질이 만들어질 수 있다.

---

    * 한국유전학회 총서 제7권 『DNA 연구의 선구자들』, 2000. 전파과학사, 서울.
  ** 한국유전학회 총서 제8권 『왓슨과 크릭』, 2002. 전파과학사, 서울.

수많은 연구자들이 수십 년간 노력을 기울인 덕택으로, 오늘날 우리는 유전자의 물리적 구조를 미세한 부분까지 자세하게 알 수 있게 되었다. 모든 인간 유전자는 조절 부위와 구조유전자(엑손) 부위로 구성된 뉴클레오티드의 체인으로 되어 있다. 세포 속의 단백질이 조절 부위에 작용하여 구조유전자의 발현을 지시한다. 이어서 전달 RNA 분자는 엑손 안의 DNA가 전사되어 만들어진다. 일단 핵에서 만들어진 전달 RNA가 세포질로 이동되면, 각 DNA에 해당하는 단백질을 만들 수 있는 주형으로 작용하게 된다. 단백질은 세포활동에 중요한 구실을 하는데, 대부분의 질병은 이러한 단백질이 제 기능을 못할 때 생긴다.

1960년대 후반과 70년대에 이르러 분자생물학자들은 DNA의 특정 부위를 정확하게 절단하는 방법을 발견하였고, DNA 제한효소라고 불리는 이 화학적 방법으로 몇 년 전에는 상상조차 할 수 없었던 연구를 수행할 수 있게 되었다. 또한 유전자의 염색체상의 위치를 알아내는 염색체지도 작성법이 개발되었다. 그러나 이러한 발전에도 불구하고 유전자가 어떻게 작용하는가는 여전히 설명할 수 없었다.

유전자의 염기서열 순서를 알 수 있는 새로운 방법은 1970년대 후반에 생거(Frederick Sanger)와 길버트(Walter Gilbert)〉가 각각 독자적으로 개발하였고, 이들은 노벨상을 수상하였다. 이 방법은 사람이나 기타 생물의 완전한 유전자 염기서열 순서를 알아낼 수 있는 시초가 되었다. 이러한 연구방법의 개발은 1980년대 DNA 절편을 복제할 수 있는 중합효소연쇄반응(PCR)이라는 기술의 개발로 가속화되었고, 이를 개발한 물리스(Kary Mullis)는 노벨상을 받았다. 3조 달러에 이르는 야심찬 사람 유전체사업이 출범할 수 있었던 주된 원인은 이러한 연구방법들을 반복적으로 적용함으로써 목표를 달성할 수 있다는 신념이 과학계 전반에 폭넓게 퍼져 있었기 때문이었다. 그리고 무엇보다 이 사업이 성공적으로 결실을 맺으면서 필자 또한 일련의 연구를 수행할 수 있었고, 그것이 책을 쓰게 된 직접적인 계기를 제공하였다.

이제는 단일 유전자 이상의 직접적인 원인이나, 성인과 노인들의 아주 복잡한 질병 발생과 관련된 유전자 돌연변이를 쉽게 추적할 수 있다. 사람 유전체사업은 어린이의 희귀 질병에 대한 연구 정도로 인식되고 있던 유전학을 사실상 모든 질병에 대한 이해를 추구하는 학문의 중심으로 끌어 올렸다. 1990년대에 이르러 유전자를 자유자재로 끊어 붙일 수 있으며, 심지어 한 생물의 유전자를 다른 생물로 옮길 수도 있게 되었다. 이렇게 이동한 유전자는 동일한 단백질을 만들지만 그 과정은 다른 환경에서 이루어지는 것이며, 또한 만들어진 단백질은 다른 목적으로 사용될 수도 있다. 아직은 초보단계에 불과하지만, 장차 유전공학은 정상의 유전자를 전달함으로써 유해한 돌연변이를 차단하는 이른바 유전자치료로 발전해 나갈 것이다.

그렇다면 돌연변이란 과연 무엇인가? 한마디로 돌연변이는 DNA의 변화를 의미한다. 그렇다면 그 변화를 일으키는 원인은 무엇일까? 지구상의 모든 생물은 외계로부터 오는 여러 가지 종류의 방사능에 노출된 상태로 살아간다. 돌연변이는 이런 방사능이나 화학물질 또는 바이러스와 같은 것에 의해 생긴다. 또한 돌연변이는 세포분열이 일어나기 전에 DNA 복제에 관여하는 핵 내의 효소기능이 잘못되어 생길 수도 있다. 돌연변이에는 여러 종류가 있다. DNA염기서열의 단일 변화(즉 A에서 T로)에 의해 해당 아미노산에 변화가 일어나고, 이에 따라 단백질의 기능에 이상이 생겨 결국에는 치명적 유전병을 일으킨다. DNA의 절편은 결실, 중복 또는 역위를 일으키고, 심지어는 한 유전체 내의 새로운 위치로 이동할 수도 있다. DNA 복제과정의 이상으로 생기는 돌연변이도 있다. 1990년대에 수행한 몇몇 연구에 따르면, 십 여 종류의 뇌질환은 특정 유전자의 DNA 복제가 너무 자주 일어나 결국에는 쓸모없는 단백질을 만들어내기 때문이라는 것이 밝혀지기도 하였다.

대부분의 DNA 돌연변이는 유해하지 않다. 여기에는 두 가지 이유가 있다. 돌연변이는 유전체의 어느 곳에서나 일어날 수 있지만, 단백질을 암호화하는 유전자 DNA는 전체 유전체의 극히 일부분에 해당한다. 단백질 합성과 관련이 없는 부위의 DNA 변화는 대부분 해롭지 않다. 비록 단백질을 암호화하는 DNA 부위에 돌연변이가 생겼다 하더라도 단자(單字) 돌연변이(single-letter mutation)는 일반적으로 단백질구조를 변경시키지 않거나 아니면 단백질이 세포내에서 작용하는데 크게 영향을 미치지 않기 때문에 해롭지 않다. 흔히 발견되는 이러한 돌연변이를 다형현상(polymorphism)이라 부른다.

돌연변이에는 우성과 열성이 있는데, 우성 돌연변이의 경우 한 번의 돌연변이가 매우 위험한 질병 발생의 원인이 될 수 있다. 각각의 난자와 정자에 존재하는 31억 개의 뉴클레오티드 중 불과 하나 또는 몇 개에서 생기는 유전암호의 사소한 오류 때문에 중증의 정신질환을 가진 아이가 태어날 수도 있다. 유전학자들은 이러한 단일유전자 돌연변이에 의해 생길 수 있는 수천 가지 질병 또는 장애에 대해 언급해 왔지만, 천만다행으로 실제 이런 병은 아주 드물게 발생한다. 이 책에서는 이와 같은 질병에 대해서는 다루지 않는 대신 사람의 발생과정에 영향을 주는 것에서부터 어린이에게서 흔하게 나타나는 다수의 질병 유전자의 영향에 대하여 다룰 것이다.

유전자 산물인 단백질들은 한 세포 안에서 다른 단백질과 상호작용을 하는데, 이 상호작용은 세포 내 환경, 생체 내 기관, 개체, 가정, 가족, 기후 등에 영향을 받는다. 어떤 유전자는 세포 내에서 작용하는 단백질의 생성에 크게 영향을 미치기도 한다. 우리는 서로 유전자를 공유하고 있기는 하지만, 유전자의 발현의 차이로 인하여 질병에 걸릴 위험성과 그 질병의 경과 과정에 차이를 보인다.

인간에게 필요한 유전자는 얼마나 될까? 50년 이상 연구한 결과, 하나의 정자나 난자당 100,000개의 유전자가 있다고 추산하고 있다. 그러나 사람 유전체 지도가 거의 완성된 단계에서 약 2만 6,000개 정도가 될 것으로 보고 있다. 이것은 여전히 매우 큰 숫자이다. 한편 생쥐도 인간과 유사한 유전자 수를 가지고 있다. 더욱 놀라운 것은 인간의 염색체 수는 초파리에 비해 불과 두 배에 지나지 않는다는 사실이다. 인간이 초파리에 비해 훨씬 고등한 생물인데도 말이다. 따라서 인간의 특성은 우리가 가지고 있는 유전자의 절대적인 수보다 우리의 유전자가 어떻게 교묘하게 작용하고, 단백질이 어떻게 상호작용 하는가에 달려 있다는 뜻이 된다. 사람과 침팬지 유전체를 비교했을 때 지난 100만 년 동안 인간의 유전자가 침팬지에 비해 훨씬 빠르게 변하고 있다는 최근의 연구결과도 있다.

지금까지 간단한 유전학의 기초를 알아보았다. 이제 일생 동안 질병의 위험성에 대한 유전자의 역할에 대해 좀더 깊은 탐구를 시작할 준비가 되어 있을 것이다. 앞서 말한 바 있지만 비록 이 책이 사람의 생장과정 별로 구성되었지만, 이 책을 처음부터 읽을 필요는 없다. 이 책에서 논의하는 건강과 질병에 대한 100가지 문제 가운데 최소한 몇 가지는 독자 개인 혹은 가족과 관련이 있을 것이다. 모름지기 관심 있는 부분부터 읽어가는 것이 현명한 선택이 될 것이다.

PART 1

임신(Pregnancy)

불임(Infertility)

나의 여동생 부부는 아이가 없다. 그 부부는 여러 명의 전문가들을 만나고 온갖 검사를 했지만 아기가 왜 안 생기는지 결론을 얻지 못했다. 그럼 나도 불임일 확률이 높은 것일까?

불임은 피임을 하지 않고 1년 간 부부생활을 했는데 아기가 생기지 않는 것이라고 정의할 수 있다. 불임의 원인에는 여러 가지가 있으나 알려진 원인 이외에 아직 그 원인을 모르는 경우가 더 많다. 현대에는 예전보다 불임인 부부가 더 많아졌다. 선진국의 경우 여섯 쌍의 부부 중에 하나가 불임이거나 임신이 잘 안 된다고 한다. 지난 20년 동안 불임연구가 많이 수행되어 불임의 원인에 대한 많은 지식을 축적할 수 있었다. 특히 남자가 불임의 원인이 되는 경우에 대한 연구가 많이 수행되었다. 최근의 연구 결과에 의하면 여자가 불임의 원인인 경우가

45~50%이고, 남자가 원인인 경우는 30~35%이며 양쪽 모두에게 원인이 있는 경우가 20%이다.

    불임은 아주 복잡한 주제이다. 여자가 불임이 되는 원인은 몇 십 가지가 있으나 가장 중요한 요인은 나이이다. 30대 후반의 여자는 20대 중반 여자의 가임률의 1/5이다. 그 다음은 신체적인 원인인데 해부학적으로 비정상적인 구조를 갖거나, 골반염증이 있거나, 자궁내막증(endometriosis)으로 인해 불임이 된다. 자궁내막증에 대해서는 나중에 자세히 언급하겠고, 여기에서는 불임의 유전적 원인 몇 개만 간단히 언급하겠다. 골반 염증이나 자궁내막증은 그리 흔한 병은 아니지만 불임의 원인이 되는 경우가 종종 있다.

    또 다른 여성 불임의 원인은 염색체 이상인데, X염색체가 없거나 일부분이 결실된 경우 또는 전좌된 경우이다. 이를 터너증후군* 이라고 하며, 염색체의 손상된 정도에 따라 병의 심한 정도가 달라진다. 어떤 경우에는 두 종류의 세포가 모자이크로 나타날 경우도 있어 한 종류의 세포는 정상 X염색체를 갖고, 다른 세포는 손상된 X염색체를 갖기도 한다. 터너증후군은 2,500명 여자 중 1명의 확률로 나타난다.

    특정 유전자가 잘못되어 불임이 되는 경우도 있는데, 이에는 4개의 유전자가 알려져 있다. 이런 경우에는 그 유전자 산물이 정상적으로 만들어지지 않아 시상하부 호르몬이 정상적으로 분비되지 않는다. 시상하부는 성호르몬의 생산을 조절하는 뇌의 부위이다. 네 유전자 중 둘은 손상되면 심한 비만을 유발한다. 이와 같이 네 개의 유전자가 관련되어 불임이 되는 경우는 전체 불임의 1% 미만이다. 이와 비슷하게 약 10개 정도의 유전자가 원인이 되어 난소의 기능을 손상시켜 불임을 유발하기도 한다. 예를 들면 여자 300명 중 1명은 X염색체의 돌연변이로 인해 그의 아들이 취약 X염색체 증후군이라고 하는 정신지체를 지닐 수 있다. 그 원인은 아직 잘 모르지만 이런 여자의 가임률은 낮다.

---

* 한국유전학회 총서 제2권 『유전병은 숙명인가?』, 1991. 전파과학사, 서울.

가장 심하게 불임에 영향을 주는 유전적 이상은 다낭난소중후군 (PCOS)인데, 이 병은 흔하며 복잡하고 혼동되기 쉽다. 어떤 통계에 의하면 가임여성의 4%가 이 증상을 보인다고 한다. 이 병이 있는 여자는 가임률이 낮을 뿐 아니라 제2형 당뇨병에 걸릴 확률이 일반 집단보다 7배 가량 높다. 이 병의 증상은 심한 정도가 다양한데, 가장 보편적으로 나타나는 특징은 월경이 불순하며 체모가 많고 여드름이 있고 난소에 낭포가 많은 것이다. 그리고 남성 호르몬의 양이 높은 경우도 종종 있으며, 이런 증상들은 체중이 늘수록 더 심해지는 경향이 있다. 다낭난소중후군은 21-히드록실라제 결핍같이 흔하지 않은 몇몇의 단자 돌연변이에 의해서도 생긴다. 이런 경우는 전체의 5%에 해당한다. 95%는 본태성 다낭난소중후군으로 그 원인은 구체적으로 알려지지 않았지만, 한 가족에 환자가 여러 명 나타난다는 사실은 오래전부터 알려졌다. 1968년 수행된 다낭난소중후군에 관한 유전적 연구에서 환자의 여자 형제들에게서 월경불순이 나타날 확률은 같은 연령의 일반 여자들에서보다 훨씬 크다는 것을 알았다. 쌍생아 연구결과 다낭난소중후군은 이란성 쌍생아에서보다 일란성 쌍생아에서 일치도가 높게 나타났다. 1989년 노르웨이에서 대규모의 연구가 수행되었는데, 다낭난소중후군에 걸린 여자 형제들의 15%가 월경불순 증세가 있었다.

    본태성 다낭난소중후군에 대한 유전학은 다음의 두 가지 이유 때문에 연구하기 어렵다. 첫째 이 병은 발현 정도가 너무 다양하므로 진단하기 어렵다. 둘째 이 병의 원인은 너무나 많다. 그럼에도 불구하고 하나의 우성 유전자가 관여하는 것 같으나, 유전 연관 연구나 후보 유전자 연구는 아직 이루어지지 않았다. 환자의 여자 형제가 그 병에 걸릴 확률은 10% 정도 되지만, 가족력을 조사해 보면 그 확률이 거의 50%가 되는 경우도 있다. 이 병에 걸릴 확률이 높은 사람은 정상적인 체중을 유지하는 것이 중요하다.

    이번에는 불임의 원인이 남자에게 있는 경우를 보겠다. 최근까지 남자 불임의 가장 큰 원인은 클라이네펠터증후군이라고 생각했다. 이 증후군이 있는 남자는 모든 세포에 X염색체가 하나 더 있으며, 600명의 남자 중 1명의 확률로 나타난다. 이 남자들은 여러 가지 문제를 갖는데, 그 중 가장 특징적인 것은 체형이 여성적이며, 근육이 미약하고, 유방이 발달되었으며, 행동장애를 보인다. 어떤 경우에는 지적 능력이 부족하기도 하다. 클라이네펠터증후군에 걸린 남자를 제외하면, 정자 수가 적은 남자들 중 4%에서 염색체의 이상이 발견된다는 연구결과가 있다.

Y염색체 결실이 불임과 관련이 있다는 사실은 1976년에 알려졌다. 지난 10년간의 연구에서 연구자들은 모든 불임 남자의 약 5~10%에서 Y염색체의 일부가 결실되었다는 사실을 밝혔다. 연구를 거듭할수록 불임인 남자에게서 Y염색체 결실이 더 많이 발견되고 있다. 2003년 화이트헤드 연구소의 페이지 박사 연구팀은 남자의 2% 정도가 Y염색체에 160만 염기쌍 정도의 DNA가 결실되어 있고, 이는 아버지에서 아들로 유전되며 남자의 가임률 감소와 관련이 있다고 발표하였다.

이러한 미세 결실은 현미경 관찰로는 알 수 없고, DNA 분석을 통해 알 수 있다. 여러 번의 임상연구로 무정자증 남자나, 정자 수가 극히 적은 남자에게서 Y염색체의 장완 11 부분에 10만 염기쌍 정도의 결실이 일반적으로 나타난다는 것을 알았다. 이제 DNA 분석은 남자의 불임 진단의 보편화된 검사가 되었다. 어떤 남자가 Y염색체의 부분 결실로 인해 불임이라고 해서, 그의 남자 형제들도 같은 증상을 가진다고 말할 수는 없다. 왜냐하면 이러한 결실은 보통 새로운 돌연변이에 의해 생기기 때문이다.

1990년 중반에 불임 연구자들은 정자 수가 매우 적은 남자가 아빠가 되는 것을 돕기 위해 난자세포 안으로 정자를 주입하는 기술(ICSI)을 개발하였다. 이 기술로 하나의 정자가 난자 안에 직접 주입되고 이렇게 하여 형성된 수정란은 자궁에 착상된다. 그러나 불행히도 ICSI는 불임의 남자가 불임의 아들을 낳는 것을 도와주는 셈이 되었다.

최근에 중요한 사실을 발견했는데, 유전적으로 정관이 없어 불임 증상(CBAVD)을 나타내는 남자는 낭포성섬유종 유전자 2개 모두가 돌연변이되어 있었다. 최근의 추정 수치에 의하면 5T 대립인자는 CBAVD 남자 10명 중 1명(20%)에게서 나타나고, 이 외의 다른 대립인자는 80%에서 나타난다. 이런 형태의 불임은 낭포성섬유종 유전인자의 돌연변이가 그 원인이 된다.

불행히도 불임 부부의 약 20~25%는 아직도 불임의 원인을 모른다. 유전학의 발달, 특히 Y염색체 연구가 일부 해답을 주고 있고, 유전학적 연구에 의해 앞으로 그 원인은 차차 밝혀질 것으로 기대한다.

일반적으로 불임은 유전되지 않는다. 그러나 불임인 형제나 자매가 있는 사람은 확실히 유전적 원인이 있을 수 있다. 이런 경우 무엇이 원인인지 알기 위해 여러 가지 복잡한 불임검사가 이루어져야 한다. 앞에서 제기한 질문에 답하려면 충분한 자료가 필요한데, 그렇지 않으면 대답할 수가 없다. 그리고 충분한 검사결과를 가지고 있더라도 모두 진단할 수 있는 것은 아니다. 가까운 친척이라고 해서 꼭 그 위험 확률이 높다고 단정할 수도 없다.

자궁내막증(Endometriosis)

엄마와 이모가 자궁내막증에 걸렸는데 내가 그 병에 걸릴 확률은 얼마인가?

자궁내막증은 자궁 밖에 자궁내막의 조직이 있는 것이다. 그 조직은 골반강의 어느 부분에나 있을 수 있지만 주로 난소, 질 뒤, 골반 벽에 있다. 자궁내막증에 걸린 여자들 중 몇 %가 불편을 겪는지 정확하게 말하기는 어렵지만, 많은 여자들이 만성 통증을 느낀다. 성인 여성

중 적어도 1%가 자궁내막증에 걸렸다고 하나 실제로는 3%에 가까운 것 같다.

표 1. 자궁내막증의 유전 빈도

연구	모친(%)	자매(%)	대조군(%)
심슨 (1980)	5.9	8.1	0.9
램 (1986)	6.2	3.8	2.0
모엔/메그너스 (1993)	3.9	4.8	0.6

자궁내막증 환자의 1촌들이 자궁내막증에 걸릴 확률. 2002년에 출판된 킹 등 (King.R.A., Rotter J.I., and Motulsky A.G.)의 저서에서 허가를 받아 인용함. 저서 명: *The genetic basis of common diseases*, 2nd edition. Oxford Univ press, U.K.

　　흑인과 백인에서의 빈도는 거의 같다. 오랫동안 자궁내막증은 백인 상류층의 강박적인 여자한테서 많이 나타난다고 생각했다. 그러나 오늘날에는 아이 낳기를 미루는 여자들한테서 더 많이 나타난다고 해야 맞을 것 같다. 이 문제에 대한 위험 요인은 나이, 월경 기간이 짧고 자주 하는 것, 아이를 낳지 않는 것과 퇴행성 월경이 있다. 자궁내막증은 만성적으로 불편을 줄 뿐 아니라 성교 중 통증을 유발한다. 자궁내막증은 불임의 가장 큰 원인인데, 어떤 통계수치에 의하면 40% 정도 된다고 한다. 어떤 전문가는 자궁내막증이 불임이나 임신이 잘 안 되는 원인의 10%라고 한다.

　　자궁내막증이 유전성을 보인다는 사실은 오래전부터 알려졌다. 1980년 이래 적어도 4개의 연구가 자궁내막증 여자의 1촌이 그 병에 걸릴 확률은 혈연관계가 없는 여자가 걸릴 확률의 5~6배라고 하였다. 이 병에 대해 쌍생아 연구가 많이 수행되지는 않았으나 일치도가 높게 나타났다. 아일랜드에서 18쌍의 쌍생아를 대상으로 연구하였는데, 18명의 자궁내막증에 걸린 환자의 1촌인 여자 쌍둥이 형제 중 16명이 그 병에 걸린 것으로 나타났다. 자궁내막증의 경우 1촌간에 상대적 위험률이 너무 커서 어떤 가계에서는 그 병이 하나의 우성 유전자에 의해 생기는 것 같기도 하다.

자궁내막증과 관련된 유전자 변이에 대한 연구는 1990년 후반에 시작되었다. 가장 중요한 연구는 옥스퍼드 자궁내막증 유전자연구(OXEGENE)에 의해 시작되었다. 옥스퍼드 대학 연구자들은 두 명이나 세 명의 자매가 자궁내막증인 가족 몇 백 명을 모아 그들과 그 부모의 DNA를 검사하여, 그 병을 가진 사람들에게서 더 자주 나타나는 DNA 표지유전자를 검사하였다. 2001년 옥스퍼드 팀은 호주 연구팀과 공동으로 국제 내분비유전자연구회(IES)를 만들었다. 2002년 중반까지 내분비 연구회에서는 자궁내막증과 관련된 유전자를 찾기 위해 2명의 자궁내막증 자매가 있는 1,100가족과 자궁내막증 환자와 그 부모를 포함한 1,200가족을 찾았다. 이 연구팀은 사람의 유전체에 그 병과 관련된 몇 가지 주요 유전자가 있다는 근거를 찾았다. 그러나 그 중 어느 유전자도 아직 동정되지 않았다. 다른 연구팀은 후보 유전자를 사용해 관련 유전자를 찾을 수 있는 중요한 근거를 얻었다. 2002년 일본 연구팀은 CYP19라는 변이 유전자가 일반 집단에서보다 자궁내막증 환자 집단에 더 많다는 것을 보여주었다. 이와 같은 연구는 반복할 필요가 있다. 2003년 핀란드 연구팀은 여러 명의 환자가 있는 31가족에 대해 유전체 검사를 하였다. 비록 이 데이터가 아주 초보적이지만, 그 결과 7번 염색체의 장완, 8번 염색체의 장완, 1번 염색체의 단완에 그 병의 소인이 되는 유전자가 있다는 근거를 발견하였다.

어떤 사람이 그 병에 걸릴 확률을 계산할 때 가족 중에 환자가 있다는 이유로 그 수치가 얼마나 달라지는가를 계산하기란 어렵다. 아일랜드의 연구는 환자의 자매가 자궁내막증에 걸릴 확률은 그렇지 않은 일반 여자보다 5배가 크다고 하였다. 만일 엄마와 자매가 모두 자궁내막증에 걸렸다면 그 여자가 병에 걸릴 확률은 더 커지게 된다. 앞으로 10년 후면 자궁내막증에 걸릴 확률을 알 수 있는 유전검사가 가능할 것이다. 만일 가족 중에 환자가 있다면 어떻게 해야 하는가? 언니가 자궁내막증인 여자는 그렇지 않은 여자보다 더 일찍 아이를 낳기를 원할지 모른다.

자궁 섬유종(Uterine Fibroids)

언니가 자궁섬유종을 가지고 있는데 나도 그 병에 걸릴까?

자궁섬유종은 자궁벽의 평활근세포가 계속 분열하여 종양이 되는 증상인데, 이 병은 일반적으로 여자에게 흔하게 나타난다. 이것은 악성 종양이 아니지만 자궁출혈에서 불임까지 많은 문제를 유발한다. 자궁섬유종은 20대 여자 10명 중 1명의 확률로 생긴다. 그리고 그 확률은 나이가 들면서 폐경까지 계속 증가한다. 아프리카계 미국인이 자궁섬유종을 가질 확률은 백인보다 2배 높다. 자궁섬유종은 때로 그 크기가 너무 커져 불임의 원인이 될 수 있다.

이 병과 관련된 분석 자료에 의하면 자궁섬유종을 가진 여자의 친척은 이 병에 걸린 친척이 없는 여자보다 그 병에 걸릴 확률이 높았다. 자궁섬유종은 보통 여자의 8~10%에서 나타날 만큼 흔한 증상이다. 그러나 이 병에 걸린 자매를 가진 여자가 이 병에 걸릴 확률은 20~25%나 된다. 그러나 이 수치가 꼭 불임의 확률과 일치하는 것은 아니다.

섬유종은 마치 하나의 유전형질처럼 보이나, 이에 관련된 유전자는 여럿 존재하는 것 같으며, 현재까지 이 증상과 확실히 관련된 유전자는 하나가 발견되었다. 자궁섬유종에 대한 중요 유전 연구는 보스턴 브리검의 자궁섬유종 센터와 보스턴 부인병원에서 수행되었다. 2003년까지

이 센터는 적어도 2명의 자매가 섬유종을 가진 600가족을 모으기로 목표를 잡았는데, 약 300가족을 모았다. 연구자들은 환자의 DNA를 검사하고 자매 쌍(sib-pair)방법이라는 통계적 분석을 사용하여 건강한 여자에게는 없고 섬유종을 가진 여자에게만 있는 DNA를 찾기를 원한다. 이러한 분석 방법을 통해 관련된 유전자의 위치를 정확하게 찾을 수 있을 것이다.

보스턴의 다른 연구자들은 7번 염색체의 장완에 있는 유전자들을 집중적으로 연구하였는데, 종양조직에서 이 부분이 종종 결실되는 것을 관찰하였다. 또 다른 연구팀에서는 12번 염색체에 가끔 비정상적으로 재배열되는 부분이 있다는 사실을 주시하였다.

영국과 핀란드에서 22가족의 유전체를 자세히 조사한 결과, 이 병은 우성으로 유전된다는 것을 알았다. 이들은 1번 염색체의 장완에 존재하는 하나의 유전자를 발견하였다. FH라 불리는 이 유전자는 푸마릭산 탈수효소(dihydratase)를 암호화하고 있으며, 이 효소는 에너지 경로에서 중요한 효소이다. 과학자들은 42명의 환자를 대상으로 FH 유전자의 염기순서를 분석한 결과 25명에게서 돌연변이가 발견되었다. 이에 반해 150명의 대조군에서는 돌연변이가 발견되지 않았다. 또한 FH 유전자는 종양 억제 유전자의 역할을 한다는 확실한 근거가 있다. 이 유전자는 세포분열과 생장을 조절하는 기능을 한다. 따라서 이 유전자가 제대로 기능을 하지 못하는 경우 섬유종이 생기는 것은 납득할 만하다. 비록 이 유전자의 결손이 섬유종의 원인 중 아주 일부이고, 또 다른 병의 원인이 될 것인지는 잘 모르겠지만, 이 분야의 발전은 이 병의 치료에 새로운 장을 열 것이다.

근친결혼(Consanguinity)

사촌끼리 결혼하면 유전적 결함을 가진 아이를 낳을 확률이 커지는가?

근친결혼이란 혈연관계가 있는 친척들끼리 결혼하는 것을 말한다. 근친결혼은 비교적 최근까지 인류 집단에서 흔하게 행해졌다. 어떤 문화권에서는 아직까지 근친결혼을 하고 있다. 현대의 인류는 몇 천년동안 작은 집단을 이루었다. 따라서 배우자 선택은 매우 제한적이었다. 약 1만년 전 농업이 시작되면서 인류 집단은 더 커지고 안정되어 혈연관계가 없는 남녀 사이에 결혼이 성립되었다. 젊은 여자들이 자신이 살던 마을을 떠나는 일이 많아졌다. 그러나 현대의 수송방법이 나오기 전인 200년 전까지만 해도 결혼은 몇 마일 떨어져 사는 사람들 사이에서 이루어졌고, 이들은 대부분 혈연관계가 있었다.

오늘날에도 근친결혼을 고무하는 문화에 있는 사람들이 많다. 특히 중동의 일부 지역과 인도대륙에서는 삼촌과 조카 그리고 사촌 간의 결혼이 가족구조를 견고히 유지하게 한다고 생각한다. 미국과 유럽에서 사촌간의 결혼은 종교적 및 법적으로 금지되고 있다. 네덜란드, 브라질, 미국에서 근친결혼의 빈도는 전체의 1% 미만이다. 그러나 육촌 간의 결혼은 일반적으로 수용한다. 1950년대부터 집중적으로 행해진 연구의 결과에 따르면, 문화권에 따라 사촌 간의 결혼에 대한 태도가 다르다는 것을 알 수 있다. 예를 들어 일본의 시골에서는 얼마 전까지도 사촌간의 결혼이 16%나 되었다. 인도의 시골 안드라 프라데시에서는 그 빈도가 33%였다. 오늘날 일본에서는 그 수치가 훨씬 낮아졌다.

표 2. 근친결혼 : 사촌간의 결혼이 자손의 사망률을 높인다는 것을 보여주는 두 가지 연구

지역과 결과	사촌간의 결혼	육촌간의 결혼	근친결혼이 아닌 결혼
모르비앙			
사산/신생아 사망	51/461 11%	23/309 7.6%	72/1628 4.4%
유아 사망	64/410 15.6%	32/286 11.2%	138/1556 8.9%
루아르에셰르			
사산/신생아 사망	18/282 6.4%	11/240 4.6%	36/1117 3.2%
유아 사망	32/264 12.1%	17/229 7.4%	60/1081 5.6%

이 자료는 몰턴, 크로, 멀러가 1956년 PNAS(42:855-863)에 게재한 근친결혼 결과로부터 추정한 돌연변이에 의한 손상이라는 논문에서 저자들의 허락을 받고 제시하였다. 이 연구는 몇 십 년 전에 수행된 것으로 오늘날의 사망률은 더 낮을 것이다. 그러나 파키스탄의 시골에서는 아직도 사촌간의 결혼이 일반적이다.

근친결혼은 중요하다. 왜냐하면 사촌이 같은 대립인자를 가질 확률은 유전체의 어떤 유전자에 대해서도 1/8이다. 다시 말해 어떤 사람이 돌연변이 유전자를 갖고 있다면 그의 사촌이 그 돌연변이 유전자를 가질 확률도 1/8인 것이다. 이 돌연변이가 일반 집단에서 나타날 확률이 1/50이라고 가정하면, 어떤 사람이 보인자일 확률은 1/25이다. 둘 다 이 돌연변이 대립인자를 가진 사촌끼리 결혼을 할 때의 위험도는 이들 중 한 사람이 일반사람과 결혼을 할 때에 비해 거의 3배가 높다. 사실 이 위험도는 실제보다 낮은데, 이는 돌연변이를 지닌 대부분의 수정난은 정상적인 발생과정을 거치지 못하므로 대부분 유산되기 때문이다. 실제 돌연변이는 드물고, 사촌끼리 결혼을 했다 하더라도 유전적 결함을 가

진 아이를 낳을 확률은 상당히 낮다. 사촌끼리 결혼을 했을 때 유전병을 가지거나 기형인 아이를 낳을 확률은 약 4~5%이다. 반면에 일반집단에서는 약 3%이다.

　　오늘날 유전 상담에서 근친결혼이 일반결혼보다 얼마나 더 위험한지를 알아내는 것은 중요하다. 그리고 사촌끼리의 결혼에서 단일 유전자에 의한 병의 위험률을 알기 위해 가족사를 파악하고 평가하는 것은 중요하지만, 보통 이러한 근거를 찾기는 매우 어렵다. 그러나 불행히도 이들 결혼으로 인해 자녀들의 1/4이 열성 유전병을 가질 것이라는 사실을 배제할 수는 없다.

인종과 민족성(Race and Ethnicity)

　　민족이나 집단에 따라 특이적인 유전질환이 더 높은 빈도로 나타날까?

　　여기서 우리는 명확하게 정의할 수 없는 두 가지 용어를 접하게 된다. 인종과 민족성에 대한 개념은 식민지 정책이 최고조에 달했던 19세기 유럽에서 체질 인류학(physical anthropology)이 대두되면서 과학적으로 중요하게 다루어졌다. 결코 과학적으로 입증할 수 없는 인종간의 유전적 불평등에 대한 잘못된 생각은 20세기 중엽에 이르러 많이 희석되었지만, 민족의 개념에 대해서는 아직까지도 분명하게 정리되고 있지 않다. 비록 1세기 전에 비하면 덜 세분화하고 있지만, 체질 인류학에서는 아직까지도 주요 대륙별로 인류 집단(예: 백인, 흑인, 몽골로이드, 오스트랄로이드 등)을 구분하고 있으며, 이들은 다시 각각 소그룹으로 분류된다. 인종이라는 말보다는 민족 또는 인류 집단이라는 표현이 더 적절하다. 왜냐하면 생물학적으로 볼 때, 현대인은 모두 같은 종(species)인 '호모 사피엔스'로 분류되며, 현대인 개체간의 유전정보(DNA)의 차이는 0.1% 미만에 불과할 정도로 유전적으로 매우 유사하기 때문이다. 따라서 민족이란 단순한 유전학적인 차이보다는 '동일한 언어를 사용하며 같은 문화와 역사를 지니고 있는 동시에 타민족과 비교할 때 상대적으로 유전적 동질성이 높은 집단'이라 할 수 있다. 이와 같이 민족을 구분하는 요소로 생물학적인 기준보다 오히려 문화와 역사적인 공통성이 더 중요할 수 있다. 오늘날 인류 집단의 경우 대륙 간에는 서로 다른 유전자형이 분포하기도 하나, 대부분의 민족 집단 간에는 같은 유전자형을 공유하고 있다. 다만 이들 유전자형의 빈도에 있어 민족 집단 간에 차이를 나타낸다.

지난 몇 십 년 동안 급속히 발전해 온 분자생물학은 "민족을 유전학적으로 구별할 수 있겠는가?"라는 문제에 직면하고 있다. 인류 집단 간의 유전적 다양성에 관한 많은 연구에서 얻어진 결론은 집단 간보다는 집단 내의 분산이 더 크다는 사실이다. 바꾸어 말하면, 현대인이 가지고 있는 유전적 변이의 대부분은 어떤 한 소집단 내에 거의 모두 분포되어 있다고 볼 수 있다.

앞에서 지적한 바와 같이, 만약 지구상에서 무작위로 두 사람의 DNA를 추출하여 유전정보를 분석하게 되면, 이들 두 사람의 염기서열은 99.9%가 동일하게 나타난다. 한편, 인간의 DNA는 약 30억 쌍의 뉴클레오티드로 되어 있기 때문에, 이들 두 사람은 0.1%의 차이만으로도 수 백 만개의 염기가 다르게 된다. DNA 수준에서 우리 모두는 매우 비슷할 뿐만 아니라 이와 동시에 쉽게 차이를 발견할 수도 있다. 우리가 개체 간에 DNA 염기순서가 매우 비슷하다는 사실을 폭넓게 인식할 때가 되면 유전적으로 인종을 구별하려는 노력은 줄어들게 될 것이다.

중요한 유전적 변이체 빈도는 인류 집단 간 또는 민족 집단 간에 차이가 있다. 이러한 발견을 임상적으로 중요하다고 인식하지 못한다면 어리석은 일이 될 수 있다. 유전자는 단독으로 발현되지 않는다. 유전자들의 활동은 그 개체가 살고 있는 환경 속에서 진행된다. 심각한 유전질환을 일으키는 어떤 돌연변이 유전자(동형접합자)가 특정 민족 집단에서 이례적으로 높은 빈도로 나타나는 것은 분명히 그 이유가 있다. 아프리카 사람 약 10명 중에 1사람은 겸상적혈구빈혈증 돌연변이 유전자 하나(이형접합자)를 가지고 있는데, 이러한 이형접합자인 사람은 말라리아로부터 자신을 보호할 수 있다. 세대를 거듭할수록, 겸상적혈구빈혈증 돌연변이 유전자의 빈도는 그 집단의 유전자 풀에서 높아지게 된다. 그러나 자연선택 작용에 의해 겸상적혈구빈혈증 유전자를 동형접합자를 지닌 어린아이는 사망하므로 집단은 이러한 유전자의 빈도를 조절하며, 또한 말라리아로부터 더 많은 희생을 치루지 않게 적응하게 된다. 즉, 집단 수준에서 보면 이러한 겸상적혈구빈혈증 돌연변이 유전자의 빈도는 일정 수준으로 평형상태에 이르도록 타협하는 셈이다.

남녀가 결혼할 때, 자신들의 민족배경이나 혈통에 대해서 신중하게 고려하는 것은 당연한 일이다. 이들이 가까운 혈족이라면 하나 이상의 열성 유전질환 유전자를 가진 아이를 낳을 확률이 높다. 비록 유전질환의 종류나 수는 민족에 따라 다르지만 위험에 대한 염려나 관심은 공통적이라 할 수 있다. 민족과 특이 유전질환과의 상관관계를 모두 기재한다는 것은 이 책의 영역 밖의 일이지만, 몇 가지 예를 들어 보자.

아쉬케나지 유태인 집단(미국의 유태인 중에서 90% 이상)에서는 태이병, 카나반병, 고셔병, 니만-피크병, 아드레노류코시스트로피, 가족성 자율신경실조증, 또는 블룸 증후군 등에 관한 유전병 환자 아이가 태어날 위험성이 높다. 이 밖에도 이들은 유방암, 직장암, 염증성 장질환 등에 관여하는 유전자를 가지고 있을 확률이 높다. 또한 프랑스계 캐나다인들은 태이병의 발병 빈도가 높다. 펜실베이니아와 오하이오에 거주하는 아미쉬(암만파 신도들) 사람들은 오랜 세대 동안 자신들끼리 결혼해 왔는데, 이들 집단에서는 희귀 유전질환인 글루타릭 아카데미아, 조울증, 간 질환(Criggler-Najjar syndrome type I) 등이 많이 나타난다. 또한 역사적으로 볼 때, 근친결혼 풍습이 있는 핀란드의 어떤 집단은 선천성 신장증이라 부르는 신장병, 특수 뇌질환(neuronal ceroid lipofuscinosis), 심장병을 일으킬 위험성이 매우 높은 고지혈증 등 여러 유전질환의 발병 빈도가 높게 나타난다. 미국의 남서부에 거주하는 피마 인디언들은 아마도 전 세계에서 당뇨병의 빈도가 가장 높은 집단 중에 하나일 것이다. 적도 근처에 살고 있는 여러 민족 집단들은 겸상적혈구빈혈증이나 베타-지중해빈혈 환자의 빈도가 높다. 유럽에 비하여 아시아 지역으로 갈수록 알파-지중해빈혈 환자가 더 많다. 이상의 예는 일반 집단에서 흔히 볼 수 없는 유전질환이 일부의 특이한 집단에서 상대적으로 높은 빈도로 나타나는 경우를 설명한 것이다.

유전적으로 생식에 이상이 있는 사람들을 상담할 때, 이들의 민족적 배경은 매우 중요하게 고려되어야 할 사항이다. 미국에 거주하는 아프리카계 미국인 부부는 겸상적혈구빈혈증 열성 유전자를 이형접합자로 가지고 있는지 검진받을 필요가 있다. 왜냐하면 이들의 조상이 살았던 아프리카 흑인 집단에서는 약 10명 중에 1명꼴로 이러한 유전자를 하나씩 지니고 있기 때문이다. 또한, 여성들은 G6PD 유전자의 결핍 여부를 유전적으로 점검받는 것이 좋다. 여성(XX 성염색체)은 X염색체에 연관된 이러한 열성 돌연변이 유전자가 한쪽 X-염색체에만 있고 다른 하나는 정상이라면 임상적으로 큰 문제가 없다. 그러나 남자(XY 성염색체)는 X염색체를 하나만 지니고 있기 때문에 열성 돌연변이 유전자가 하나만 있어도 특정 상황에서는 적혈구가 파괴되어 빈혈증을 겪게 된다. 즉, G6PD 돌연변이 유전자를 지닌 남자가 누에콩(fava beans)과 같은 콩에 많이 들어 있는 특이 화학적 성분을 섭취하게 되면 갑자기 적혈구가 파괴되어 심각한 빈혈증을 초래한다. 이러한 G6PD 결핍증 환자는 중동을 배경으로 한 민족 집단, 특히 사우디아라비아에서 흔히 볼 수 있다.

지난 10여 년 간 아쉬케나지 유태인 부부들이 위에서 설명한 특이 유전질환에 관여하는 유전자를 지니고 있는지를 진단할 수 있는 시스템

구축에 있어서 많은 발전이 있었다. 그 예로써 아쉬케나지 유태인 부부들의 열성 돌연변이 유전자를 진단하는 전담 의사들이 병원에 배치될 정도다. 따라서 아시아인들의 경우는 알파- 또는 베타-지중해빈혈 유전자, 그리고 백인은 낭포성섬유증 열성 돌연변이 유전자를 지니고 있는지 등에 관한 민족 특이 유전병 진단 진료체계가 마련되어야 한다.

재발성 자연유산(Recurrent Pregnancy Loss)

나의 언니는 3년 동안 3번 사산을 경험한 바 있다. 나는 어떤 유전적 위험성을 가지고 있을까?

자연유산이란 임신 20주 전에 배아 또는 태아가 죽는 경우를 말한다. 자연유산은 흔히 일어날 수 있다. 여러 연구 보고에 의하면 자연유산율이 전체 임신의 10%에서부터 50%에까지 달하는 것으로 분석되고 있다. 그러나 만약 자연유산의 정의를 생화학적 기준이 아니라 임상적으로 임신된 경우만으로 본다면, 임신의 약 10~15% 정도가 자연유산 되는 것으로 나타났다. 이 중에서 약 45%는 7~11주 정도 되는 시기에 일어난다. 따라서 12주가 지난 자연유산의 위험성은 약 5~7%로 계산될 수 있다. 분만중의 사산을 제외한 임신 20주 후부터 일어나는 태아 손실은 자연유산으로 분류하지 않고 자궁 내 태아 사망으로 본다.

사산의 가장 큰 원인은 배아의 염색체 이상을 들 수 있다. 12주 전에 발생되는 사산의 절반 이상은 염색체 이상에 의해 일어난다. 여러 연구에 의하면 60% 이상으로까지 계산되기도 한다. 유산된 태아의 염색체 검사에 의하면, 염색체 이상의 대부분은 여분의 염색체를 하나 더 갖는 3수성(trisomy)이 많은데, 특히 16번 염색체를 하나 더 가지고 있는 경우가 대부분이다. 또한 X염색체가 하나 소실되는 경우도 많다. 조기 유산된 태아의 약 10%는 3배수성에 의해 일어난다.

　재발성 자연유산은 3회 이상 자연유산의 경험이 있는 경우를 말한다. 일반적으로 약 2%에 해당하는 부부가 두 번의 자연유산 경험이 있으며, 약 300쌍 부부 가운데 한 쌍 정도는 3번의 자연유산 경험이 있는 것으로 조사된 바 있다. 3번의 자연유산 경험이 있는 부부 중에는 어떤 유전적 또는 다른 위험 요소가 있을 것으로 추측하고 있다. 자연유산의 원인으로 가장 잘 알려진 두 가지 위험 요소는, 자연유산의 내력과 산모의 나이를 들 수 있다. 40대 초반 여성의 자연유산 확률은 약 50%에 달하는데, 이는 20대 중반 여성의 5배에 해당하는 위험 수치이다.

표 3. 유산: 시기적으로 다르게 불리는 용어

- 생화학적 임신: 배란 10일 이내에 β-HCG 검사에서 모계 양성반응. 그러나 임신에 대한 추가적인 증거는 없음
- 전임상 유산: 착상실패 또는 착상 후 불안정에 의해 6주 전에 유산
- 무태아란: 태낭이 비어 있는 경우(보통 5~7주에 진단)
- 계류유산: 태아가 사망하기 전에 자궁 내에서 심장활동이 없는 경우
- 자궁내 태아사망: 임신 20주 이후 태아사망

2002년에 출판된 리모인 등(Rimoin D. I., Connor J.M., Pyeritz R. E., and Korf B. R.)의 저서에서 허가를 받아 인용함. 저서명: *Emery and Rimoin's principles and practice of medical genetics*, 4th edition. Churchill Livingstones, London; ⓒ Elsevier

　많은 연구에도 불구하고, 자연유산의 원인에 대해 분명하게 설명하기는 어렵다. 비교적 흔한 원인은 염색체 이상이다. 자연유산을 경험한 부부의 약 5% 미만에서 부부 중 한 사람은 '상호균형 전좌(balanced translocation)' 돌연변이 염색체를 가지고 있다. 이렇게 상호균형 전좌 염색체를 가진 사람은 양적으로는 염색체에 이상이 없으나, 두 염색체의 일부가 잘라진 후 이들 잘라진 염색체의 일부가 각각 서로 다른 염

색체에 붙어 재배열되는 경우를 말한다. 결과적으로 이러한 사람은 생식세포(정자 또는 난자)를 만들 때 비정상적인 염색체 조합을 이루게 될 확률이 높다. 2003년 분석된 3회 이상의 자연유산 경험이 있는 산모를 대상으로 조사한 바에 의하면 결실(缺失)의 정도가 너무 작아서 일반적인 염색체 분석방법으로는 잘 발견되지 않았지만, 5쌍의 부부에서 염색체의 중심 부분이 일부 결실되어 있었다. 이 밖에도 1% 미만으로 드물기는 하지만 레트 증후군과 같은 단일 유전자 돌연변이에 의해 자연유산이 되는 경우도 있다.

산모와 태아 사이에 혈액응고 경로에 문제가 생기면 자연유산의 원인이 될 수 있다. 2002년 영국의 임페리얼 대학에 있는 생식의학 전문가인 라이(Raj Rai) 박사는 이에 대한 가능성을 언급했다. 백인 여성의 약 5%는 유전적으로 혈전의 선천적 위험인자인 FVL(Factor V Leiden)를 가지고 있다. 라이 박사는 사산에 미치는 FVL의 영향에 관해 연구했다. 그는 3번의 자연유산 경험이 있는 여성 223명 중 FVL 인자를 가진 25명과 이를 가지고 있지 않은 198명에 대해 임신 여부를 비교하였다. FVL 인자를 가지고 있지 않은 여성은 다음 임신에서 50% 이상이 정상 출산을 했으나, FVL 인자를 가진 여성은 약 11%만이 정상적인 출산을 보였다. 이러한 결과는 혈액 희석제를 사용하면 자연유산을 줄일 수 있음을 암시하고 있다. 실제로 연구자들은 이들 여성을 대상으로 혈액 희석 효과를 조사하고 있다.

임신 20주가 넘어서면, 유전적 결함에 의한 태아사망률은 감소된다. 태아사망의 주된 요인은 염색체 이상, 즉 13번, 18번, 또는 21번 염색체의 3수성 아니면 X염색체의 소실 등을 들 수 있다.

요약하면, 유산의 위험성은 임신 초기단계에서 매우 높으나, 임신기간이 점차 길어지면서 급격히 감소된다. 염색체 이상이나 단일 유전자 돌연변이, FVL 등과 같은 유전적 결함이 유산과 관련성이 있는 것은 분명하나, 유산의 원인이 분명하게 유전적 결함으로 밝혀진 경우는

10% 미만이다.

자간전증(Preeclampsia: Pregnancy-induced hypertension)

나의 어머니는 나를 임신하셨을 때, 마지막 2개월 동안은 자간전증으로 침대에 누워계셨다. 나는 어떤 위험성이 있을까?

자간전증(子癎前症)은 비교적 흔히 나타나는 증상으로, 고혈압이나 단백뇨 등과 같은 임신중독증을 일으키며 잠재적으로 생명을 잃을 수도 있다. 전문가들이 조사한 바에 의하면, 미국의 경우 임신한 여성의 약 8%는 이러한 임신중독증을 느끼는 것으로 나타났으며, 저개발 국가일수록 발병 빈도가 더 높았다. 비록 원인은 분명치 않으나, 산모의 신체가 임신한 태아에 대하여 잘 적응하지 못하기 때문인 것으로 해석하고 있다. 여러 분석 자료에 의하면 태반의 생리적 상태를 이해해야 원인을 알 수 있다고 보고 있다. 이러한 자간전증은 임신 중반에 발병하는 경우가 대부분이다. 심한 고혈압(170/110 이상)을 동반하며 상당수의 산모가 경련을 일으키게 된다. 전 세계적으로 해마다 약 10,000명 정도의 산모들이 이러한 증상으로 사망한다.

자간전증은 35세가 넘은 초산인 산모에게서 더 흔하게 발병한다. 당뇨가 있거나 비만인 여성은 자간전증이 나타날 확률이 높다. 초산 때 자간전증이 발병한 여성은 같은 남편의 아이를 다시 임신하면 재발할 확률이 다른 일반인에 비하여 12배나 높다. 이러한 2번째 자간전증은 시기적으로도 빨리 발병하며 그 정도도 심하다. 노르웨이에서 집중 조사한 바에 의하면, 자간전증 경험이 있던 여성이 다른 남자의 아이를 임신한 경우 여전히 일반인에 비하여 8배 이상의 발병률을 보였으나, 남편을 바꾸지 않은 자간전증이 있는 산모에 비해서는 낮은 발병률을 나타냈다. 자간전증 증상을 가진 여성이 아이를 임신할 경우 남편이 유전적으로 영향을 주게 된다. 이 남자가 다른 여성과 결혼할 경우, 산모는 일반 여성에 비해 자간전증이 2배 이상의 확률로 발병하였다. 이러한 발견은 태아의 백혈구항원(HLA), 즉 면역계를 연구하게 된 계기가 되었다. 자간전증이 있는 여성의 자녀는 특이 HLA 반수체유전자형(haplotype)과 상관성이 있는 것으로 조사되었다. 그러나 이러한 결과는 일부 사례에 지나지 않을 수도 있다.

몇 가지 연구 결과에 의하면, 자간전증의 위험성은 혈압조절에 중추적 역할을 하는 앤지오텐신 II 유전자의 다형성과 관련이 있는 것으로 나타났다. 또 다른 연구에 의하면, 자간전증이 있는 여성은 FVL 유전자 돌연변이를 가지고 있는 것으로 조사되었다. 최근 핀란드 과학자들은 자간전증 증상이 많이 나타나는 15가계를 대상으로 연구한 결과, 2번 염색체 단완 지역(2p25)에 이러한 증상이 일어날 소인이 있는 유전자가 존재한다는 증거를 찾아냈다.

현재, 자간전증이 있는 여성의 태반에서 어떤 유전자가 부당하게 발현되거나 또는 억제되는지를 찾으려고 노력하고 있다. 여러 연구 자료에 의하면, 일반집단에 비하여 자간전증이 있는 여성과 혈연관계가 가까울수록 자간전증이 일어날 확률이 높은 것으로 분석되었다. 정상적인 출산으로 태어난 여자 형제들에 비하여 자간전증을 경험한 산모로부터 태어난 여성들은 자간전증을 일으킬 확률이 더 높다. 여러 연구를 통해서 볼 때, 자간전증의 가족력이 있는 여성은 일반집단에 비하여 2~3배 더 위험성이 높다. 산부인과 의사들은 항상 자간전증에 대한 가족력 여부를 물어야 하며, 산모들은 이에 대한 주의를 기울여야 할 것이다.

쌍생아 출산(Twinning)

나의 오빠와 올케가 이란성 쌍생아를 낳았다. 결혼 후 나도 쌍생아를 낳을 확률이 높을까?

쌍생아는 두 종류가 있는데, 이란성 쌍생아가 더 흔하게 나타난다. 이들은 2개의 난자가 각각 동시에 수정이 되었기 때문에 유전적으로 차이가 있는 형제자매로 볼 수 있다. 따라서 이란성 쌍생아는 때에 따라 성별이 같을 수도 있고 다를 수 있다. 평균적으로 이란성 쌍생아의 1/4은 둘 다 남자이거나 여자, 또는 1/2이 각각 남자와 여자로 태어나게 된다. 미국의 경우 평균적으로 88명의 출산 당 한 명의 이란성 쌍생아가 태어나므로, 약 44명 중 한 사람은 이란성 쌍생아인 셈이다. 보고된 바에 의하면, 나이지리아는 이란성 쌍생아의 출산율이 높은(1/22) 반면, 일본은 낮은 편이다. 초음파 진단에 의하면 이란성 쌍생아의 약 10%는 임신 후반부 3개월 중에 사망하는 것으로 나타나고 있기 때문에, 이란성 쌍생아의 실제 출산율은 적어도 10% 정도 더 높을 것으로 판단된다. 어떤 연구자의 연구에 의하면, 이란성 쌍생아의 출산율은 계절적인 변이가 있어서 봄철과 늦은 여름철에 높게 나타나는 경향이 있다. 아이를 많이 낳거나 몸집이 큰 30대 후반부의 여성은 아직까지 아이를 낳지 않았거나 젊고 날씬한 여성에 비하여 이란성 쌍생아의 출산율이 더 높게 나타난다.

표 4. 쌍생아 출산 : 유전적 요인에 의한 이란성 쌍생아 출산의 증거

국가	연도	이란성쌍생아/10,000명당	일란성쌍생아/10,000명당*
스페인	1951-1953	59	32
포르투갈	1955-1956	56	36
프랑스	1946-1951	71	37
오스트리아	1952-1956	75	34
스웨덴	1946-1955	86	32
이태리	1949-1955	86	32
미국 백인		67	39
미국 흑인	1905-1959	110	39

* 1976년 프로핑과 크루져(Propping P. and Kruger J.)가 학회지에 발표한 결과를 허가받아 인용함. 학회지: Uber die Haufigkeit von Zwillingsburten. Dtsch. Med. Wochenschr. 101: 506-512.
* 일란성 쌍생아의 출생률은 나라마다 비슷하나, 이란성 쌍생아는 집단 마다 차이가 있음.

    많은 과학 논문들에서 특정 가계의 여성은 이란성 쌍생아를 출산할 확률이 더 높다고 보고하고 있다. 성선자극호르몬의 농도가 상대적으로 높게 분비되는 여성은 생리주기 중에 여러 난자를 동시에 배란할 확률이 높기 때문이다. 이란성 쌍생아의 출산 가능성에 대한 가장 효과적인 예측은 이란성 쌍생아를 출산한 적이 있느냐 하는 점이다. 이란성 쌍생아를 출산한 경험이 있는 여성은 그렇지 않은 여성에 비하여 다시 이란성 쌍생아를 낳을 확률이 2배나 높다.
    쌍생아 가계에 대한 매우 놀랄만한 보고서가 러시아에서 발표된 바 있다. 1853년, 키리로브라고 부르는 한 시골 농부가 두 번에 걸친 결혼으로 자식을 모두 70여 명 두게 되었는데, 그는 차르 황제에게 찾아가 이들 모두가 자신의 자식임을 주장했다. 그는 첫 번째 부인과의 사이에서 57명의 자녀를 두었는데, 4 쌍생아 4쌍, 3 쌍생아 7쌍 그리고 쌍생아

2쌍을 낳았다. 두 번째 부인과는 6쌍의 쌍생아와 한 쌍의 3 쌍생아를 낳았다. 미국에서 쌍생아에 대한 기록은 사우스다코타에 살고 있는 어떤 여성이 8쌍의 쌍생아와 8명의 자녀를 둔 예가 있다. 쌍생아 출산은 여성의 생식주기 중 특정 유전자(들)가 관여한다는 연구 결과가 노르웨이에서 보고되었다.

일란성 쌍생아는 비교적 흔하지 않다. 일란성 쌍생아는 발생 초기에 배아가 둘로 나뉘어져 각각 쌍생아로 태어나는 경우이다. 일란성 쌍생아의 출생 빈도는 인류 집단 마다 거의 비슷하게 나타난다. 일란성 쌍생아는 약 300명 당 한 사람 꼴로 태어나기 때문에, 150명 중에 한 사람은 일란성 쌍생아인 셈이다. 척추이분증 아이의 출생 위험을 억제하기 위하여 엽산을 많이 복용하면 일란성 쌍생아의 출생 빈도가 높아진다.

일란성 쌍생아라고 해서 이들이 유전적으로 완전히 같은 것은 아니다. 초기 배아가 나누어질 때, 세포질 내 미토콘드리아 DNA는 균등하게 분포되지 않을 수 있다. 핵의 바깥에 위치한 미토콘드리아 내에 들어 있는 미토콘드리아 DNA는 고리 모양의 작은 분자로서, 세포 내 호흡에 의한 에너지 생산에 관여하는 유전자를 가지고 있다. 이란성 쌍생아에 비해 일란성 쌍생아에 관한 가족력의 보고 자료는 그리 많지 않다. 이러한 결과로 미루어볼 때 일란성 쌍생아는 유전자(들)에 의해 기인되지 않을 것이라 해석할 수 있다.

본 내용의 서두 부분에 제시한 질문의 답으로, 자신의 남동생이 올케와의 사이에 이란성 쌍생아를 낳았다고 해서 자신도 결혼 후 이란성 쌍생아를 낳을 확률이 높다고는 볼 수 없다. 그러나 이란성 쌍생아를 낳은 경력이 있는 언니가 있는 여성은 이란성 쌍생아에 대한 가족력이 없는 여성에 비해 쌍생아를 낳을 확률이 약 70% 이상 더 높다.

미숙아 출생(Premature Births)

나의 언니는 매우 건강한데도 불구하고 첫째 아이를 출산할 때 8주나 일찍 조산했다. 나도 이와 같은 위험성이 있을까?

조산은 임신 37주 이전(생리주기로 계산하여 출산예정일보다 3주 전)에 출산하는 경우를 말한다. 미국의 경우 출생하는 전체 아이 중에서 약 10%(1년에 약 40만 명)는 미숙아이다. 미숙의 정도가 심할수록 건강에 문제가 생길 확률이 더 높다. 실질적으로 모든 미숙아는 체중이 비정상적으로 낮다. 출생 시에 신생아의 체중이 2.45kg 미만이면 위험성이 높다. 임신 32주 이전에 조산하는 경우 대부분의 신생아는 사망한다. 신생아 사망의 약 70%는 조산에 의한 것이다. 아프리카계 미국인은 백인에 비하여 약 2배 이상 미숙아를 출산할 가능성이 높다.

미숙아 출생은 빈곤, 술, 약물오용 등과 관련성이 높고, 흡연이나 환경오염도 일부 원인이 된다. 아프리카계 미국인의 경우 흑인 여성의 과도한 노동 부담도 미숙아 출산 원인의 절반에 해당한다. 미숙아를 출산하는 여성 그룹을 조사한 결과, 이는 특정의 유전자 변이와 상관성이 높다는 사실이 밝혀졌다. 예를 들면, 미숙아를 출산한 여성은 정상적으로 출산한 여성에 비하여 과염증(hyperinflammatory) 반응과 관련된 인터류킨-1 유전자의 돌연변이체를 지닐 확률이 높았다. 이러한 결과는 확실히 증명된 것은 아니지만, 이는 약간의 만성 질 염증이 있는 경우 조산의 원인이 될 수 있음을 의미한다.

일부 연구 결과에 의하면, 유전적 배경이 조산의 한 원인이 될 수 있다고 한다. 정상 분만을 한 여성과 분만 과정 중 다양한 어려움을 겪은 여성을 비교 분석한 결과, 유전자 발현 양상에서 차이를 보였다.

2002년, 미국국립아동보건 및 질병연구소에서는 조산에 관한 유전학적 위험 인자 연구를 지원한 바 있다. 이러한 연구 지원을 통하여 과학자들은 특이 조직 내에서 어떤 유전자들이 발현되고, 어떤 유전자들이 억제되는지를 분석하였다. 즉 어떤 유전자들이 분만과 출산에 결정적인 역할을 하는지를 밝히는 것이 연구의 핵심이다. 그러나 현재로서는 미숙아 출산과 관련된 극히 일부의 자료를 제외하고는 이와 관련된 유전적인 정보는 거의 없다.

따라서 위험 요소가 무엇인지 확인할 수 없는 현재의 상태에서, 한 여성의 언니가 조산을 했다는 사실만으로 이 여성의 조산 가능성을 예측할 수는 없을 것이다.

PART 2

신생아기(Infancy)

선천성 기형(Congenital Malformations-Birth Defects)

우리 올케가 아이를 낳았는데 선천성 기형이다. 나는 내년에 아이를 가질 예정이다. 모든 임신에 위험이 따른다는 것은 알지만, 나의 경우 선천성 기형아를 출산할 위험이 더 높은 것은 아닐까?

선천성 기형은 출생 시에 나타나는 다양한 신체 기형들을 의미한다. 이 결함들은 생명을 유지할 수 없는 심각한 것부터 간단한 미용 문제에 이르기까지 다양하다. 신생아의 약 3%가 기형으로 태어나지만, 이 중 심각한 기형은 1% 미만이다. 경우에 따라 다르기는 하지만, 대체적으로 신체 결함을 가진 아이가 출생한 여성의 경우 다음 임신에서 다시 기형아를 출산할 위험도는 일반인에 비해 높다.

기형의 원인이 잘 알려진 경우도 있다. 예를 들어, 태아 300명당 1

명꼴로 나타나는 다운증후군은 염색체 21번이 한 개 더 존재하기 때문에 나타난다. 흔한 기형의 다른 예로 발생 초기에 척추가 정상적으로 접히지 않아 생기는 척추갈림증(이분척수)은 유전적인 요인과 비유전적인 요인이 함께 작용한다. 이 장에서는 다양한 선천성 질환 중 흔한 것을 몇 개 골라 간략히 다루고자 한다. 어떤 종류이든 심각한 기형을 가진 아이가 출생한 경우, 재발 위험성을 확인하려면 면밀한 유전적 분석이 필요하다.

표 5. 일반 집단 내에서 흔한 출생 결함들이 나타나는 확률

출생 결함	신생아 1,000명당 출생 결함 확률
무뇌증	1.6
척추갈림증	2.0
심장결함	6.9
언청이	1.2
유문협착증	3.5
곤봉발	6.2

2002년에 출판된 리모인 등(Rimoin D. I., Connor J.M., Pyeritz R. E., and Korf B. R.)의 저서에서 허가를 받아 인용함. 저서명: *Emery and Rimoin's principles and practice of medical genetics*, 4th edition. Churchill Livingstones, London; ⓒ Elsevier

다운증후군(Down Syndrome)

어머니가 나이 40에 낳은 내 막내 여동생은 다운증후군이었다. 그러면 내가 임신할 경우 이러한 위험성은 얼마나 될까?

다운증후군은 흔하게 나타나기 때문에 가장 잘 알려진 출산 결함의 하나이다. 150년 전에 영국 의사가 최초로 보고하여 알려지게 된 다운

증후군 아이들은 경증의 다양한 신체 결함이 동시에 나타나므로 특이한 모습을 보인다. 다운증후군 아이는 나이 든 산모가 출산할 경우 더 자주 나타난다는 사실은 60년 전 이전부터 알려져 왔다. 45세의 산모가 다운증후군 아이를 낳을 위험성은 25세의 산모보다 약 20배 크다. 다운증후군환자에서는 항상 21번 염색체가 한 개 더 존재한다. 다운증후군의 95%는 염색체 비분리 현상에 의해 나타난다. 배아세포가 만들어질 때 염색체가 제대로 분리되지 않아 난자 또는 정자는 정상적인 염색체 1개를 가지는 것이 아니라 2개를 갖게 된다. 부모 중 한 사람이 전좌된 여분의 21번 염색체를 가지고 있는 경우, 여분의 21번 염색체를 지니고 있는 배아세포가 만들어질 수도 있다. 극히 일부의 다운증후군은 모자이크성인데, 이들의 조직에는 정상 세포와 비정상 세포가 섞여 있기 때문에 증세는 심하지 않다.

다운증후군 아이들에서 나타나는 가장 심각한 문제는 정신지체 정도가 심한 점이다. 이 외에도 선천성 심장 결함, 백혈병 위험성 및 60세 이전에 치매 유발성이 매우 높다. 부모 중 한명이 전좌된 21번 염색체를 가지고 있어서 발생하는 경우를 제외하면, 다운증후군 아이를 출산한 부모가 다시 다운증후군 아이를 출산할 위험성은 단지 산모의 나이에 비례한다고 알려져 있다. 나이 어린 산모가 다운증후군 아이를 출산한 경우, 다음 임신에서 또 다운증후군 아이를 가질 확률은 높다. 20세 산모에서의 비교 위험도는 일반 위험도보다 5배 높은 반면, 40세 산모의 경우 표준연령 위험도에 비해 단지 30% 정도 높다. 최근 들어 다운증후군 태아를 임신할 확률이 높은 산모를 발굴할 수 있는 생화학적 검사법이 개발되었다. 이러한 표준 산전 검사로는 양수 검사* 와 태아 염색체 분석이 이용되고 있다. 염색체 전좌가 없는 가계라고 가정하고 이러한 검사를 수행한 결과, 40세에 다운증후군 아이를 출산한 산모의 자매가 다운증후군 아이를 임신할 가능성은 같은 나이의 다른 여자들의

---

* 한국유전학회 총서 제2권 『유전병은 숙명인가?』, 1991. 전파과학사, 서울.

위험도에 비해 약간 높게 나타났다. 한편 다운증후군 자매가 있는 20대 여자의 위험도는 집단 위험도와 크게 다르지 않았다.

척추갈림증(Spina Bifida)

나의 언니가 척추갈림증을 가진 아기를 낳았다. 나의 위험도는?

신경관 결함으로도 알려진 척추갈림증(이분척수)은 두개골 아래부터 척추 아래에 이르는 부위가 영향을 받는 출산결함을 이르는 말이며, 21일째 되는 태아 시기에 신경관이 제대로 닫히지 않아 생긴다. 일반적으로 결함이 두개골 위에 있을수록 정신적 피해가 더 심각하다. 폐쇄결함이 심각한 경우 무뇌증이 나타나며, 이는 정상적으로 뇌가 발달되지 않기 때문에 대개 태아가 사망하거나 출생 즉시 죽는다. 두개골 뒤로 뇌가 돌출한 뇌탈출증은 생명에는 지장을 초래하지 않을 수 있으나, 이 아이는 심한 저능아가 된다. 척추 중간으로부터 그 아래에 결함이 있는 경우 그 임상적 증상은 매우 다양하다.

국가별 신경관 결함 빈도는 매우 다양하다. 역사적으로 영국이나 아일랜드의 경우 200명 출생 당 1명으로 상당히 흔한 편이나, 아시아에서는 1,500명 출생 당 1명으로 드문 편이다. 미국의 경우 산전검사가 일반화되기 전에는 그 빈도가 600명 출생 당 1명이었다. 단일유전자 결함으로 발생하는 경우는 매우 드물고, 유전자 결함 외에도 엽산 결핍이나 간질치료제인 발포인산(valpoic acid)이 임신초기에 노출되는 경우 발생한다고 알려져 있다. 이 약물을 복용한 여자가 척추갈림증 선천성 기형아를 출산할 위험도는 2%에 달한다. 척추갈림증의 정확한 원인은 잘 알려져 있지 않아, 재발위험도에 관한 상담은 경험적 자료에 의존한다. 이미 척추갈림증 아이를 출산한 여성이 다음 임신에서 재발할 위험도는

30배 증가하여 20명 중 1명꼴이나 된다. 부모 중 1명이 척추갈림증인 경우 아이가 척추갈림증일 위험도는 25분의 1이다. 척추갈림증인 여자의 조카가 척추갈림증 태아를 임신할 확률은 50분의 1이다. 척추갈림증 태아를 임신한 경험이 있는 여자의 자매들이 이 질환을 가진 아이를 임신할 위험도는 일반인의 위험도보다 10배 높다.

　　유럽과 미국에서 척추갈림증 빈도는 다음의 두 가지 덕분에 극적으로 줄어들고 있다. 아침식사용 시리얼에 비타민과 엽산을 보충함으로써 이 질병이 발생할 위험도는 반으로 줄었다. 게다가 임신초기 산전검사가 일반화되면서, 영국의 경우 지난 25년간 선택 유산(선택률 75%)에 의해 척추갈림증 아이의 출생을 90% 정도 줄였다. 영국보다 낮지만 미국의 경우도 선택 유산의 빈도는 비슷하다.

선천성 심장 결함(Congenital Heart Defects)

　　나의 언니는 심장결함으로 태어났다. 내 아이들도 위험도가 높을까?

　　약 0.5~1%의 아기가 심장 결함을 갖고 태어난다. 따라서 선천성 심장 결함은 가장 흔한 선천성 기형에 해당된다. 이중 약 3분의 1은 중간 이상의 심한 결함이어서 한 번 혹은 그 이상의 수술이 필요하다. 심장기형의 종류는 다양하며, 정확한 원인도 알려져 있지 않다. 이 질환의 원인으로 희귀 유전질환, 염색체 이상(다운증후군, 드조지 증후군 혹은 22q11의 일부 결손 포함), 약물중독(의약품 혹은 환각제), 엄마의 특정 질환(특히 당뇨)과 감염증이 알려져 있지만, 다 합쳐도 10% 미만에 해당된다. 나머지 90%는 여러 유전자와 환경간의 상호작용과 같은 복합적인 원인으로 발생하는 것으로 보인다. 원인이 불분명한 여러 선천성 질환과 마찬가지로, 심장 결함 아이를 갖는 가장 중요한 위험 요인은 아이의 엄마가 심장결함으로 태어난 경우이다. 다른 알려진 위험 요인이 없더라도, 심장결함을 가진 여자가 다시 심장결함을 가진 아이를 가질 확률은 약 3%이다. 심장결함을 가진 아이를 한 명 낳았지만 그 외의 다른 알려진 위험인자를 지니고 있지 않은 부모가 다시 심장결함을 가진 아이를 임신할 위험도는 3% 정도이다. 만약 부모 중 1명과 이들이 낳은 한 아이가 선천성 심장기형을 가지고 태어났다면, 다음 아이의 발병 위험도는 약 10%이다. 선천성 심장 결함이 있는 아이를 낳은 여자의 조카들이 이 질환에 걸릴 확률은 2~3%이다.

입술갈림증과 입천장갈림증(구개열-Cleft Lip and Cleft palate)

나는 입술갈림증으로 태어났다. 내 아이들에게 나타날 위험도는?

입술갈림증(구순열)은 매우 흔한 출생결함으로 입천장갈림증(구개열) 유발 요인 외에도 다른 원인에 의해 발생하는 것으로 보인다. 입술갈림증은 얼굴이 형성되는 7~8주인 임신 초기에 나타난다. 대개 직접적인 원인은 알려져 있지 않으나, 입술갈림증은 이동하고 서로 합쳐져야 하는 특정 조직에서 그 크기가 작아서 생긴다. 입술갈림증과 입천장갈림증이 함께 나타날 확률은 45%이다.

입술갈림증의 70%는 남자아이에서 나타난다. 발병빈도는 인종에 따라 다르며, 백인에서는 1,000명 당 1명, 흑인은 2,000명 당 1명, 미국 원주민은 1,000명 당 3명꼴로 나타난다. 위험인자로는 알코올중독, 흡연, 특정 간질치료제 복용 등이 알려져 있으나, 이는 단지 일부에 불과하다.

유전자가 중요한 역할을 한다는 증거는 분명하다. 이 질환이 일란성 쌍생아에서의 발병률은 40%로서, 이는 이란성 쌍생아에서보다 10배 높은 값이다. 이 질환의 유전성은 멘델의 법칙을 따르지 않지만, 한 가계에서 두 사람 이상이 입술갈림증 혹은 입술갈림증과 입천장갈림증을 동시에 나타내는 경우가 많다. 많은 믿을 만한 가계 연구 결과에 근거한 재발위험도는 다음과 같다. 입술갈림증을 지닌 아이를 임신했던 부모가 다시 임신하여 태어날 아이의 발병 위험도는 4%이다. 부모가 이 결함을 가졌다면 자식의 발병 위험도는 약 4%이다. 만약 이러한 부모가 이미 질환을 가진 아이를 낳은 경험이 있는 경우, 다음 아이의 위험도는 약 10%이다.

부분 입천장갈림증은 입술갈림증보다 덜 흔한데, 그 빈도는 2,500명 출생 당 1명이며 인종별 차이는 심하지 않다. 입술갈림증과 반대로 부분 입천장갈림증은 여아와 남아의 빈도가 3:2로서 여아에게서 약간 흔하게 나타난다. 이미 이 질환을 가진 아이를 한 명 가지고 있는 정상의 부모가 다시 이 질환을 가진 아이를 임신할 수 있는 재발 위험도는 약 2%로서, 일반인의 위험도보다 약 20배나 높다. 부모 중 한 쪽이 입천장갈림증인 경우 이 질환을 가진 아이를 낳을 발병 위험도는 7%이다. 만약 이 질환을 가진 아이를 출산한 경험이 있는 경우, 다음 임신의 위험도는 약 15%이다. 대개 입술갈림증을 가진 어린이에게서 이 외에 다른 신체 결함은 발견되지 않으며, 이 결함은 수술에 의해 치료될 수 있다.

유문협착증(Pyloric Stenosis)

첫아이가 유문협착증으로 태어났다. 다음 임신의 위험도는?

유문협착증은 위와 소장이 만나는 부위에 있는 유문조직이 비대해지는 증상이다. 이 유문조직이 지나치게 비대해지면, 유문이 좁아져 음식물의 흐름을 막을 수 있다. 생명을 위협할 수 있는 문제이지만 쉽게 치료할 수 있다. 유문협착증으로 진단된 경우 외과적으로 유문을 잘라

냄으로써 폐색을 방지할 수 있다. 백인 어린이 500명 중 1명이 유문협착증으로 태어난다. 남아가 여아에 비해 발병빈도가 5배 높다. 특이하게도 유문협착증의 빈도는 미국 흑인과 동양인의 경우 1만 명 당 1명으로 훨씬 드물다.

1960년 카터박사는 유문협착증 환자 가계에서의 발병률은 일반인의 위험도보다 약 20~30배 높다는 것을 증명하였다. 이 질병의 또 다른 특징은 여아환자의 친척에서 재발위험도는 남아환자 친척의 재발위험도보다 훨씬 높다는 점이다. 이는 남아보다 여아에서 유전자의 역할이 더 크다는 것을 의미한다. 엄마가 유문협착증 남아를 출산한 경우, 다음 아이가 여아일 때의 위험도는 20%, 남아일 때의 위험도는 10%이다.

곤봉발(Clubfoot)

나는 곤봉발을 가지고 태어났다. 내 아이들이 같은 증상을 가질 확률은?

곤봉발(내반족內反足)은 발의 굴곡을 포함한 두 가지 출생결함을 말하며, 500명당 1명 정도 발생한다. 과학자들은 곤봉발에 대하여 수십 년간 연구하였으나, 그 원인은 아직 알려진 바 없다. 그러나 연구결과에 의하면 곤봉발 관련 유전자가 여럿 존재할 것으로 추정된다. 마제족(talipes equinovarus)은 바깥쪽으로 벌어진 발과 거꾸로 된 발꿈치, 그리고 구부러진 발목을 가진 기형을 말한다. 여아보다 남아에서 2배정도 흔하게 나타난다. 마제족을 가진 어린이 중 약 20%에서 경미한 다른 육체적 기형이 나타난다. 직계 가족에서 기형이 출산될 확률은 약 2%이다. 다른 가족력이 없는 경우 마제족 어린이를 가진 부모가 다음 아이를 임신할 때 곤봉발이 재발될 위험도는 약 3%이다.

곤봉발의 다른 형태는 등 쪽이 굽은 조막발로서, 발의 앞부분이 등

쪽으로 휘고 발바닥이 몸에서 먼 쪽을 향한다. 이 증상을 가진 어린이의 약 5%는 엉덩이가 탈구되어 태어난다. 이 결함은 여아와 남아의 비율이 5:3으로 여아에게서 더 빈번하다. 이러한 기형아를 낳은 경우, 다음 임신에서의 재발 위험도는 약 4~5%이다.

신생아 유전진단(Newborn Genetic Screening)*

나의 조카딸이 페닐케톤뇨증에 걸렸다고 한다. 이 질병은 얼마나 위험한 것이고, 또 내 아이들이 걸릴 확률은 얼마인가?

매년 미국을 포함한 대부분의 서구에서는 희귀성 단일유전자질환을 검사하기 위해 모든 신생아를 대상으로 혈액을 채취하여 생화학적 진단검사를 실시한다. 페닐케톤뇨증은 최초로 진단 프로그램이 개발된 질환이다. 아기가 이런 종류의 희귀 유전질병에 걸릴 확률은 매우 낮으나, 검사 가능한 질병의 수가 늘어남에 따라 질병을 발견할 확률 즉 위험도는 가중되고 있다. 매사추세츠주 보건국의 경우 매우 정교한 기술로 종합적인 프로그램을 실시하고 있는데, 단 몇 방울의 혈액으로 30종 이상의 질병을 진단한다.

신생아를 대상으로 하는 유전자 진단 비용은 그리 비싸지 않다. 한 개인 샘플 당 50달러 정도면 여러 종류의 질병 검사가 가능하다. 치료하지 않으면 이런 종류의 질병은 심각한 정신지체를 유발할 수 있으나, 다행히도 질병 진료 개입으로 부모와 의사가 질병에 걸린 어린이 대부분의 증상을 획기적으로 개선시키거나 질병에 대처할 수 있도록 도와준다. 따라서 신생아를 대상으로 하는 유전진단은 궁극적으로 공중보건비용 지출을 감소시킬 것이다.

* 한국유전학회 총서 제2권 『유전병은 숙명인가?』, 1991. 전파과학사, 서울.

신생아 진단 프로그램으로 검사 가능한 유전병은 몇 가지 예외를 제외하면 대부분 상염색체 열성 유전병이며, 이는 가족력이 잘 나타나지 않는다. 불행하게도 상염색체 열성 유전병을 갖고 태어난 아이는 부모 모두로부터 특정 질병 관련 유전자 돌연변이를 물려받는다. 돌연변이 유전자 한 개와 정상 유전자를 한 개씩 갖고 있는 경우 질병이 유발되지 않으므로 가족력에는 나타나지 않는다. 유전병의 종류에 따라 정도의 차이가 있긴 하지만 대부분 어린이 4만 명 당 1명 정도가 상염색체 열성 유전병을 갖고 있다. 이들 중 한 종류의 유전병에 대한 돌연변이 유전자를 갖고 있을 확률은 약 1/100이다. 따라서 한 쌍의 남녀가 동일한 유전병에 대한 돌연변이 유전자를 갖고 있을 확률은 1/10,000이 된다. 더 나아가 이들 사이에서 태어난 아이가 질병에 걸릴 확률, 즉 어떤 아이가 양쪽 부모로부터 돌연변이 유전자를 동시에 물려받을 확률은 1/4이다. 이 숫자를 기준으로 볼 때, 특정 질병에 대한 위험도가 누적될 수 있음을 알 수 있다. 만일 각각의 유전병을 갖는 신생아가 4만 명 중 1명꼴로 나타나고, 40개의 질병에 대한 검사가 가능하다면, 가중되는 위험도는 1/1,000이 된다. 또한 신생아 진단이 가능한 질병 중 몇몇은 매우 흔하게 나타난다.

대부분의 유전병은 매우 희귀하기 때문에, 이러한 질병에 걸린 아이를 단 한 명이라도 경험해본 의사를 거의 찾을 수 없다. 따라서 이러한 희귀유전병을 갖고 있을 것이라 추정되는 어린이들은 전문병원으로 보내, 이러한 질환에 대해 충분한 지식을 갖고 있는 전문 의료관리 요원이 모니터하는 것이 필요하다.

현재 검사하고 있는 대부분의 유전병은 세 그룹으로 나눌 수 있다. 첫째 그룹은 질병에 걸린 신생아가 페닐케톤뇨증이나 갈락토스혈증처럼 어떤 아미노산이나 탄수화물의 대사가 불가능하지만, 특정 음식물을 섭취함으로써 정신지체를 막고 다른 위험을 감소시키는 등 큰 효과를 볼 수 있는 유전병이다. 둘째 그룹은 증세가 심각해서 즉시 치료하지 않으면 정신지체아가 되는 갑상선과 관련된 질병의 경우이다. 마지막 세 번째 그룹은 겸상적혈구빈혈증처럼 헤모글로빈 분자에서 일어나는 유전병 그룹이다.

페닐케톤뇨증은 약 40년 전 신생아 검진프로그램을 만들게 한 동기를 제공한 질환이다. 이는 가장 흔한 열성 유전병의 하나이며, 성별에 상관없이 페닐알라닌 하이드록실라아제 유전자 돌연변이를 갖고 있다. 이 질병에 걸린 아이는 거의 모든 음식에 포함되어 있는 페닐알라닌이라고 하는 아미노산을 제대로 대사시키지 못한다. 이런 아이들은 약 1만 2,000명의 백인 신생아 중 1명꼴로 태어나며, 제때 치료하지 않으면 심각한 정신지체아가 되며 종종 발작 증세를 보이기도 한다. 그러나 이 질병에 걸린 아이일지라도 조기에 진단함으로써 페닐알라닌이 적게 든 음식을 섭취하게 하면 거의 정상에 가까운 삶을 살 수 있다. 이런 아이들은 신생아 검진프로그램에 의해 성공적으로 정신지체아가 되는 것을 막을 수 있었으며, 이에 따라 1960년대와 1970년대에 이 검진프로그램은 급속도로 성장하였다.

현재 미국의 경우 직렬질량분석법(tandem mass spectrometry)이라는 기술을 이용한 신생아 유전자 진단이 빠르게 확산되고 있다. 직렬질량분석법은 외형상으로는 건강하게 보이는 신생아들로부터 얻은 건조된 혈액 샘플에서 특정 분자량을 갖는 화학물질을 찾음으로써, 20종 이상이나 되는 희귀 상염색체 열성유전병을 매우 저렴하게 진단할 수 있다. 대사질환은 모두 다 효소 결핍으로 생기는 희귀 질병으로서, 아미노산 대사질환, 유기산 대사질환 및 지방산 대사질환 세 그룹으로 나눌 수 있다. 매사추세츠주를 위시한 몇몇 주들에서 직렬질량분석법을 적극적으로 사용하여 신생아를 대상으로 유전자검진 범위를 확대하고 있다. 미시시피주를 포함한 몇몇 주들은 이제 막 매사추세츠주의 선례를 따르기 시작했으나, 아직 따르지 않고 있는 주들도 있다. 따라서 이런 희귀 질병 중 하나를 갖고 태어난 아이는 어떤 주에서 태어났느냐에 따라,

즉 각자가 태어난 주의 유전병 검진프로그램의 범위에 따라, 사느냐 죽느냐 혹은 심각한 지체아가 되느냐가 결정될 수 있으므로 부끄러운 불공평이 야기될 수 있다. 신생아 유전진단 프로그램의 수립과 광범위한 검진 프로그램의 운영에 그리 많은 예산이 필요한 것이 아니므로, 미국 내에서 태어난 아이를 대상으로 유전병 검진을 하지 않는 것은 변명의 여지가 없다.

만일 아이가 이런 희귀 질병을 갖고 태어났다면, 아이 부모의 형제 혹은 자매가 이 질병 유전자를 한 벌 보유하고 있을 확률은 2분의 1이다. 이는 비교적 낮은 확률이기는 하지만, 일반인들에 비해 동일한 질병을 갖고 있는 아이를 임신할 위험성이 매우 높다는 것을 의미한다. 일반적으로 신생아 4만 명 중 1명꼴로 발생하는 질병의 경우, 이 병을 앓고 있는 아이 부모의 형제 혹은 자매의 임신에서 나타나는 선천적 위험도는 약 1/400(1 x 1/100 x 1/4)이 된다. 돌연변이 유전자를 보유할 확률이 1/100인 희귀 열성유전병을 앓고 있는 자매가 있는 여성에서, 실제 이 변이유전자를 보유할 확률은 3분의 2이다. 이 확률계산법은 다음과 같다. 그녀의 양쪽 부모는 모두 변이유전자를 확실히 보유하고 있으나, 이 여성은 유전병을 앓고 있지 않다는 것을 알고 있다. 따라서 이 여자는 변이유전자를 갖고 있을 수도 있고 혹은 아닐 수도 있다. 멘델의 유전법칙에 따라 아버지 혹은 어머니로부터 변이유전자 한 벌을 유전받을 수 있는 경우의 수는 두 가지이며, 전혀 받지 않을 경우의 수는 한 가지이다. 따라서 2/3이다. 이 여성에게서 이러한 유전병을 갖는 아이를 임신할 위험도는 1/40,000이 아니라 1/600이 된다. 이 확률은 그녀 자신의 위험도(2/3), 그녀 남편이 보인자일 확률(1/100) 그리고 각 임신에서의 확률(1/4)을 곱해서 계산된다. 가까운 친척이 상염색체 열성 유전병을 앓고 있다면, 누구든지 자신의 임신 위험성에 대해 유전 상담을 받아야만 한다.

난청(Deafness)

딸이 선천성 귀머거리 남자와 결혼하였다. 이 남자는 이외의 다른 의학적 문제는 없으며, 가족력에도 난청은 없다. 딸 부부가 귀머거리 아이를 출산할 확률은 어느 정도인가?

보통 나이가 듦에 따라 청력이 상실되어 귀가 어두워진다. 미국의 경우 600만 명 이상의 심각한 난청환자들이 있으며, 이 중 40만 명은 어린이들이다. 성인과 노인에게서 나타나는 난청도 확실히 유전적 요인에 의해서 발생하지만, 여기서는 신생아에게서 나타나는 귀머거리와 심각한 난청을 중심으로 설명하고자 한다. 3세 이하의 어린이 500명 중 1명은 심각한 청력장애를 갖고 있으며, 약 1,000명 중 1명은 선천적으로 귀머거리이다.

선진국의 경우 유년기에 나타나는 귀머거리의 1/2에서 2/3는 유전성이다. 청각기관의 복잡성에 비추어 볼 때, 청각기관 발생에 관여하는 유전자가 80개 이상 분석되었다는 사실은 그리 놀라운 일이 아니다. 유전성 귀머거리 중 약 60%에서 청각기관 이외의 다른 기관들은 모두 정상이다. 이 60% 중 2/3은 열성이고, 나머지 1/3은 우성이다. 모든 소아 귀머거리 중 X염색체와 미토콘드리아와 관련된 유전병은 5% 미만이다.

지난 수년간 미국은 모든 신생아를 대상으로 선천성 청력장애 여부를 확인하기 위해 종합검진프로그램을 수행하였다. 이 검사의 수행에 필요한 최적의 방법이 무엇인가에 대해서 논란이 있었으나, 대부분의 전문가들은 부모의 설문조사보다는 비용이 더 들더라도 신생아가 목소리 톤에 어떻게 반응하는가에 대한 검사를 훨씬 더 선호하였다. 현재 미국에서는 신생아가 태어나면 며칠 내로 청력장애 검사를 보편화하여 시행하고 있다. 이런 검사를 통해 좀더 신속한 대처방안을 마련할 수 있고, 부모들이 아이의 질병에 대해 인지하고 제대로 대처할 뿐만 아니라 재발 가능성에 대한 정확한 상담은 물론 청각장애아들이 보다 더 효과적으로 학습하고 생활할 수 있게 해주고 있다.

지난 10년간 귀머거리에 대한 유전학적 연구에 큰 진전이 있었다. 2003년까지 돌연변이가 발생할 경우 다른 증상 없이 귀머거리만을 유발시키는 열성유전자 16개 및 우성 혹은 우성처럼 생각되는 귀머거리 유발 유전자가 30개 이상이 분석되었으며, 이 유전자 리스트는 앞으로 상당히 더 증가될 것이다.

표 6. 청각장애 원인

유전적 원인 :	35%	다른 신체 문제와 관련 없음	60%
		열성	60-70%
		우성	30%
		X염색체 연관	2%
		미토콘드리아	1%
		다른 신체 문제 관련	40%
후천적 원인 :	35%		
		태아기	20%
		유아기	20%
		이후	60%
원인 불명 :	30%		

2002년에 출판된 리모인 등(Rimoin D.I., Connor J.M., Pyeritz R.E., and Korf B.R.)의 저서에서 허가를 받아 인용함. 저서명: *Emery and Rimoin's principles and practice of medical genetics*, 4th edition. Churchill Livingstones, London; ⓒ Elsevier

귀머거리 관련 유전자들이 많이 발견되었음에도 불구하고, 유전성 청력장애를 갖는 사람에서 발견된 돌연변이 중 50%는 코넥신26(GJB2) 유전자에서 나타나는 2개의 돌연변이이다. 이 두 돌연변이는 35번째 염기인 구아닌(G)과 167번째 염기인 티민(T)이 결실된 경우이다. 백인 30명 중 1명은 하나의 코넥신26 돌연변이를 갖고 있다. 하나의 염기가 돌연변이 된 사람은 정상 청력을 갖는다. 애쉬 케나지계 유대인의 약 4%는 167번째 염기인 티민이 결실된 돌연변이를 갖고 있다. 또한 흑인에게서는 종종 143번째 염기서열에 돌연변이가 일어나 아르기닌이 트립토판 아미노산으로 바뀌며, 아시아계 사람들에게서는 235번째 염기인 시토신(C)이 결실된 돌연변이가 자주 나타난다. 많은 청각장애아들이 주로 코넥신26 유전자에서만 돌연변이를 갖고 있기 때문에, 청각장애에 대한 유전자 카운슬링은 매우 어렵다. 이 불가사의는 2003년 유럽 유전학자 컨소시엄에서 청각장애에 대한 두 번째 돌연변이(결실)가 코넥신30(GJB6) 유전자에 존재함이 보고됨으로써 어느 정도 해소되었다. 이 돌연변이는 코넥신26의 기능에 어떻게든 영향을 미쳤을 것으로 본다.

    유전성 귀머거리는 상대적으로 흔한 유전병임에도 불구하고 대부분 몇 안 되는 유전자들에 의해 발병하므로, 저렴하게 DNA 검사를 수행할 수 있다. 따라서 청력장애에 대한 검진을 신생아 검진프로그램에 추가시키는 것이 타당할 것이다.

    신속한 신생아 유전자 진단은 다음의 두 가지 이유 때문에 매우 중요하다. 즉, 유전병을 앓고 있는 아이의 부모가 다시 임신할 경우 동일한 질병을 가진 아이가 태어날 위험도(1/4)에 대한 정보를 제공할 것이며, 또한 이 부모의 형제자매가 이런 돌연변이 유전자를 보유하고 있을 가능성에 대해 주의를 환기시킬 수 있다. 질병을 갖고 있는 아이를 둔 부모의 모든 형제자매들은 이 돌연변이 유전자를 보유할 확률은 1/2이다. 만일 형제자매 중에서 한 사람이 청각장애 돌연변이 유전자를 가진 보인자인 것을 확인하였다면, 이와 같은 질환을 가진 아이를 임신할 확률은 매 임신 당 1/120이 된다. 이 위험도는 1명이 유전자 돌연변이를 가진 보인자일 확률(1/1), 보인자와 결혼할 확률(1/30), 아이가 질병을 갖고 태어날 확률(1/4)을 모두 곱한 값으로 계산된다. 물론 1%의 위험도란 낮은 것이긴 하지만, 이는 무작위로 선택된 일반 부부의 위험도에 비해 10배 이상 높은 수치이다.

　이 단락의 앞쪽에서 했던 질문으로 돌아가서, 이 남성의 귀머거리가 유전성이라면 확률은 1/2이고, 이 유전병이 열성 유전자에 의한 것이라면 확률은 1/2 이상이 된다. 이에 비해 보통의 젊은 여성이 열성 귀머거리 유전자 돌연변이를 가질 확률은 1/30이다. 이 부부가 귀머거리 아이를 가질 확률은 각 임신당 1/400로 매우 낮다.

영아돌연사 증후군(Sudden Infant Death Syndrome)

　남동생이 영아돌연사 증후군으로 사망하였다. 내 아이도 이런 위험에 처할 확률이 높은가?

　영아돌연사 증후군(SIDS)이란 1살 이하의 신생아에게서 일어나는 갑작스런 사망을 말하는데, 미국에서 매년 어린이 4,000명의 생명을 앗아가는 애매모호한 질병이다. 여러 종류의 질병과 관련시켜 보기도 하고 부검을 통한 철저한 조사에도 불구하고, 그 이유는 아직 밝혀지지 않고 있다. 미국에서 생후 1개월에서 12개월 사이에 사망하는 어린이 중 40~50%가 영아돌연사 때문이다. 1998년 약 1,300명의 신생아중 1명이 영아돌연사증후군에 의해 사망하였다. 이 비율은 백인보다 아프리카계 미국인에서 2배나 더 높게 나타났다.

　신생아 사망의 주 위험요소는 신생아의 얼굴을 밑으로 하여 엎드려 재우는 것이라 하여, 1990년대 중반 미국에서는 반듯하게 눕혀 재우기(Back to Sleep)라는 대대적인 공중보건 캠페인이 벌어졌다. 이것은 훌륭한 결과를 낳았다. 8년 만에 신생아를 엎드려 재우는 부모의 비율이 80%에서 10%로 떨어졌다. 같은 기간 동안 영아돌연사 증후군에 의한 사망률이 40% 감소했다. 이로써 엎드려 재우기가 확실하게 영아 사망의 주 위험요인이었음을 알 수 있다. 그러나 엎드려 재우기가 왜 영아돌연사 증후군을 나타내는지 그 이유는 모르고 있다.

영아돌연사 증후군에 대한 생물학적 위험 요인을 밝히는 연구는 열심히 노력했음에도 불구하고 느리게 진행되고 있다. 그러나 유전학적으로 약간의 진전이 있었으며, 지방산 대사를 포함하여 몇몇 희귀 단일유전자질환이 영아돌연사 증후군과 관련이 있는 것으로 나타났다. 이는 기껏해야 극히 일부 경우에만 해당되긴 하겠으나, 신생아가 만일 이 원인들 중 하나로 돌연사했다면 친지들에게 이 사실은 매우 중요한 사항일 것이다. 따라서 이러한 질환 유전자들은 모두 별도의 진단 대상이 된다.

다른 가능성으로서, 영아돌연사 증후군으로 사망한 아이들 중 극소수는 여러 가지 유전성 심장박동 이상 중의 하나를 지니고 있다는 것이다. 가장 보편적인 증상은 환자의 심전도에서 QT간의 간격이 정상보다 긴 이상을 나타내는 큐티연장 증후군(Long QT syndrome)이다. 이 증후군을 갖고 있는 성인은 흔히 돌연사로 인해 사망한다. 일부 전문가는 큐티연장 증후군은 애매모호할 뿐만 아니라 훨씬 더 빈도가 높게 발생하며, 영아돌연사 증후군에도 일부 영향을 미친다고 믿고 있다. 2001년 마이오클리닉(Mayo Clinic)의 한 연구그룹은 영아돌연사 증후군으로 사망한 93명의 영아를 대상으로 연구를 수행한 결과, 두 명의 영아에서 심근세포의 세포막성 나트륨 이온 수송을 조절하는 SCN5A 유전자에 돌연변이가 일어난 것을 발견하였다. 이 유전자에 돌연변이가 일어나면 심장박동의 이상이 초래된다고 알려져 있다. 한편, 한 스웨덴 그룹은 영아돌연사 증후군으로 사망한 120명의 신생아 중 2명에서 HERG라는 심장 유전자에 돌연변이가 일어난 것을 발견하였다. 비록 심장 기능과 관련된 유전자들에서의 돌연변이 발생 빈도는 낮게 나타나더라도, 이들은 각각 영아돌연사 증후군을 유발할 가능성이 있다.

두 아이를 영아돌연사 증후군으로 잃은 가족에 대한 보고가 있었다. 이는 이 질병이 상염색체 열성유전병일 것임을 암시하고 있다. 그러나 매우 희박하기는 하나, 이 가족의 경우 두 종류의 서로 다른 희귀 돌연변이가 동시에 일어났을 가능성을 배제할 수는 없다. 영아돌연사 증후군으로 아이를 잃은 부모가 다음 임신에서 이 질병의 위험성을 배제하려면 부검을 포함한 완벽한 검사가 필요하다. 의사는 영아돌연사를 유발하는 근본 원인의 일부를 밝힐 것이고, 이 발견에 기초한 임신 상담이 이루어지게 될 것이다.

이 단락을 시작하면서 던진 질문에 대한 확고한 답을 주는 것은 불가능하다. 왜냐하면 대부분 사망에 대한 정확한 원인이 알려져 있지 않기 때문이다. 그러나 영아돌연사 증후군이 열성유전질환이라고 가정할 경우, 이 질환으로 어린 형제자매 중 1명을 잃은 사람이 다시 아이를 임신하여 이 질환을 나타낼 위험도는 1% 미만이다. 그 이유는 이 사람이 비록 돌연변이를 보유하고 있지만, 이와 동일한 유전자에 돌연변이를 갖고 있는 사람과 결혼할 확률은 매우 희박하기 때문이다.

PART 3

소아기(Childhood)

뇌성마비(Cerebral Palsy)

삼촌이 뇌성마비를 앓았다. 나의 자녀들이 뇌성마비에 걸릴 위험성이 높은가?

뇌성마비(cerebral palsy, CP)는 몸의 근육운동을 조화롭게 조정하는 뇌의 능력에 영향을 미치는 장애들을 칭하는 용어이다. 이 장애의 증상은 출생 시 나타나거나, 출생 직후에 발병하여 악화되는 등 장애의 정도가 매우 다양하다. 뇌성마비 환자들은 근육이 긴장되어 있고, 무의식적인 몸놀림을 하며, 보행에 어려움이 있고, 신발 끈을 묶는 등의 섬세한 동작이 매우 힘들며, 외부자극을 감지하는 데에 다소 문제가 있다. 또한 뇌의 손상 정도에 따라 발작을 일으키는 등 여러 가지 다른 증상이 나타날 수도 있다. 일부 환자들은 정신지체 증상을 보이기도 하지만, 많은 환자들의 경우 정상적인 지능을 가지고 있다. 불행하게도 뇌손상이 큰 경우에는 언어능력도 손상받기 때문에, 사람들은 종종 정상적인 지능을 가진 뇌성마비 환자를 정신지체자로 잘못 인식하는 경우가 있다.

뇌성마비 환자의 대부분에서 몸의 여러 근육들이 함께 영향을 받는 특징이 나타난다. 반신불수 환자들은 몸의 반쪽만이 영향을 받는 반면, 양쪽마비 환자들은 양 다리의 운동에 장애를 나타내며 사지마비 환자들은 팔과 다리의 운동에 현저한 장애를 보인다. 이와 더불어, 환자들은 근육이 매우 경직되어 있어서, 몸짓이 서툴거나, 경련성의 몸놀림을 일으키거나, 무의식적으로 몸을 뒤트는 증상 등의 고통받는 무정위운동증[1]을 나타낼 수도 있다. 그러나 뇌성마비는 다른 발생장애와는 달리 퇴행성질환이 아니다. 퇴행성인 경우일지라도 증상의 정도는 원래의 뇌손상의 정도, 환자가 받는 지원 및 간호에 따라 시간이 경과하면서 호전될 수 있다.

1860년대에 영국인 의사 리틀(William Little)에 의해 처음 보고된 뇌성마비는 그동안 의혹에 싸여 있었으며, 많은 오해도 유발했다. 지난 50여 년 동안 뇌성마비 아이를 가질 확률을 증가시키는 여러 요인들이 식별되었다. 이런 요인들 중에는 쌍둥이 임신, 태반손상, 알코올과 같은 유해물질에 노출, 염색체 이상, 신진대사 질환, 임산부와 태아 사이의 Rh 또는 ABO 혈액형의 부적합, 뇌의 선천성 기형, 조산, 저체중 출산, 골반위 출산[2], 장시간의 난산 등이 포함된다. 유년기에 수막염, 뇌출혈, 뇌손상 및 익사에 가까운 사고 등을 당한 경우에도 뇌성마비가 올 수 있다.

---

1) 무정위운동증(無定位運動症) : 주로 어린이의 뇌에 장애가 있어 손발 끝이 꿈틀꿈틀 움직이는 증상
2) 아이를 거꾸로 낳는 일

표 7. 뇌성마비 자녀의 임신을 가져올 수 있는 요인

쌍둥이 임신
태반 손상
성병 감염
영양 부족
알코올 또는 마약 복용
감염
난산
조산
저체중 출산
골반위 출산
태아의 뇌 기형
염색체 이상

위험 요인들 간에 서로 관련성은 별로 없으며, 이런 위험 요인이 있더라도 대부분은 뇌성마비로 발전하지 않는다.

    오랫동안 전문의들을 비롯한 일반인들은 난산이 뇌성마비의 주요 원인으로 믿어 왔다. 그 이유는 난산을 통해 태어나는 아이들은 짧은 시간이지만 뇌의 주요 부분들을 손상시킬 수 있는 치명적인 산소 결핍을 겪게 되기 때문이었다. 그러나 이 논리는 지난 30여 년 동안 수행된 여러 대규모 연구에 의해 배제되게 되었다. 현재 뇌의 외상에 의한 뇌성마비는 전체 뇌성마비의 10~15%에 불과하며, 난산은 뇌성마비와 직접 관련이 있는 것이 아니라 다른 원천적인 문제 때문에 높아지는 것으로 받아들여지고 있다. 뇌성마비는 발병 확률이 매우 높아, 미국과 유럽의 경우 태아 400명당 1명꼴로 나타난다. 미국에서는 매년 약 1만 명의 어린이가 뇌성마비로 진단되며, 약 50만 명 정도의 뇌성마비 환자가 생존하고 있다.

뇌성마비 관련 유전자는 알려진 것이 있는가? 이에 대한 정확한 답은 '아직 밝혀져 있지 않다'이다. 많은 뇌성마비 어린이들을 대상으로 여러 연구가 진행되었지만, 아직도 뇌성마비에 대한 명료한 설명을 제시하지 못하고 있다. 뇌성마비 환자 그룹에는 희귀하거나 혹은 아직 보고되지도 않은 질환을 가지고 있는 경우도 있다. 현재 전체 뇌성마비 중 2~3%는 각각 여러 종류의 희귀한 단일 유전자 이상에 의해 발생될 것으로 추정하고 있다. 이런 추측은 뇌성마비를 앓고 있는 어린이들의 형제와 자매의 재발 위험성에 대한 대규모 연구의 결과에 기초한 것이다. 일례로 영국의 한 연구에서는 349가계를 분석한 결과 단지 한 가족에서만 두 번째 뇌성마비 환자를 발견하였다. 이와 비슷하게도 스웨덴에서 진행한 한 연구 결과, 3,150가계 중 단지 30가족에서만 2명의 형제 혹은 자매가 뇌성마비를 앓고 있었다. 일부 유형의 뇌성마비는 재발 위험성이 크다.

몇 가지 연구 결과, 선천성 운동기능 장애 및 정신지체 증상을 동반하는 뇌성마비는 유전자적인 요인이 매우 중요하며, 25% 정도의 재발 위험성이 제시되었다. 25%의 재발 위험성이란 이 질환이 소수 또는 단일 유전자에 의해 발병될 수 있음을 의미한다. 최근에 영국과 아시아(주로 파키스탄) 어린이를 대상으로 뇌성마비 빈도를 비교 분석한 영국의 한 대규모 역학조사에 따르면, 아시아 어린이의 뇌성마비 빈도가 영국보다 2배 정도 높게 나타났다. 아시아의 경우 절반 정도의 가계에서 사촌간의 결혼이 이루어지고 있으므로, 이 연구결과는 희귀한 열성 유전자가 중요한 위험 요인임을 암시한다.

불행하게도 뇌성마비의 요인에 대해서는 극히 일부만이 알려져 있다. 따라서 뇌성마비 자녀를 둔 부모가 다시 임신할 경우 이 질환이 재발될 위험성에 대해 문의해 온다면, 유전학자들은 1~5% 정도의 매우 낮은 재발 위험성이 있다고 말할 수 있을 것이다. 그러나 이들은 부모 모두 열성 질환의 희귀한 유전자를 가지고 있을 경우에 나타나는 확률임을 인용하여, 25% 정도의 높은 재발 위험성을 나타낼 가능성도 있다고 답할 수밖에 없을 것이다.

정신지체(Mental Retardation)

나의 형제가 정신지체를 앓고 있지만, 의사들은 그 원인을 밝혀내지 못하고 있다. 내 자녀들에게서 정신지체가 나타날 위험성이 높은가?

20세기 내내 '정신지체(mental retardation)'란 표준화된 여러 가지 검사 중에서 한 번 이상 평균치보다 표준편차의 2배 이상 낮은 점수를 받는 사람들을 지칭하는 용어로 사용되었다. 1905년 프랑스에서 정상적인 지능을 가진 사람을 분류하기 위해서가 아니라 현저한 지능장애를 가진 사람들을 분류하기 위해, 지능검사(IQ 검사)*가 개발되었다. 심리학자들이 지능검사를 만든 목적은 누가 교육을 받을 수 있는지를 구별할 수 있는 도구를 개발하는 데 있었다. 뉴저지주의 바인랜드라는 규모가 큰 공립학교의 교사인 고다드(H. H. Goddard)는 미국인 중 최초로 지능검사를 정신지체 연구에 이용하였다. 그 당시에는 느낌으로 저능자, 바보, 또는 천치 등으로 구분하는 기존의 방법과 비교했을 때, 지능검사로 정신지체아를 구분하는 방법은 굉장히 발전한 것으로 여겨졌다.

현재 미국 정신지체협회에서는 스스로 기능적인 일상생활을 수행할 수 있는 능력의 정도에 따라 환자의 정신지체 정도를 분류하는 방법을 이용하고 있다. 그러나 개인의 인지능력을 판단하는 간단하고 빠른 방법으로 아직도 지능검사가 널리 사용되고 있다.

---

* 한국유전학회 총서 제6권 『유전자와 인간의 운명』, 2000. 전파과학사, 서울.

표 8. 정신지체: 정신지체아 형제 및 자매의 정신지체 비율

첫 번째 환자의 정신지체 정도	조사대상 형제, 자매 수	불확실 (%)	경미한 정신지체 (%)	심각한 정신지체 (%)	아주 심각한 정신지체 (%)
경미한 정신지체	2321	1.2	19.5	2.5	22.0
심각한 정신지체	2549	1.6	12.2	4.3	16.5
합계	4870	1.4	15.7	3.4	19.1

펜로즈(Lionel Penrose)의 콜체스트(Colchester) 조사에서 발췌함. 거의 모든 연구에서 경미한 정신지체가 심각한 정신지체보다 더 많이 나타난다. 1962년에 출판된 펜로즈(L. S. Penrose)의 저서에서 허가를 받아 인용함. 저서명: 정신장애의 생물학 제3판, 뉴욕시 Grune & Stratton사 출판, 저작권 Elsevier사 소유. (*The biology of Mental defect*, 3rd edition, Grune & Stratton, New York, ⓒ Elsevier)

1950년대 들어 연구자들은 다운증후군 같이 쉽게 식별되는 정신지체장애는 자세히 기술해 왔으나, 이러한 장애의 원인이나 여러 가지 다른 유형의 인지력 장애에 대해서는 이해하지 못하고 있었다. 한 가지 다행스러운 예외는 백치(크레틴병 cretin)라 불리는 정신지체는 갑상선의 비정상적인 기능 때문에 일어난다는 발견이었다. 1950년대 후반부터 정신지체장애의 원인 규명에 있어 여러 가지 커다란 진전이 있었다. 일례로 연구자들은 다운증후군이란 세포 내에 여분의 21번 염색체가 하나 더 존재하여 나타나며, 이는 난자 성숙과정에서 한 쌍의 염색체가 분리되지 못하여 발생됨을 밝혔다. 1960년대 초반에는 신생아를 대상으로 희귀한 유전질환인 페놀케톤뇨증을 진단할 수 있게 되었으며, 엄격한 저-페닐알라닌 식이요법을 통하여 정신지체를 막을 수 있다는 중대한 발견을 하게 되었다. 그 후 미국에서는 신생아 진단 프로그램의 시행과

이 프로그램에서 검사해야 하는 질환의 수가 점점 늘어나게 되었다. 1980년대에는 취약 X염색체 증후군(Fragile X syndrome)의 발생 원인이 밝혀졌다. 취약 X염색체 증후군은 1943년에 임상적으로 처음 보고된 이래 정신지체의 주요 유전적인 요인의 하나로 알려져 왔지만, 1993년에 이르러서야 그 원인 유전자가 밝혀졌다.

보편적으로 정신지체의 정도가 심할수록 그 원인이 밝혀질 가능성이 높다. 그 예로 여러 연구에서 심각한 정신지체를 지닌 어린이들을 부검한 결과, 이들의 35~100%에서 뇌에 현저한 구조적 이상이 발견되었다. 임상 전문가들이 중증의 정신지체아들을 대상으로 세 번의 대규모적인 연구를 수행한 결과, 환자의 82~85%에서 결정적인 원인을 찾을 수 있었다. 비교적 장애가 경미한 정신지체아에 대한 연구에서는 이와 반대의 결과가 나왔다. 한 연구에서는 단지 17%의 환자에서만 결정적인 원인을 찾을 수 있었고, 다른 두 연구에서는 40%의 환자에서 원인을 확신할 수 있었다. 대부분의 환자들의 정신지체 정도가 경미하거나 중간 정도인 것은 다행스러운 일이지만, 불행하게도 이런 환자의 경우 그 원인을 찾아내기가 가장 힘들다.

다운증후군처럼 출산 직후에 임상적인 진단이 가능한 경우 또는 페놀케톤뇨증처럼 신생아 검사를 통해 진단할 수 있는 경우를 제외한 대부분의 정신지체아들은 두 살이 되어야 진단될 수 있으며, 많은 경우 1년여에 걸친 힘든 임상 평가를 통한 진단이 이루어진다. 보통 이런 어린이들은 출생 직후 및 생후 몇 개월 동안에는 정상인 것으로 보인다. 이들이 정상적인 행동발달 징후를 나타내지 않을 때에만 소아과의사들에 의해 발견된다. 몇 개월에 걸쳐 행동발달의 지연을 관찰하고 확인한 후에는 세밀한 가족력 분석, 정밀한 신경 검사 및 임상유전학자에 의한 검사 등의 진단이 이루어진다. 또한 청력검사, 시력검사 및 염색체분석 등도 이러한 검사에 포함된다. 어떤 경우 취약 X염색체 증후군 검사, 뇌 촬영 및 여러 종류의 생화학 검사 등도 추가하는 것이 필요할 수 있다. 이와 같은 포괄적인 노력에도 불구하고 20% 내외의 경우에서만 확실한 진단이 내려진다. 최근에는 이전까지는 설명할 수 없었던 정신지체아의 많은 경우에 있어서, 각 염색체의 끝부분(텔로미어 또는 말단소립으로 불리는 부분, telomere)이 조금 소실되어 있음을 발견하였다. 이런 소실 여부를 검사함으로써 진단 성공률이 5~7% 정도 더 커질 수 있을 것이다. 이 분야에서 이 정도의 증가는 큰 진전이다.

안타깝게도 치료 방법의 진전은 진단 방법의 진전만큼 빨리 이루어지지 않고 있다. 정신지체아에게 보다 많은 지원을 하고 교육능력을 최대로 증가시킬 수는 있지만, 대부분의 경우 신경계 이상을 치료할 수 있는 방법이 없다. 그렇다 하더라도 정확한 진단을 할 수 있다는 것은 매우 중요하다. 확실한 진단은 부모들의 의문을 해소시키게 되며, 때로는 재발 가능성에 대한 정확한 답을 제시한다. 또한 이로 말미암아 더 이상 불필요한 검사를 하지 않게 된다.

부모들은 그들의 자녀가 정신지체일지도 모른다는 의문이 사실로 판명될 경우, 보통 다음 두 가지 질문을 한다. 첫 번째로 원인이 무엇인지를 묻는다. 두 번째로 다음 아이가 정신지체에 걸릴 확률이 얼마나 되는지 알기 원한다. 취약 X염색체 증후군, 결절성 경화증(tuberous sclerosis), 또는 다운증후군 같이 확실한 진단이 가능한 경우에는 재발 위험성을 간단히 계산해낼 수 있다. 그러나 많은 경우 의사와 진단전문가들은 그 원인을 밝혀내지 못하고 있다. 이 경우 재발 위험성은 단지 다른 가계에서 얻은 경험적인 결과에 기초하여 계산할 수밖에 없다.

재발 위험성도를 예측하는 것은 힘든 작업이며, 예측치의 정확도는 정신지체아에 대해 자세하게 알면 알수록 더 정확하다. 일례로 만약 정신지체아가 겉보기에 소뇌증(microcephaly, 머리가 아주 작음)을 나타낼 경우, 경험적인 연구에 의해 재발 위험성이 6~20% 정도일 것으로 추정한다. 원인을 알 수 없는 심각한 정신지체를 앓고 있는 환자의 경우, 성별에 따라 재발 위험률이 달라질 수 있다. 정신지체아가 아들일 경우에는 다음 남자아이의 재발 확률은 약 1/12이며, 다음 여자아이의 재발 확률은 약 1/30이다. 정신지체아가 딸일 경우 다음 남자아이의 재발 확률은 약 1/22이며, 다음 여자아이의 재발 확률은 약 1/17이다. 그러나 이런 확률은 예측치일 뿐이다.

정신지체 정도가 경미하거나 중간 정도이지만 종합검사 후에도 원인을 판정할 수 없는 정신지체아가 있는 가족에서 다음 아이의 재발 가능성은 약 5%로 추정한다. 그러나 정신지체 남자아이의 남동생에서의 재발 위험성은 여동생일 경우에서보다 더 높다. 그 이유는 X염색체에 있는 많은 유전자들이 정신지체와 관련되기 때문이다. 이러한 예측치의 정확도는 환자가 얼마나 정확한 진단검사들을 받았는지에 따라 크게 좌우 된다는 것을 명심해야 한다. 이러한 경험적인 결론에는 아직 밝혀지지 않은 유전질환이 부모에게서 나타나고 있기 때문에 재발 위험률을 1/4로 추정한 가족들도 포함되어 있다.

원인이 밝혀지지 않은 정신지체를 지니고 있는 형제를 두고 있는 젊은 여성에게 어떤 조언을 할 수 있을까? 만약 형제들이 충분한 검사와 진단을 받았다고 가정한다면, 이 여성이 다시 정신지체 장애아를 가질 가능성은 일반인들보다 약간 높기는 하지만, 그 확률은 3~4% 정도로 그리 높지 않다고 조언해 줄 수 있을 것이다.

자폐증(Autism)

아들이 자폐증 환자인데 다음 아이가 자폐증을 나타낼 확률은 얼마인가?
나의 여형제도 자폐증 아이를 가질 확률이 높은가?

자폐증(autism)은 1943년 독일의 정신병 의사 카너(Kanner)에 의해 처음으로 보고되었으며, 불가사의한 소아기 신경 질환을 칭하는 용어이다. 언어구사력의 두드러진 이상, 현저히 뒤떨어지는 대인관계 능력 및 반복적인 행동에 대한 집착이 주요한 특징이며, 이 증상들 중 하나 이상이 만 3세 이전에 눈에 띄게 나타난다. 자폐증 환자의 전형적인 모습은 정상적인 신체를 가지고 있고 (머리가 큰 경우도 있음), 거의 말을 하지 않으며, 일상적인 생활패턴에 변화가 생기는 것을 두려워하고, 성인 또는 어린이와 어울리는 것을 아주 싫어하며, 틀에 박힌 (특히 손을 이용한) 행동을 하는 경우가 많다. 이 질환은 과거에는 여자아이들보다 남자아이들에서 약 3배 정도 많이 진단되어 왔으나, 현재는 성별의 차이가 줄어들고 있다.

20세기 후반기에 자폐증은 남자아이 1,500명 중 1명에서, 그리고 여자아이 4,000명 중 1명에서 나타나는 희귀한 장애로 알려졌었다. 최근에는 자폐증 진단이 과거보다 3배 정도 증가하고 있다. 이런 증가 추세에는 여러 가지 이유가 있다. 자폐증으로 진단하는 임상적인 경계의 모호성, 이제는 일반인들에게 큰 거부감이 없는 자폐증 진단이 때때로 해당 가족이 더 나은 사회복지 및 의료지원을 받을 수 있도록 해준다는 측면, 혹은 조기치료에 대한 대중적인 관심 등이 중요한 이유라고 볼 수 있다. 대부분의 부모들과 의사들은 자폐증 진단 추세가 전염병처럼 퍼진다고 믿고 있으며, 이는 환경요인에 대한 노출 때문이라고 생각하고 있다.

지난 10년간 자폐증으로 진단된 어린이들의 반 이상이 지능지수가 70 이하인 것으로 밝혀졌으나, 일부는 비교적 높은 지능지수를 가지고 있을 뿐만 아니라, 어떤 경우에는 음악과 같은 특정 영역에 탁월한 능력을 가지고 있다. 그동안 자폐증과 연관된 신체적인 특징을 찾아내려는 시도가 많이 있어 왔다. 이 연구들의 일관된 결론 중 하나는 약 25%의 자폐증 어린이의 머리 크기가 전체 어린이의 머리 크기 분포표의 97%에 해당하며, 약 25%의 환자가 성인 초창기에 발작을 일으킨다는 것이다. 두 가지 확률 모두 일반인에 비해 훨씬 높다. 대부분의 어린이들은 작은 머리를 가지고 태어나기 때문에, 자폐증 어린의 머리가 크다는 사실은 특히 흥미롭다. 큰 머리를 가진 자폐증 어린이들은 생후 6개월에서 15개월 사이에 머리의 급속적인 성장을 보이며, 이는 뇌 구조의 지속적인 변화과정 중 과다한 세포분열 또는 정상적인 세포사멸이 이상의 원인이 된다. 몇 가지 뇌 촬영 연구에서 자폐증 어린이들의 소뇌가 작은 것으로 보고되었으나, 이 결과는 아직 반박의 대상이 되고 있다.

표 9. 자폐증 및 유사 장애의 진단 기준

자폐증: 사회성, 감정이입, 통찰력 중 최소한 두 가지 이상에 장애가 있음. 언어능력과 상상력 중에 최소한 한 가지 이상에 장애가 있음. 3세 이전에 발병.

아스퍼거 장애: 보통 자폐증보다 장애 정도가 훨씬 약함. 사회성 부족, 행동상의 외고집 및 관심의 범위가 좁은 특징이 있음. 지능지수는 70을 훨씬 넘으며, 흔히 평균치 또는 그 이상임. 언어능력 정상임. 흔히 행동이 서툰 특징이 있음.

전반적 발달장애: 자폐증 또는 아스퍼거 장애보다 정도가 약한 장애가 있는 경우를 칭함.

붕괴성 장애: 만 2세까지 정상적으로 발달하다가 이후부터 언어능력, 사회성, 인지능력이 심각하게 퇴행함.

레트 증후군: 여자 신생아에게서 나타나는 심각한 전반적인 신체기능 퇴행으로, 평생 지속되는 정신지체, 언어장애, 기능적인 손놀림 상실이 동반됨. 레트 장애가 있는 남자아이는 보통 출생 이전에 사망함.

2002년 라핀(I. Rapin)이 학회지에 발표한 논문을 허가받아 인용함. 논문 제목: 자폐증 스펙트럼 장애에 대한 고찰. 뉴잉글랜드 의학 저널 347권, 302-304페이지(Perspective: The autistic spectrum disorders. *New England Journal of Medicine* 347: 302-304.)

자폐증의 원인이 무엇인지는 아직 밝혀지지 않았으나, 지난 40년 동안 추정되는 요인이 크게 달라졌다. 50여 년 전에는 어머니와 아이 사이의 교감에 관심이 집중되었으나, 이런 관점은 자폐증 어린이를 둔 어머니들에게 부당한 죄책감과 슬픔을 유발시켰다. 현재 자폐증은 신경 발생의 이상에 의해 나타나며, 환경적인 요인은 물론 특히 유전적인 요인이 중요하게 작용한다고 믿고 있다.

불행하게도 환경적인 위험 요인을 찾고자 하는 시도는 현재까지 큰 성과가 없었으며, 때때로 잘못된 희망, 성급한 기대, 격렬한 논쟁 등을 불러 일으켰다. 그 예로, 1999년 미국 식품의약청은 여러 가지 백신을 동시에 주사맞는 유아의 경우, 연방 안전기준보다 많은 양의 수은이 투여될 수 있다는 점을 인식하였다. 그 이유는 많은 백신이 타이메로살이라는 수은이 포함된 화합물을 방부제로 사용하였기 때문이다. 그 직후 '세이프마인드(Safe Minds)'라는 이름의 부모연합회는 타이메로살이 자폐증 위험성을 증가시킬 수 있다고 제안했다. 2001년 의학연구소에서의 연구, 2003년 덴마크에서 이루어진 연구 및 스웨덴의 집계 자료에 따르면, 이런 의심에 대한 아무런 증거도 찾지 못했다. 그러나 일부 부모들은 연구가 잘못 되었다고 주장하며, 타이메로살과 자폐증과의 연관관계를 계속 주장하고 있다.

자폐증에 유전적인 요인이 있다고 판단하는 것은 다음 두 가지 중요한 단서에 근거한 것이다. 첫 번째 단서는 쌍둥이와 가계도 조사 결과이다. 두 번째 단서는 특정한 단일 유전자 질환과 염색체 이상과 관련된 자폐증의 발병이 높다는데 있다. 일란성 쌍둥이와 이란성 쌍둥이를 대상으로 쌍둥이 모두 자폐증이 있는 비율을 조사한 수차례의 대규모 연구에서, 쌍둥이 중 한 명이 자폐증이 있을 경우 나머지 한 명도 자폐증으로 진단되는 경우가 이란성 쌍둥이에서는 0~10%인 반면 일란성 쌍둥이에서는 70~90%로서 훨씬 더 높게 나타났다. 가계도 조사에서도 유전적 요인이 자폐증과 연관이 높은 것으로 보고되었다. 최소한

한 명의 자폐증 환자가 있는 207가계를 대상으로 한 유타주의 조사는 조사대상 가구의 10% 정도인 20가계에서 2명 이상의 자폐증환자가 있다고 보고하였다. 이 조사논문의 저자들은 첫 번째 자폐증 어린이 이후에 태어난 아이들이 자폐증을 나타낼 확률이 9% 정도라고 결론지었다. 이들은 또 환자가 있는 가계의 자폐증 어린이의 형제 혹은 자매가 자폐증을 나타낼 확률이 환자가 없는 가계의 자녀가 자폐증을 나타낼 확률보다 약 200배 높다고 예측하였다.

자폐증 진단을 받은 어린이의 3% 정도는 취약 X염색체 증후군으로 판명되었다. 취약 X염색체 증후군은 특정한 세포배양 배지에서 배양한 세포에서 염색체를 분석할 때 X염색체가 비정상적으로 길게 보인 경우에 대해 붙인 이름이다. 자폐증 어린이가 취약 X염색체 증후군도 동시에 가질 경우, 다음 자녀들의 자폐증 재발 위험성이 높기 때문에 취약 X염색체 증후군의 유무 진단은 매우 중요한 검사이다. 취약 X염색체 증후군의 유전 가능성은 성연관(또는 반성, sex-linked) 단일 유전자 질환의 유전 가능성과 매우 유사하다. 만일 취약 X염색체 증후군을 가진 아이의 어머니가 남자아이를 낳는다면 자폐증이 나타날 확률이 1/2이며, 이는 어머니의 2개의 X염색체 중 어느 것을 물려받는가에 의해 좌우된다. 과거에는 때때로 페놀케톤뇨증과 결절성 경화증 같은 보기 드문 다른 종류의 단일 유전자 질환을 가지고 있는 어린이들이 자폐증으로 잘못 진단되는 경우도 있었다.

지난 몇 년간 과학자들은 자폐증 환자들 중 일부는 최소한 3개의 다른 유전자(MECP2, NLGN-3, NLGN-4)에 돌연변이가 나타나 발병된다고 보고하였다. 과학자들은 또 15번 염색체의 q완 11-13번 밴드(15q11-13) 사이에 자폐증을 유발하는 하나 또는 여러 개의 유전자가 있다는 것을 증명하였다.

최근 국제과학자협의체는 자폐증에 걸릴 확률이 높은 다른 유전자들을 찾아내기 위해 인간 유전체를 집중적으로 조사하고 있다. 이 연구자들이 수행한 대부분의 연구는 자폐증 유전자원 교환 협의(Autism Genetic Resource Exchange)에 자발적으로 참여하고 있는 가계들을 대상으로 한 것이다. 2001년에는 2명 이상의 자폐증 어린이가 있는 110가계에 대한 연구에서 5번, 19번 및 X염색체에 자폐증 연관 유전자들이 있다는 증거를 찾았다고 발표하였다. 2003년 가을에는 345가계를 대상으로 400개 이상의 유전자 지표를 이용한 훨씬 큰 규모의 연구 결과를 발표하였다. 이 연구에서 5번 염색체의 단완에 자폐증 유발과 관련된 유전자가 있음을 재확인하였고, 17번 염색체 q완에 자폐증 유전자가 존재한다는 신빙성 있는 결과를 발표하였다. 그러나 다른 종류의 연구에서와 같이 2003년의 연구에서 인간 유전체에 존재하는 다른 후보 유전자들은 조사대상에서 제외되었다. 17번 염색체 q완이 자폐증과 관련된다는 점은 이 유전자 지표가 이미 자폐증을 유발할 가능성이 있는 후보 유전자로 지목되었던 신경전달물질 유전자와 매우 가깝게 위치한다는 점에서 흥미로운 결과였다. 2003년에는 자폐증 가계도 조사에 유전자 지표를 이용한 연구 결과들이 다수 보고되었다. 10곳 이상의 후보 좌위가 식별된 것은 흡족한 결과이지만, 후보 유전자 조사 범위를 축소해 나가기 전에, 진행 중인 연구 결과를 확인해 봐야 할 것으로 여겨진다.

    불행스럽게도 자폐증으로 진단된 아이를 가진 부부 또는 이들의 형제 혹은 자매에게 확실한 조언을 하기가 힘들 것 같다. 현재로서 최상의 예상치는, 아들이 자폐증인 경우에는 다음의 아들 또는 딸이 자폐증일 확률이 7%이며, 만약 딸이 자폐증인 경우에는 다음 자녀가 자폐증일 확률이 14%까지 증가할 수 있다는 것이다. 자폐증 어린이의 삼촌 또는 숙모가 자폐증 자녀를 가질 확률은 훨씬 낮기는 하지만, 그래도 일반인의 자폐증 확률보다는 높다. 물론 여기에서도 재발 위험성이 아직까지 밝혀지지 않았거나 혹은 진단되지 않은 단일 유전자 질환에 의한 자폐증이 있는 가족에 대한 높은 위험 가능성(25%)을 배제할 수는 없다.

발생학적 장애(Developmental Disabilities)

특정읽기장애(Specific Reading Disability-Dyslexia)

나는 아이였을 때 책을 읽는데 많은 어려움이 있었다. 나의 아이도 나와 비슷한 위험이 있을까?

난독증(dyslexia)이라고도 불리는 '특정 읽기장애(specific reading disability, SRD)'는 신경학적으로 전혀 문제가 없으며, 정상적인 지능을 가지고 있지만, 정상적인 학습 기회가 주어졌음에도 읽기를 잘 못하는 것으로 정의된다. SRD는 제외(除外) 진단법을 통하여 결정한다. 예를 들어 아이가 심각한 정서 문제로 인해 한시적으로 읽기 능력을 상실한 경우 이 범주에서 제외된다. 불행하게도 SRD 판정을 언제 내리는 것이 옳은가에 대해서는 이견이 있다. 일부 정부 프로그램은 읽기 점수 평균보다 1 이하의 표준편차를 보이는 아이들은 모두 SRD 서비스를 허용하고 있지만, 다른 여러 연구 그룹들은 표준편차가 평균보다 2~3단위 이하여서 극히 소수의 심한 증상을 보이는 아이들을 대상으로 연구하기를 원한다. 일부 전문가들은 SRD를 하나의 독립적인 증상으로 여기지 않고 있다. 심한 정신지체와 달리, 읽을 수 있는 능력을 지닌 아이들 전체 중에서 극히 일부 집단에 해당한다고 보고 있다.

SRD의 발생 빈도를 추정하는 것은 어떤 진단 척도를 이용하는가에 따라 달라질 수 있다. 어떤 척도를 사용하더라도 SRD의 최대 발생빈도는 10% 정도이다. 학습장애아의 80%는 SRD이다. SRD의 발생 빈도가 성별에 따라 상관관계가 있는지는 불분명하다. 여러 가지 이유에 의해 의료진들은 남자 아이에 대해 쉽게 진단을 내리는 경향이 있고, 이에 따라 남녀의 발생 빈도가 3:1 또는 그 이상이 되기도 한다. 그러나 조심스럽게 진행된 연구에 의하면 훨씬 적은 아이들이 SRD로 판정되며, 성별에 따른 차이도 3:2 정도로 그리 심하지 않다. 특히 저학년인 아이들이 SRD로 판정되는 경우가 훨씬 많은데, 이는 결국 시간이 지나면 증상이 완화됨을 의미한다. 이러한 해석은 상당수의 SRD 아동은 결국 읽기 능력을 회복할 수 있다는 주장을 지지한다.

SRD의 원인은 아직 밝혀져 있지 않다. 일부 SRD 연구자는 뇌의 해부학적 차이에서 그 원인을 찾고 있으며, 일부는 약간의 생화학적 차이에서 원인의 단서를 찾으려고 시도하고 있다. 몇몇 흥미로운 연구 결과가 있다. 그러나 아직까지 일관성 있는 상관관계를 보여주지는 못하고 있는 실정이다. SRD는 오랫동안 가계를 통해 유전되는 것으로 생각되어 왔다. 이러한 경향을 보이는 몇 가계에서 아주 어렸을 때부터 아이의 읽기 능력을 추적한 결과, 앞의 가설을 따르는 것으로 나타났다. 이러한 경향성을 보이는 가계를 대상으로 한 연구에서, 34명 중 22명이 SRD로 판정되었고, 대조군으로 설정한 보통의 가계에서는 44명 중 2명만이 SRD로 판정되었다.

가장 대표적인 SRD에 대한 유전학적 연구는 '콜로라도 쌍생아 연구'이다. 많은 쌍생아를 대상으로 한 이 연구에서 일란성 쌍생아 그룹의 SRD는 68%에 달했지만, 이란성 쌍생아 그룹에서의 빈도는 38%에 머물렀다. 따라서 SRD의 발생은 유전적 원인과 함께 환경적 원인에 의해서도 일어날 수 있음을 알 수 있다. 쌍생아를 대상으로 음운론적(音韻論的)으로 SRD를 판정한 연구 결과에 의하면 환경적 요인보다는 유전적 요인이 더 큰 영향을 미치는 것으로 나타났다. 통계적인 방법으로 지난 20여 년 간 빈번하게 SRD가 나타난 가계 중 몇 세대를 분석한 연구결과에 따르면, 50% 이상의 SRD가 하나의 유전자에 의해 발생됨이 밝혀졌다.

분자유전학적 방법으로도 여러 가지 SRD 연구가 수행되었다. 일부 연구의 경우, 무의미한 결과가 나오기도 하였지만, 6번 염색체 단완 (6p21.3)에 존재하는 유전자가 SRD와 밀접하게 연관되어 있는 것으로 나타났다. 그러나 불행하게도 이 지역에는 HLA 유전자군이 위치하고 있어, SRD 관련 유전자를 찾기는 매우 어렵다. 2002년 예일대학의 한 연구실에서 SRD가 나타난 104가계를 대상으로 수행한 연구 결과에 따르면, SRD의 한 유형인 단어 선택 능력은 6p21.3-22 지역에 존재하는 유전자와 연관되어 있었다. 2001년 핀란드 학자들이 140가계를 대상으로 수행한 연구에서는 3번 염색체에 존재하는 하나의 유전자가 SRD와 깊이 관련된 것으로 나타났다. 2003년 가을 핀란드의 또 다른 연구실에서는 SRD로 판정된 한 남자아이에서 2번과 15번 염색체 사이에 염색체 교환이 일어난 것을 발견했고, 이 염색체 교환에 의해 15번 염색체에 있던 DYX1C1 유전자에 이상이 일어났음을 밝혔다. 이로 인해 SRD에 대한 원인 유전자 하나가 마침내 밝혀지게 되었다. 그러나 SRD를 일으키는 유전자는 하나 이상일 것이므로, 앞으로 이들을 찾아냄으로써 SRD의 근본 원인을 밝힐 수 있을 것이며, 이 증상이 여러 가지 복합적인 장애와 결합되어 나타난다는 사실도 밝히게 될 것으로 전망한다.

 SRD에 대해 걱정하는 부모들에게 우리가 해 줄 수 있는 말은 어떤 것인가? 답을 듣기 원하는 가장 중요한 질문은 이 증상이 가계의 영향을 받는가 하는 것과, 만약 그렇다면 SRD로 판정되는 친척 범위가 어느 정도인가 하는 점이다. SRD의 한 종류는 하나의 우성 유전자에 의해 결정되는 것 같다. 따라서 카운슬러가 이러한 경우를 상담한다면 SRD 발생 위험성이 높다고 경고할 것이다. 어린 시절에 SRD 판정을 받은 경험이 있는 남자의 아들은 50% 정도 그리고 딸은 25~30% 정도의 SRD 가능성을 지닌다. 한편 어린 시절에 SRD 판정을 받은 여성의 아들과 딸 모두는 30% 정도의 SRD 가능성이 있다. 이 추정치는 정확하지 않은 성별에 따른 SRD 빈도 자료에 기초하고 있으므로, 신뢰성은 다소 떨어진다고 할 수 있다.

특정언어장애(Specific Language Impairment, SLI)

어렸을 때 내 남편은 말을 배우는 데 어려움이 있었다. 최근 내 아들이 SLI 판정을 받았다. 6개월 된 딸이 같은 판정을 받을 확률은 얼마나 되는가?

특정언어장애(SLI)도 SRD와 같이 주로 제외 진단법에 의해 진단되며, SLI 진단의 경계점에 대해서는 전문가들 사이에도 의견이 분분하다. SLI로 진단된 아이들의 지능은 정상이지만, 뚜렷한 신경학적, 정서적, 환경적 원인이 없음에도 불구하고 표현과 수용적 측면에서 말하는 능력이 잘 발달되어 있지 않다. SLI 증상을 보이는 아이들은 보통 아이들이 타고날 때부터 지니고 있는 언어 규칙에 따라 적절하게 구사하는 능력을 갖지 못하는 경향이 있다. 따라서 이 아이들의 문제를 해결하려는 시도는 우리 인간들이 사용하는 언어의 복잡성에 대한 폭넓은 지식에 기초하여야 할 것이다. 이 분야 전문가들은 이 문제를 언어의 다섯 가지 영역, 즉 음성학, 형태론, 구문론, 의미론, 어용론(語用論) 측면에서 다루고 있다. SLI 아동의 경우 언어의 각 영역별로 문제점과 그 정도가 다양하다. 예를 들어 어떤 아이들은 언어로 표현하는 것 자체에는 문제가 없지만, 말을 이해하는데 어려움을 가지는 경우가 있다. SRD의 경우와 같이 SLI도 아이들마다 특징이 있으며, 그 정도는 유전적 성향과 환경적 요인의 상호작용에 의해 많은 차이를 보이고 있다.

연구 문헌에 의하면 미국의 경우 약 8%의 학령기 아동들이 SLI로 판정되고 있다. 그러나 이 수치는 연구자 자신들이 설정한 임의의 기준에 의한 것이고, 필자가 보기에는 이는 좀 높은 수치인 것으로 판단된다. 평균보다 1.2 이하의 표준편차를 기준으로 하여 설정한 연구에서는 그 빈도를 5% 정도로 보고 있다. 즉 기준을 엄격하게 적용하면 그 빈도는 감소한다. 더불어 연령이 증가할수록 SLI로 판정된 아이들의 수도 감소한다. 옛 문헌에서는 SLI가 SRD와 마찬가지로 여자아이들에서보다 남자아이들에게서 더 많이 나타나는 것으로 기록되어 있지만, 최근의 연구에서는 남녀의 비율이 1.3:1 정도로 보고 있다.

많은 연구가 수행되었음에도 불구하고, SLI의 원인은 아직 밝혀지지 않고 있다. 대부분의 전문가들은 SLI의 원인으로 출산 전 뇌의 언어 중추에 손상이 일어났을 것이라고 생각하고 있다. 그러나 여러 최신의 뇌 영상기법을 이용하여 분석한 연구에서도 어떤 특이한 해부학적 손상은 발견되지 않고 있으며, 청각에 관한 연구에서도 일관성 있는 결과가 나오지 않고 있다.

SLI가 가계에 따라 유전된다는 증거는 확실하지만, 이에 관여하는 유전자가 몇 개이며 또 어떤 유전자가 관여하는지는 밝혀져 있지 않다. 쌍생아를 대상으로 한 몇몇 연구에 의하면, 이란성 쌍생아보다 일란성 쌍생아에게서 SLI가 동시에 나타날 확률이 확실히 높다. 대부분의 전문가들은 SLI의 원인으로 유전적 요인이 50% 정도이며, 나머지는 환경적 요인일 것이라는 주장을 지지하고 있다. 또한 손상이 심할수록 아직 밝혀지지 않은 유전자들의 역할이 클 것으로 추측하고 있다.

1980년대와 90년대에 걸쳐 가계를 대상으로 한 연구에 의하면, 부모, 자식, 형제와 같은 1차 혈연관계 가족 중에 SLI를 가진 사람이 있을 경우, 그렇지 않은 경우보다 SLI가 나타날 가능성이 높은 것으로 나타났다. 음성학적 문제를 보이는 아이들 87명을 대상으로 한 연구에 의하면, 27%에서 1차 혈연관계 가족이 언어 장애 문제를 가지고 있었던 것으로 조사되었다. 또 다른 연구에 의하면, SLI는 7번 염색체의 특정 부위와 연관성을 보이는 것으로 나타났는데, 이 부위에는 돌연변이 발생 시 언어장애를 수반하는 윌리엄 증후군을 일으키는 유전자가 존재한다.

근래 들어 한 공동연구진이 SLI 가계를 대상으로 유전체 전반에 걸친 검색을 실시하여 9번과 16번 염색체에 SLI 관련 유전자가 존재할 가능성이 있음을 밝혔다. 2002년 럿거스 대학 연구진은 셀틱 지방에서 이

주해 온 다섯 캐나다 가계를 대상으로 연구를 수행하여, 13번 염색체의 장완에 SLI 관련 유전자가 있을 것이라는 강력한 통계학적 증거를 확보했다. 이 결과는 매우 인상적인데, 그 이유는 이 연구를 위해 사용한 진단 지표가 매우 엄격했기 때문이다. 2003년 6월 아이오와 대학의 연구진은 SLI로 진단된 600명의 아동과 그 부모들을 대상으로 연구한 결과를 발표했다. 이들은 SLI를 일으키는 유전자가 염색체 7q31 지역에 있다는 증거를 발견했는데, 이 지역은 FOXP2 유전자가 위치하고 있는 지역과 가깝다. FOXP2 유전자에 돌연변이가 생기면 말하기가 늦어진다고 알려져 있다. 흥미로운 사실은 진화과정 중에 FOXP2 유전자에 돌연변이가 발생함으로써 인간이 말을 할 수 있게 되었을 것이라는 점이다. 다른 유전자들에 비해 인간의 FOXP2 유전자는 침팬지의 것과 매우 큰 차이를 보인다.

불행하게도 가족력은 다음 세대에서 SLI가 나타날 가능성에 대해 별로 말해줄 수 있는 것이 없다. SLI는 여러 가지 복합적인 문제를 포함하고 있을 것이 확실하며, 그 원인도 복합적일 것으로 보인다. 한 저명한 과학자는 지금까지 발표된 자료들을 면밀하게 검토한 결과 SLI 판정을 받았던 적이 있는 부모에게서 태어난 아이들 중 20% 정도가 SLI에 걸릴 가능성이 있고, 성(性)이 같을 경우 그 확률이 30% 정도로 증가된다는 결론을 내렸다.

주의력결핍 과다행동장애(ADHD : Attention Deficit Hyperactivity Disorder)

내 아들이 다니는 학교에는 모든 교실에 ADHD 판정을 받은 아이들이 있는 것 같다. 이 증상의 빈도와 유전적 소양은 어느 정도인가?

주의력결핍과다행동장애(ADHD)는 아동들에게서 나타나는 대표적인 정신과적인 증상이다. 이 증상은 주어진 일에 대하여 주의력이 유지되지 않을 뿐만 아니라 어떤 의학적 결함이나 환경적 요인에 의해서도 쉽게 설명할 수 없는 특이적 충동성을 수반하는 질환으로 요약될 수 있다. 아동정신과 의사들은 ADHD를 두 가지 유형으로 구분하는데, 이 중 하나의 특징은 주의력결핍이며, 다른 하나의 특징은 과다행동이다. 그러나 대부분의 ADHD 아이들은 두 가지 특징을 모두 갖고 있는 경우가 많다.

이 증상의 빈도에 대해서는 의견이 분분하며, 많은 연구자들은 의사들이 과도한 판정을 내린다고 생각하고 있다. 미국에서 수행된 몇 연구에 따르면, 학령기에 도달한 아동의 4~8% 정도가 이 증상을 가진 것으로 추정하고 있다. 그러나 좀더 엄격한 기준을 사용하는 유럽의 의사들은 그 발생 빈도를 1~2% 정도로 보고 있다. 다른 학습장애의 경우와 같이 여자 아이들보다는 남자 아이들에게서 ADHD가 더 많이 나타나는 것으로 보고되고 있다. 남녀의 성별에 따른 발생 빈도는 3:1 정도이다. ADHD로 판정된 아이는 흔히 다른 문제를 가지는데 우울증이 그 대표적 사례이다.

ADHD의 원인이 아직 밝혀지지는 않았지만, 많은 사람들은 뇌의 전두엽에 발생한 미세한 결함과 관련될 것이라고 생각하고 있다. 여러 가지 학설이 있음에도 불구하고, 무엇 때문에 결함이 일어나는지에 대하여는 전혀 알려진 바가 없다. 투렛 증후군이나 취약 X염색체 증후군과 같은 몇몇 유전질환의 증세는 ADHD의 경우와 유사하다. 그러나 이들 질환은 ADHD의 극히 일부분만을 설명할 수 있다. 1990년대에 가계를 대상으로 수행된 몇 연구에 따르면, ADHD로 판정된 아이들의 30~40% 정도가 가족 중에 이미 ADHD로 판정된 사람이 있는 것으로 나타났다. 또 다른 가계조사에 따르면, ADHD로 판정된 사람이 있는 가계에는 SRD로 판정된 사람도 있는 것으로 나타났다. 일부 사람들은 ADHD로 판정된 아이들의 상당수가 실제로는 읽기장애 증상을 가지며,

그들의 행동이 독서능력을 획득하지 못하는 데서 출발하는 당혹감으로부터 표출된다고 생각하고 있다. 쌍생아를 대상으로 한 연구에 의하면, ADHD도 이란성 쌍생아보다 일란성 쌍생아에게서 동시에 나타나는 경우가 훨씬 많다. 이러한 결과를 두고 일부 유전학자들은 ADHD가 한 개 혹은 소수의 우성유전자에 의해 나타나며, 단지 표현율(침투율)이 완전하지 않은 것으로 해석하고 있다. 한 연구에 따르면 표현율이 45% 정도인 것으로 나타났는데, 이것은 특정 유전자를 가진 사람의 약 절반만이 ADHD에 걸리는 것을 의미한다.

신경전달물질인 도파민의 작용에 영향을 미치는 메틸페니데이트는 리탈린이라는 상품명으로 ADHD의 치료제로 이용되고 있는데, 일부 사람들은 이 약품이 ADHD의 원인 유전자를 찾는데 도움을 줄 수 있을 것으로 보고 있다. 아직 충분한 증거는 없지만 DAT1과 DRD4 유전자의 돌연변이와 ADHD에 걸릴 위험성 사이에 상관관계가 있는 것으로 보이는데, 실제 이 유전자들은 도파민 대사에 관여한다. 그러나 이러한 돌연변이 유전자들을 가지고 있음에도 불구하고, ADHD 증상이 나타나지 않는 경우도 많다.

2003년 UCLA 대학의 연구진이 ADHD로 판정된 아이와 그 형제 270쌍을 대상으로 유전체를 검색하여 일부 후보 지역을 찾아냈다. 그리고 곧이어 또 다른 306쌍을 대상으로 후속연구를 수행한 후, 두 연구 결과에서 공통적으로 나타난 3지역을 선별하여 집중적인 연구를 수행하였다. 아직 데이터의 신빙성이 다소 떨어지기는 하지만, 시간이 지남에 따라 후보 지역이 더욱 압축될 수 있을 것으로 보인다.

통계적으로 좀 취약하기는 하지만, 양쪽 모두 ADHD의 병력이 없는 가계의 부모로부터 태어난 아이가 ADHD일 가능성은 2~3%로 추정된다. 만약 ADHD인 아이를 둔 부모나 가족이 재차 같은 증상을 지닌 아이가 태어날 확률을 물어온다면, 비록 실증적인 데이터로부터 유추한 수치이기는 하지만 가장 근접한 확률은 16~25% 정도라고 답할 수 있다.

말더듬(Stuttering)

나는 어렸을 때 말을 더듬었다. 내 아이가 말을 더듬을 가능성은 어느 정도인가?

말더듬은 말하기 관련 장애 중 비교적 흔하게 나타난다. 말더듬은 글자를 읽는데 있어 소리를 내는 근육에 경련의 발생과 관련된다. 따라서 이 증상을 지닌 사람은 말할 때 속도와 시간을 적절하게 조절하기 힘들다. 이 결함은 보통 원하는 소리를 내지 못하는 것, 소리를 반복적으로 내는 것, 소리를 길게 내는 것, 불필요한 소리를 중간에 넣는 것, 단어를 부적절하게 끊는 것 등을 포함한다. 심한 경우 하고자 하는 말의 10% 정도까지 말더듬 현상이 일어나고, 이러한 현상이 30초 정도까지 지속되기도 한다. 당연히 이 증상을 가진 아이는 당황감과 스트레스를 느끼게 된다.

아이들의 1% 정도에서 말더듬이 나타나며, 여자 아이들보다 남자 아이들에게 4배 정도 흔하다. 연령대별로는 2~4세와 초등학교에서 큰 소리로 읽기를 많이 하는 시기인 6~8세에 많이 나타난다. 스트레스를 받으면 성인에게서도 재발되기도 하지만, 대개 말더듬은 나이가 들어감에 따라 점차 사라진다. 특이한 점은 말더듬을 하는 사람일지라도 노래나 휘파람은 아주 능숙하게 불기도 하며, 자신이 내는 소리는 듣지 못하는 경우도 있다. 말더듬인 사람의 지능은 대부분 정상이다. 정치가인 윈스턴 처칠이나 영화배우인 제임스 얼 존스도 말을 더듬었으나, 나중에 훌륭한 업적을 이루었다.

한 때 말더듬 현상이 잠재된 정서적 문제 때문에 일어난다는 가설이 제기되었으나, 지금은 폐기되었다. 현재 말더듬의 원인을 설명하는 가설은 10여 가지 이상이나 된다. 대부분의 가설은 신경심리학적인 문제에 기초하며, 정상적인 말하기 속도를 조절하는 신경학적인 요인을 이해하는데 많은 노력을 집중하고 있다. 마치 빈혈이 여러 가지 혈액질환으로부터 유래하는 최종적인 현상인 것과 마찬가지로, 대부분의 전문가들은 말더듬을 여러 가지 발생상의 문제들에 의해 최종적으로 나타나는 공통의 현상으로 파악하고 있다. 최근 말더듬을 일으키는 생물학적인 원인을 밝히려는 시도 가운데 많은 관심을 끄는 방법은 뇌 영상기술이다. 소수의 성인 말더듬 환자에 대하여 뇌 영상기술로 연구한 최근의 연구 결과에 따르면, 말더듬 환자의 측두엽 일부가 정상인보다 크다. 그러나 아직 이와 같은 연구 결과가 재현되지는 않았으며, 이와 같은 현상이 어린이 환자에서도 나타나는지 여부도 불분명하다.

말더듬 증상이 가계와 매우 높게 연관되어 있으며, 아직 밝혀지지 않은 유전적 요인이 중요한 역할을 할 것이라는 견해가 오랫동안 폭넓게 받아들여져 왔다. 또한 일란성 쌍생아를 대상으로 한 많은 연구에서 말더듬이 동시에 나타날 확률이 25~80% 정도로 매우 높게 나타났다. 입양아를 대상으로 한 연구도 매우 흥미로운 결과를 보여주고 있는데, 양쪽 말더듬증이 없는 부모로부터 태어나서 말더듬증이 있는 가정에 입양된 아이는 말더듬증이 나타나지 않았다. 따라서 말더듬은 후천적으로 획득한 증상이 아님을 알 수 있다. 말더듬에 대한 가족력 연구에 의하면, 제1차 근친 중에 말더듬 증상을 가진 사람은 그렇지 않은 경우보다 5~20배 정도로 말더듬의 확률이 증가하였다. 따라서 말더듬 부모를 둔 경우 말더듬 아이가 태어날 개연성이 높다. 또한 말더듬 증상이 1개의 우성 유전자에 의해 일어난다는 과학적 연구 결과도 있다. 한 아이가 말더듬이인 경우 그의 동생이 말더듬이일 확률은 10% 정도 된다는 연구결과도 있다.

1990년대부터 말더듬을 일으키는 원인 유전자를 찾기 위한 많은 노력이 있어 왔다. 1996년 일리노이 대학 말더듬 연구소의 연구진은 말더듬 증상을 보이는 어린이 66명의 가족을 대상으로 광범위한 DNA 조사를 실시했다. 이들의 연구에 따르면 말더듬은 밝혀지지 않은 하나의 유전자 돌연변이와 연관된다. 현재 이들은 시카고 대학의 한 연구팀과 합동으로 이 유전자를 찾아내는 연구를 수행 중이다.

어린 시절에 말을 더듬었던 부모가 그들의 자녀도 말을 더듬지 않을까 하는 염려에 대한 가장 좋은 방법은 소아과 의사에게 가족력에 대하여 소상히 전하고, 자녀의 말하기 발달 상황을 면밀히 관찰해 줄 것을 부탁하는 것이다. 말더듬 증상에 대한 징후가 감지되면, 곧바로 언어 치료를 받도록 해야 할 것이다.

간질(발작, Epilepsy, Seizures)

어머니가 간질병을 앓고 있는데, 내가 간질에 걸릴 확률은 얼마나 되나?

간질은 여러 가지 뇌 질환을 포괄하는 명칭이며, 그 특징으로서 이유 없이 발작 증세가 빈발한다. 발작은 뇌세포의 갑작스러운 전기적인 방전으로 인해서 나타나는 물리적인 결과이다. 전기적 발생이 일어나는 뇌의 부위에 따라 간질에는 다양한 형태가 존재한다. 여러 가지 간질에 친숙하지 않은 대부분의 사람은 간질이란 의식을 잃고 땅바닥에 누워 팔다리를 떠는 이미지를 연상할 것이다. 이는 간질의 한 유형으로서, 강직성 만성 간질에 해당한다. 지면 관계상 여러 종류의 간질 중 몇 가지에 대해서만 간단히 설명하기로 한다.

표준 분류 방법에 따라 간질은 일반 간질과 부분 간질로 대별된다. 부분 간질은 인체의 일부분과 연관된 것으로, 유전적 요인에 의한 것이 아니라 두부 외상과 같이 특정 뇌 부분의 손상 때문에 발생된다. 부분 간질에는 다양한 형태가 있으며, 간질이 한쪽 팔과 다리의 비정상적인 움직임으로 제한되는 경우도 있고 갑작스런 악취로 인해 나타나기도 한다. 부분 간질은 청각 혹은 환각작용에 의해 나타나기도 하며, 갑작스럽게 땀을 흘리는 경우도 있다. 따라서 부분 간질의 가능성은 환자의 수만큼이나 다양하다고 할 수 있다.

일반적으로 일반 간질 환자는 정상적인 뇌기능을 가지고 있으며, 외부로부터 뇌 손상을 받은 경험도 없다. 일반 간질은 뇌의 양쪽에서 동시에 시작한다. 결신(缺神)간질과 강직성 만성 간질이 일반 간질의 대표적인 2가지 예에 해당한다. 5살 무렵에 시작되는 소아기 결신간질은 짧은 순간 동안 모든 활동을 멈추고 공허하게 공간을 쳐다보는 증상을 보이며, 이런 증상은 하루에 여러 번 나타날 수도 있다. 결신간질은 보통 수 초간 지속되나, 어떤 어린이는 더 오랫동안 이러한 증상을 보이는 일반 간질을 갖고 있을 수도 있다. 결신간질의 이유는 아직 밝혀지지 않았지만, 많은 증거로 볼 때 시상에서 대뇌피질로 연결되는 회로의 결함 때문이라고 생각된다.

일반 간질은 공통적으로 흔하지 않은 뇌 질환 징후를 보이며, 대부분의 일반 간질은 하나의 유전자 결함 때문에 발생한다. 예를 들면, 양성(良性) 신생아 경련은 생후 3~4일경에 시작되지만 몇 주 지나면 정상으로 돌아온다. 이는 세포 안과 밖의 칼륨 이온 수송을 조절하는 두 유전자인 KCNQ2와 KCNQ3 중 한 유전자에 결함이 생긴 경우에 나타난다. 우성 질환인 야행성 전두엽 간질은 잠자는 동안에 요동을 친다. 이 질환은 신경전달물질인 아세틸콜린에 대한 2개의 수용체 유전자(CHRNA2와 CHRNA4) 중 하나의 유전자에 돌연변이가 생겨 발병한다. 양성 신생아 경련과 야행성 전두엽 간질은 표현형이 확실히 구별되므로 비교적 쉽게 진단할 수 있다. 그러나 대부분의 일반 간질은 여러 유전자들이 환경과 상호작용을 통해 발병됨으로, 그 원인을 이해하는데 어려움이 따른다.

일반 간질 환자를 의학적으로 진단하려면 시간이 오래 걸리며, 진단 결과도 확실하지 않은 경우가 많다. 의사들은 일반 간질의 진단에 뇌파 분석, 뇌 조영기술, 심층적인 생화학 연구, 염색체 분석 및 장기간의 비디오 녹화 등을 주로 이용한다. 심도 있는 의학 진단 과정을 거치더라도 확실한 진단을 내리기 어렵기 때문에, 특별한 처방에 이르지 못하고 단지 유전 상담에 그치게 된다.

현재 일반 간질의 절반 이상은 유전자 이상에 의해 발병할 것으로 판단하고 있다. 현재 특정 간질에 대한 새로운 요인 유전자가 빠르게 동정되고 있으며, 그 숫자도 계속 늘어가고 있다. 비록 전문가들이라 할지라도 일부 간질의 원인을 확실하게 진단할 수 없는 현실이지만, 궁극적으로 단일 유전자 결함에 의한 소아 간질의 진단이 가능해질 것이다. 이처럼 올바른 진단이 가능해져야 환자, 그 부모, 그리고 가까운 친척들과 정확한 유전 상담이 가능할 것이지만, 아직도 소아 간질의 40%는 그 원인을 모르고 있는 실정이다.

표 10. 하나의 유전자에 의해 발병되는 경련 증후군

증후군	유전자	유전자 기능
열병성 발작을 보이는 간질	SCN1B SCN1A SCN2A GABRG2	나트륨 채널 나트륨 채널 나트륨 채널 신경전달 수용체
가족력이 강한 양성 신생아 경련	KCNQ2 KCNQ3	칼륨 채널 칼륨 채널
야행성 전두엽 간질	CHRNA4 CHRNB2	아세틸콜린 수용체 아세틸콜린 수용체
열병성 결신 간질	GABRG2	신경전달 수용체
청각증상을 보이는 부분 간질	LGI1	막투과 단백질

연소성(年少性) 근간대성 간질(juvenile myoclonic epilepsy, JME)은 모든 간질 중에서 5~10%에 해당된다. 이 유형의 간질은 전형적으

로 사춘기 때 증세가 나타나기 시작하지만, 더 어린 나이에 발병될 수도 있다. 일반적으로 발작은 아침(특히 눈을 뜨자마자)에 보통 팔에서 나타난다. 수면이 부족하거나 술을 마시면 이러한 발작이 일어날 가능성이 높아진다. 이러한 환자는 평생 동안 항발작 약물을 복용해야 한다. 오래전부터 JME는 가족력이 강한 질환으로 알려져 오고 있으며, 특정 유전자가 관련할 것으로 생각하고 있다.

1990년대에 수행된 일부 통계분석 연구에 의하면, JME를 일으키는 JME1 발병 유전자는 6번 염색체의 단완(6p21)에 위치한다. 2003년 여름, 콜롬비아 대학의 한 연구팀은 발병의 원인을 밝히는 논문을 발표하였다. JME를 가진 20가계를 연구한 결과, 질환이 발생한 환자에서 중추신경계의 발달에 중요한 역할을 하는 단백질을 암호화하는 BRD2 유전자의 프로모터 지역에 2개의 DNA 변이(SNPs)가 있음을 발견하였다. 이러한 변이는 2가계의 대조군에서는 나타나지 않았다. 이는 일반 간질 관련 유전자를 밝혀낸 첫번째 연구에 해당한다. 이 결과는 SNP 변이가 원인이 아니라, 이에 반응하는 단백질의 활성을 변화시킴으로써 JME 민감성이 증가될 가능성이 높다. 따라서 JME는 그 자신의 유전적 위험 요소를 가진 몇 가지 다른 질환에도 적용되는 용어일 가능성이 크다.

또 다른 간질 유형인 '양성 소아 중심 측두부 스파이크 간질(BCECTS)'은 독특한 뇌파(EEG) 기록이 나타나는 비교적 경미한 질병이다. 연구 결과에 의하면, 일반 가계에 비해 이 질환이 나타난 가계에서 더 간질이 빈발하며, 간질 병력이 없는 이 가계의 구성원들에서도 뇌파 이상이 나타난다. 이 질환의 원인 유전자는 아직까지 밝혀지지 않았다.

최소한 세 종류의 '소아 결신 간질 이상'이 존재하며, 이들은 발병 시기, 뇌파 기록에 나타나는 특정 신호 패턴 및 피로와 알코올 섭취에 의해 유도되며 전형적으로 팔이 갑작스럽게 무의식중에 움직이는 간대성(間代性) 근경련이나 다른 증상이 일어나는지에 따라 구분한다. 쌍생아 연구를 통하여 각 유형의 간질 원인 유전자의 존재 가능성은 제안되었지만, 아직 원인 유전자가 동정되지 않고 있다.

　소아 간질은 일반적으로 높은 열을 동반한다. 수막염 또는 심각한 신경성 문제가 발생하기 전인 5살 이하의 어린이에게서 높은 열과 함께 발작이 발생할 경우 간질로 진단한다. 미국 출생 아이들의 약 3%는 열병성 간질을 경험한다. 일본에서는 발병률이 8%에 가깝고, 괌에서는 이보다 더 높다. 열병성 간질은 가계성 유전일 확률이 높다. 열병성 간질의 병력을 가진 아이의 남자와 여자형제는 유전에 의한 이상이나 영향을 받을 확률이 높다. 가계 연구결과 10~40% 정도 일치성을 나타내었다. 또한 뇌파 기록 유형의 분석은 더 높은 일치율을 보였지만, 지금까지 뇌파 유형은 열병성 간질의 진단에 이용하지는 않고 있다. 뇌파 유형 분석 자료는 유전적 다양성과 관련될 수 있으며, 특히 우성을 나타내는 한 개 이상의 유전자들이 각각 불완전한 침투도를 나타낼 경우 가장 잘 일치될 수 있다.

　유전자지도 분석 결과 다섯 개의 열병성 간질 후보 유전자 자리가 동정되었다. 염색체 18번에 존재하는 6번째 후보 유전자는 2003년 일본의 연구자들이 동정하였으며, 원인 유전자는 뇌세포 대사에 작용하는 IMPA2 유전자일 것이라고 제시되었다. 다행히도 대부분의 아이들에게서 열병성 간질은 2번 이상 나타나지 않았고, 만성 간질로 발전하는 경우도 거의 없었다.

　단일 유전자 질병이라고 추측할 만한 강력한 증거가 없는 현재 상태에서, 가계에 간질 병력이 있는 사람이 있다면 어떻게 충고해야 할 것인가? 한 부모가 원인을 알 수 없는 급발성 발작을 일으킨 경우가 가장 흔하게 나타나며, 이 경우 자손이 이 병에 걸릴 확률은 5~10% 정도 된다. 유아기에 있었던 발작 유무에 상관없이 자녀에게 이와 유사한 결과가 나타날 확률은 5~7% 정도 된다. 이유는 알 수 없지만 어머니가 이 질병에 걸린 경우 자녀에게서 다시 나타날 확률은 높다.

표 11. 간질: 간질 환자의 자손과 형제에서의 각종 간질의 발병 가능성

간질의 유형	부모 발병(%)	형제 발병(%)	아이(%)	형제(%)
소아기 결신 발작	7	5-10	6-7	5-10
연소성 근간대성	5-15	4-7	5-14	4-7
광과민성	7 남성 2 여성	6.5 여성	2-7	6-10
영아 경련	모름	1-2	모름	1-25

2002년에 출판된 리모인 등(Rimoin D.I., Connor J. M., Pyeritz R. E., and Korf B. R.)의 저서에서 허가를 받아 인용함. 저서명: *Emery and Rimoin's principles and practice of medical genetics*, 4th edition. Churchill Livingstones, London; ⓒ Elsevier

다른 경우로서 양쪽 부모 가계에서 전혀 이 병에 대한 발병 경력이 없는데 자녀에서 발작이 일어나는 경우이다. 이러한 자식을 둔 부모는 둘째 아이가 이 병에 걸릴 확률을 알고 싶어할 것이다. JME나 결신 발작의 경우 모두 확률은 5~10% 가량 된다. 발작이 급발성이라면 평생 위험도는 10%에 이르며, 이는 일반인 평균치의 5배에 해당된다. 형제자매가 열성 발작의 경험이 있다면, 이 사람의 동생이 발작을 일으킬 확률은 10~15% 정도 된다. 부모 중 한 명과 그의 자식 중 한명이 발작을 일으켰다면 다른 자녀에서의 발병률은 30% 정도나 된다.

원인을 모르는 일반 발작을 일으킨 경험이 있는 여성이 임신을 할 경우, 그의 자녀가 발작을 일으킬 가능성은 얼마나 될까? 실험 자료에 의하면 평생위험도는 10% 정도이며, 발병 시기에 대한 연구는 더 연구되어야 하는 형편이다.

소아당뇨병(Juvenile Diabetes)

12살 된 아들이 소아당뇨병을 앓고 있는데, 여동생도 이 병에 걸릴까?

소아당뇨병(제1형 당뇨병)의 전형적인 증상은 건강했던 유아가 갑자기 체중 감소, 배뇨량 증가, 갈증의 계속 및 탈수현상을 일으키는 현상이 나타나는 것이다. 유아가 응급실에 실려가 당뇨병 진단을 받을 정도가 되었다면, 이는 이미 고혈당 증상과 대사 불균형(케토산증)이 일어난 상태이다. 부모들은 이런 증상들이 수주에 걸쳐 갈수록 뚜렷하게 일어났다고 이야기하곤 한다.

소아당뇨병의 생화학적인 특징은 인슐린 수치가 매우 낮거나 혹은 전혀 나타나지 않는 것이다. 이는 인슐린을 분비하는 췌장의 β세포가 자가항체에 의해 파괴되기 때문에 나타난다. 미국의 경우 제1형 당뇨병은 14세 이하의 어린이 10만 명 당 15명꼴로 발생한다. 전 세계적으로 발병률은 다양한데, 아시아에서는 10만 명 당 1명이며, 스웨덴의 경우 10만 명 당 40명에 이른다. 이 병의 발병은 증가하는 추세이며, 이는 환경 위험 인자에 노출되는 인구가 늘어나고 있음을 반영한다.

소아당뇨병은 자가면역 질환이다. 이의 증상은 갑자기 나타나지만 진단으로 당뇨병임을 확인하기 몇 달 또는 몇 년 전부터 온몸을 순환하는 항체가 인슐린을 분비하는 췌장 세포를 파괴한다. 소아당뇨병에 걸린 일란성 쌍생아를 연구한 결과 직접적인 발병이 일어나기 수년 전부터 혈액 내의 β세포 파괴 항체가 증가함을 알 수 있었다. 이는 췌장 β세포의 90% 가량이 발병 전에 파괴되었음을 의미한다.

표 12. 소아당뇨병 : 일반적 발병도 그리고 1차 친족과 DR 유전자 양상(반수체)에 따른 발병도

집단 발병도	전체-1/500
	HLA(백혈구항원)-DR 관련
	0 고위험도 대립유전자-1/500
	1 고위험도 대립유전자-1/400
	HLA DR3 또는 DR4/4-1/150
	HLA DR3/4-1/40
형제간 발병률	전체 1/14
	당뇨병 걸린 형제와 공유하는 HLA 반수체형
	0 반수체형 공유-1/100
	1 반수체형 공유-1/20
	2 반수체형 공유-1/6
	2 반수체형 공유와 DR3/4-1/5에서 1/4
	전체-1/25
부모 자식간 발병	어머니에게서 발병한 경우 : 1/40
	아버지에게서 발병한 경우 : 1/20
일란성 쌍생아	전체-1/3

2002년에 출판된 킹 등(King. R. A., Rotter J. I., and Motulsky A. G.)의 저서에서 허가를 받아 인용함. 저서명: *The genetic basis of common diseases*, 2nd edition. Oxford Univ press, U.K.

    다른 자가면역 질환과 마찬가지로 유전적 인자가 소아당뇨병 발병에 중요한 역할을 한다는 명확한 증거가 있다. 그러나 이 질병의 발병 경로는 매우 복잡하며 아직 연구가 많이 진행되지 않은 상태이다. 일란성 쌍생아에 대한 연구는 오랫동안 대체적으로 일치하는 결과를 보였다. 한 연구에 따르면 일란성 쌍생아 중 1명이 소아당뇨병에 걸리면 다른 1명이 이 질병에 걸릴 확률은 36%이다. 이는 소아당뇨병을 유발하는 유전자를 가진 사람 중 1/3만이 발병한다는 것을 나타낸다. 유전학적으로 설명하자면 질환 유발 유전자의 침투도가 낮다고 할 수 있다.
    약 30년 전, 소아당뇨병의 위험성은 소위 Class I 항원인 B8과 B15

라고 하는 두 단백질과 관련이 있다고 밝혀졌는데, 이 두 단백질은 HLA 유전자라고 하는 6번 염색체상의 특별한 종류의 유전자에 의해 생겨나는 면역 방어 체계와 연관되어 있다. 1980년대에 DR3, DR4라는 두 Class II 항원의 조합을 가진 사람들에게서 보다 더 큰 위험성이 발견되었다. 전체 인구의 50%만이 이들 항원 중 하나 또는 두 개 모두를 가지고 있는데 비해 소아당뇨병이 있는 사람들 중에서는 약 95%가 이를 갖는다. 그러나 인구 중 약 1~3%가 DR3이나 DR4를 갖고 있으며, 보인자의 대다수가 소아기에 발발하는 당뇨병으로 발전되지 않는다는 사실을 주목할 필요가 있다.

가장 최근의 견해는 HLA 유전자가 소아당뇨병의 유전적 위험성에 있어서 70% 정도의 원인이 된다는 것이다. 과거 수 년 동안, 이 질병을 일으킬 소지가 있는 다른 유전자를 발견하기 위해 인간 유전정보를 탐색하려는 광범위한 노력이 있었다. 2000년 현재, 유전체 상에서 병을 일으킬 것이라 여겨지는 유전인자를 포함한 것으로 유추되는 16개의 위치를 찾아냈다. 하지만, 일단 그들이 동정한 이 유전자들의 상대적 역할을 분석해내기란 매우 어려운 일일 것이다.

표 13. 소아 당뇨병 : DR/DQ 일배체형과 가족력

DR/DQ 상태	1차 가계 위험성(%)	영향받은 가족이 없을 경우(%)
DR 3-4	20 25	7
DR 4-4	16	5
DR 3-3	10	2
DR 4-X	6	1
DR X-X	〈1	〈0.2

2002년에 출판된 킹 등(King.R. A., Rotter J.I., and Motulsky A. G.)의 저서에서 허가를 받아 인용함. 저서명: The genetic basis of common diseases, 2nd edition. Oxford Univ press, U.K.

그러면 우리가 당뇨병으로 진단받은 사람들의 가족들, 특히 형제자매들에게 어떤 말을 할 수 있을까? 우리는 가계 조사에 기초한 경험적인 위험성 자료에 의존해야 한다. 소아당뇨병인 아이의 형제자매는 질병 발생 가능성이 5~10%이다. 만일 아버지의 영향을 받는다면, 자식들은 4~6%, 어머니의 영향을 받는다면 2~3%의 위험성을 갖는다. 가장 높은 위험성은 같은 DR3/DR4 반수체형을 지닌 양친의 자손에서 나타난다. 이러한 경우, 그 위험성은 25%에 달한다.

천식(Asthma)

천식에 걸린 아동이 많다. 그렇다면 이는 환경요인 때문일까?

천식은 만성 감염과 주기적인 기관지의 과민성 반응으로 특징지어지는 호흡기 질병이다. 이는 흔히 발생하는 복잡한 질병으로서, 숨이 차고 급성 발적(發赤)을 야기하는 여러 가지 환경적 요소들 중에서 어느 하나에 노출된, 이미 유전적인 위험 소지가 있는 사람들에게 종종 일어난다. 천식에 대해 가장 널리 알려진 위험 요소는 아토피로서, 이는 아동의 급성 천식 증상을 야기하도록 복잡한 생화학적 반응을 일으키는 IgE라는 대표적인 생화학 물질을 체세포가 분비한 결과이다. 일반적으로 천식 아동은 혈청 속의 IgE 농도가 높다.

천식의 발생이 증가하고 있음은 의심할 여지가 없다. 호주에서 조사한 바에 의하면, 어린이의 천식 비율이 1980년에서 2000년 사이에 5%에서 10%로 2배 증가하였다. 미국에서의 자료 또한 비슷한 경향을 보인다. 천식으로 인한 사망률 또한 증가 추세이나, 그 이유는 분명치 않다. 평등한 보건 의료를 받을 수 없는 국가에서는 이러한 경향이 사회 경제적 요소들에 의해 크게 영향을 받을 수 있다.

몇몇 잘 구상된 연구들에 의해 천식의 주요 유전적 요소들에 대한 확실한 증거들이 제시되었다. 예로, MZ 쌍생아의 IgE 수준에 관한 연구는 강한 유전적 영향(유전율 0.6)을 보여준다. 비슷한 연구들에서도 혈청의 IgE 수준과 알러지, 천식의 위험성과의 밀접한 관계를 보여주었다. 1984년 애리조나에서의 연구는 344개의 핵가족을 대상으로 천식의 위험성에 대해 연구하였다. 두 부모가 모두 천식으로 진단받지 않은 가계가 273개, 둘 중 1명이 천식으로 진단받은 가계가 68개, 2명이 모두 천식을 앓고 있는 가계가 3개였다.

부모에게서 천식이 발병된 적이 없는 273가계의 경우 총 538명의 자녀 중 35명(6.5%)이 천식에 걸렸으며, 부모 중 1명이 천식을 겪은 경우는 122명 중 24명(20%), 양 부모 모두 천식에 걸린 적이 있는 경우는 11명 중 7명(64%)에서 천식이 나타났다.

표 14. 천식 : 가족 위험성 - 중요한 점

- 천식으로 진단받은 아이들의 반 이상이 천식을 앓은 적이 있는 가족력을 가진 가족에서 발견된다.
- 입원을 요하는 심한 천식에 걸릴 가능성은 아버지보다는 어머니가 천식을 앓은 경우에 더 높다.
- 최소한 한 부모와 다른 한 아이가 천식으로 진단을 받았다면 그 발병률의 위험성은 약 25%이다.

부모가 천식에 걸린 경험이 있는가에 따라 자녀가 천식에 걸릴 확률이 달라진다. 연구 결과에 따르면 어머니의 병력이 아버지의 병력보다 큰 영향을 미친다. 또한 아버지가 유년기에 천식에 걸렸더라도 한쪽 어버이에 의해 병력이 중지되었으면 발병률에 전혀 영향을 미치지 않는다.

1990년대 중반, 천식에 영향을 미치는 유전적 변이를 알아내기 위해 대규모의 연구가 여럿 수행되었다. 여러 유전체 영역이 기도(氣道) 민감성과 IgE 수치에 영향을 미친다는 것이 밝혀졌다. 독일의 연구결과에 따르면 5번 염색체의 장완이 특히 큰 영향을 미치는 것으로 나타났다. 유럽에서 건너온 이후 외부 집단과의 결혼이 거의 이루어지지 않은 종교집단인 후터파에 대한 연구결과는 아토피가 16번 염색체의 극히 일부와 밀접하게 연관되어 있음을 보여준다. 이곳에 위치한 IL-4라고 명명된 유전자는 염증을 유발시키는 역할을 한다. 유감스럽게도 이에 영향을 미치는 유전자는 다수이며 이들을 모두 규명하기는 어려울 것이다.

2003년에 이미 천식 유전자를 포함한 것으로 알려진 13번 염색체의 장완 영역에 위치하는 PHF11 유전자가 변이되면, 심한 천식에 영향을 미친다는 사실이 영국의 과학자들에 의해 보고되었다. 인척이 아닌 영국 성인을 대상으로 한 연구에서 특정한 SNP가 정상 대조군에 비해 4배 더 많이 나타났다. 이는 약한 증상의 천식에서도 2배가량 많이 나타났다. 이 유전자는 IgE에 작용하여 천식과 아토피성 피부염을 증가시키는 위험치에 영향을 미치는 것으로 나타났다.

실험적 데이터에 의하면 그들의 자녀에게 천식의 가능성을 물려줄 잠재적인 부모를 예측할 수 있다. 만약 한 부모가 알레르기에 대한 확실한 병력이 있으면, 그들의 자녀가 알레르기를 가질 확률은 60% 가량 되며, 양 부모가 모두 병력이 있으면 그 확률은 85%로 높아진다. 알레르기 병력이 없는 부모가 알레르기를 가진 자녀를 낳았다면 그 다음 자녀에서 알레르기가 나타날 확률은 9~13% 정도 된다. 부모 중 한 명이 천식을 가지고 있고 그 자녀가 천식을 가지고 있다면 그 다음 자녀가 천식에 걸릴 확률은 25~50%까지 높아진다.

습진(Eczema)

나와 형은 어렸을 때 습진을 앓았다. 나의 부인은 습진 증세가 없었다. 우리 아이들이 습진에 걸릴 위험도는 얼마인가?

　습진(Eczema, 혹은 아토피 피부염 atopic dermatitis)은 매우 흔한 만성 피부 질환이다. 증상은 건조하고 꺼칠꺼칠하며 가려운 발진이 생기는 것으로, 팔과 다리의 접히는 부분에서 흔히 발견되고 목, 손등, 발 등에서도 발견된다. '아토피'는 몇 가지 알레르기 항원 반응으로 몸에서 항체 면역 글로불린 IgE가 과분비되는 상태를 말한다. 대개 습진은 유아기에 발병하여 성장하면서 심해진다. 습진과 천식에 관한 연구는 아직 부족하지만 밀접한 관계가 있다. 습진이 심한 아이들의 60%는 성장하면서 천식이 된다. 한 아이가 천식 증세가 있는 가족의 경우에 다른 아이는 습진일 경우가 많다.

　습진에 걸리기 쉬운 요인들은 여러 가지이지만 제2차 세계대전 이후 주변 환경의 변화들, 예를 들면 중앙난방, 양탄자, 벽지, 특히 피부와 세탁물에 비누를 과도하게 사용함으로써 습진 발생을 크게 증가시켰다. 피부 방어벽을 파괴하는 비누는 습진의 주원인이다.

　습진은 알레르기를 갖고 있는 가족 구성원에게서 더 흔하다. 습진이 심한 아이들의 약 1/3은 음식물 알레르기로 되어 특정 음식물 섭취로 피부 질환이 발병할 수도 있다. 예방 치료로는 피부의 습도를 유지하고, 알려진 원인들을 피하는데 초점을 맞추고 있다. 감염으로 인한 국소적인 피부 염증 부위에 스테로이드 약을 매우 주의하여 사용할 필요가 있다.

　영국의 웰컴트러스트센터 인류유전학 연구자들은 아토피 피부염 관런 유전자들을 1번, 17번, 20번 염색체에서 찾았다. 이들 유전자는 다른 피부 질환과도 관련되어 있다. 스웨덴의 카롤린스카연구소의 노르덴스키욜드 박사도 원인 유전자를 찾기 위해 400개의 DNA 마커들을 사용하여 2사람 이상이 습진인 500가계의 게놈을 조사하고 있다.

부모 중에 한 사람이 어렸을 때 습진에 걸렸으면 아이 중에 한 아이가 습진에 걸릴 확률은 약 2배로 높아진다. 양친 부모가 습진 증세가 있었다면 아이들 중 1명이 습진에 걸릴 확률은 30~50% 정도로 높다. 양친 부모가 습진의 가족력이 없어도 첫째 아이가 습진증세가 있을 경우, 둘째 아이가 습진에 걸릴 위험도는 10%~25% 정도이다. 모든 자녀가 습진 증세가 있을 경우, 호흡기 통증 호소는 천식의 첫 번째 증상이므로 부모들은 예의 주시해야 한다.

척추만곡(Scoliosis)

제 딸이 척추만곡이다. 둘째 아이가 척추만곡일 위험도는 얼마인가?

척추만곡은 어린이나 청소년에게 흔한 척추가 휘어지는 증상을 말한다. 척추만곡의 원인은 근위축증, 뇌성마비, 소아마비, 척추피열, 척추방사선과 같은 신경근성 질환 등이 원인인 경우도 있지만, 많은 경우 발병 원인을 잘 모르며 건강한 사람에서도 생긴다.

척추만곡은 선천성과 후천성으로 구분된다. 선천성 척추만곡은 하나 또는 그 이상의 척추 기형을 가지고 태어난 아이들을 말하며, 치료는 기형 정도에 따라 매우 다양하지만 심한 경우에는 반드시 외과수술이 필요하다. 후천성 척추만곡은 발병 연령으로 구분하며, 유아 척추만곡(0세~3세)은 대부분 왼쪽 척추만곡을 보인다. 이러한 아이들은 걸쇠로 치료가 가능하며 거의 모든 유아 척추만곡은 시간이 지나면서 교정된다. 유년기 척추만곡(3-9세)은 유년기에 척추만곡이 나타나며 일부는 나이 들면서 점점 더 심해져 걸쇠치료가 필요하나 일반적으로 수술 치료는 필요하지 않다. 사춘기 척추만곡이 지금까지 가장 흔하다. 가벼운 척추만곡은 남아와 여아에서 비슷한 빈도로 발생하지만 심한 척추만곡은 여아에서 더 많다.

후천성 척추만곡은 표본조사 연구에서 진단 기준의 엄격성에 따라 1~8%까지 다양하게 보고되었다. 연구자들은 후천성 척추만곡이 가족력이 있어 단일 유전자 유전이라고 주장하지만, 사춘기 여아에서 흔히 진단되기 때문에 대부분의 후천성 척추만곡을 단일 유전자 유전만으로 설명할 수는 없다. 양친 중 한 부모가 척추만곡이면 자식이 사춘기 척추만곡이 될 확률은 일반 성인 집단에서보다 훨씬 높은 30%를 차지한다.

후천성 척추만곡의 원인 유전자를 탐색하려는 시도는 아직 없었지만 러시아의 101가계를 대상으로 한 경험연구에서는, 심한 척추만곡인 가족의 유전양식은 단일 우성 유전자라고 보고되었다. 2003년에 몇 명의 연구자들은 한 척추만곡 가계에서 8번 염색체의 협동원체역위(pericentric inversion) 염색체 구조 이상으로 야기된 SNTG1(syntrophin, gamma 1) 유전자 돌연변이와 연관되어 있다고 보고하기도 하였다.

사춘기 척추만곡을 가진 아이의 동생에 대한 경험적 위험도가 가족 표본조사에서 약 7%라고 보고되었다. 그러나 사춘기 척추만곡이 우성 유전이라면 이러한 보고는 동생의 위험도를 낮게 추정하고 있다고 볼 수 있다.

신장(Stature)

아버지(친가)는 키가 작은 편이고, 어머니(외가)는 보통 키이다. 나는 165cm인데, 나의 아들은 얼마나 키가 클까?

오랫동안 신장(키)은 유전학자들의 관심사였다. 1903년 논문에서 일반적으로 키는 민족별로 정규분포를 갖지만 가계의 유전력이 크다고 밝혀졌다. 지난 30년간의 여러 대규모 연구들에 따르면, 성인의 키는 유전과 환경적 요인의 상호작용에 따라 결정되지만, 환경보다는 유전 요소가 크다고 했다. 지난 100년간 향상된 생활수준으로 인해 영양섭취가 좋아져, 성인의 평균 신장이 꾸준히 증가했다고 여러 국가에서 발표되었다. 그러나 유년시절 심각한 영양결핍을 경험한 성인의 신장은 뚜렷한 인과관계가 없다는 증거도 있다. 오늘날 미국, 유럽, 일본 등 영양섭취가 좋은 나라에 살고 있는 어린이들의 대부분은 유전적으로 최대한 신장이 클 수 있는 환경 속에서 성장하고 있다. 결국 여러 복합 요인 중 유전 요인이 성장에 영향을 주며 신장의 유전율은 0.7~0.9이다.

신장과 환경과의 상호작용에 대하여 정확히 알려진 바는 없으나, 지난 수년간 여러 연구 그룹에서 신장의 주요 유전자를 추적하였다. 2001년 메사추세츠 캠브리지에 있는 화이트헤드 연구소는 핀란드, 스웨덴 그리고 퀘벡의 두 지역 출신의 483가계, 2,327명으로 구성된 4개 집단에서 신장의 유전학적 연구를 발표하였다. 연구팀은 키 큰 사람에서 더 흔히 발견되는 사람유전체의 DNA 블록을 찾기 위해 유전자 마커를 이용하여 키 유전자와 관련된 4좌위를 찾았다. 흥미롭게도 다른 핀란드인 집단 연구에서도 4좌위 중의 하나인 7번 염색체 장완에 위치하는 키 유전자를 독자적으로 발견하였다. 2003년 호주 과학자들은 진행 중인

빅토리안 가족 심장 연구에 등록된 800가계의 키 유전자들을 조사하여 6개의 후보 좌위를 알았지만, 어떤 염색체 부위가 직접적으로 관련되는지 알기 위해 연구를 계속하고 있다. 지금까지의 연구 중 가장 뚜렷한 증거는 평균 키보다 2배 표준편차를 갖는 두 집단의 일본인 남자들 비교연구에서 FBN1 유전자의 변이가 매우 많다는 것이다.

프로 농구선수와 경마 기수들을 비교할 필요가 있듯이, 키를 크게 조절하는 유전자들도 존재하며 또한 작은 키를 조절하는 유전자들도 있다. 스웨덴인과 그리스인의 집단연구를 비교하여 보았을 때도 같은 결과를 얻을 수 있었다. 신장은 유전에 의해 결정도 되지만 다른 요인에 의해서도 영향을 받는다.

작은 키가 중요한 화제가 되는 두 가지 이유가 있다. 하나는 여러 성장 결핍 질환으로 작은 키를 갖는 것이며, 다른 하나는 대부분의 사회에서 작은 키의 사람들에게 큰 키를 요구하여 불필요한 치료를 하게 한다는 것이다. 소아 전문병원에서는 대다수 어린아이들의 신장을 '가족성 작은 키(familial short stature)'인지 '지속적 성장 지연(constitutional growth delay)'인지 또는 둘 다에 속하는지를 확인하기도 한다. 키가 정규분포에서 왼쪽 끝에 있더라도 또래보다 1~2년 늦게 중간 키에 이른다면 사실상 건강한 아동이다.

아이들의 키가 얼마나 클지를 묻는 사람들에게 뭐라고 말할까? 태아시기에 심한 외상이나, 유아시기에 심한 질환, 또는 오랜 기간의 기아 상태가 없었던 건강한 아이들이 성인이 되었을 때의 키는 양친 부모들의 키를 근거로 단순히 계산할 수 있다. 예를 들면, 키가 163 cm인 백인 여성과 173 cm인 백인 남성의 건강한 가족에게서 태어난 아들의 키는 175 cm일 확률이 50%이다. 태어난 아이들의 약 2/3는 5 cm 정도의 편차가 있을 것이고 95%는 10 cm 내의 편차가 있을 것이다. 희귀한 유전 질환이 없음에도 불구하고 키가 큰 아이들의 경우 부모들도 대부분 크다. 키가 큰 아이들에 있어서 성인 키 추정은 부모들의 키로 계산하는 방법이 최선이다.

유전적 원인으로 성장이상 질환이 있는 소수의 아이들에게 식품의약청에서 승인한 성장 호르몬을 치료용으로 쓰려면 몇 년간 주사를 해야 한다. 이에 대해서 호르몬 사용의 적절한 평가 및 여러 임상, 윤리적 논쟁이 있다. 성장호르몬 투여는 성장 호르몬 부족 또는 희귀한 질환으로 인한 아이들에서는 효과가 있지만, 키가 작은 건강한 아이들의 키를 크게 하는 효과는 거의 없다. 3 cm 내지 5 cm 성장을 위해 몇 년간 성장호르몬을 주사하는 것에 대한 경제적, 심리적 비용을 고려해야 한다.

앞의 질문으로 돌아가, 키가 10% 이내에 속하는 유럽계인 백인 남성과 50%에 속하는 유럽계인 부인이 질문을 했다고 가정하면, 그의 아들은 평균 신장보다 8 cm 정도 작으나, 아버지보다 3 cm 내지 5 cm 정도 클 것이다. 이러한 추정은 매우 큰 오차 범위 안에 있다.

사시(Strabismus)

나는 어렸을 때 사시였다. 내 아이들이 사시일 확률은 얼마일까?

사시(약시 또는 사팔뜨기)는 시야 조절 이상으로 생기며 어린 시절에 흔하다. 아이들의 약 1~5%가 대집단 표본조사에서 사시로 조사되었다. 사시가 유전적 영향이 있음을 히포크라테스에 의해 논문으로 발표되었다. 사시는 발병 나이, 굴절성(분기성 사시 또는 상사시) 그리고 두 눈이 모두 사시인지 또는 한 눈만 사시인지에 따라 구분한다.

사시의 유전적 영향에 많은 관심을 갖지만 연구를 하기는 어렵다. 증상의 정도가 매우 다양하고 원인이 다른 사시가 많아 연구결과는 부분적인 설명에 그칠 수밖에 없다. "사시가 있는 아이의 형제들은 위험도는 높을까?"라는 질문에 대한 많은 연구들은 사시에는 여러 이형이 있어 10%에서 많게는 50%까지 매우 폭넓은 위험도를 지적하였다. 내사시(esotropia, inward deviation)의 위험도는 내사시에 걸린 아이의 형제에서 외사시(exotropia)를 가진 경우보다 더 높다.

사시가 상염색체 우성유전이라는 논문은 많지만 대부분의 경우는 부분적인 설명일 뿐이다. 환자 700명의 가족들을 대상으로 한 연구를 보면, 사시 환자는 부모 모두 건강한 경우가 25%이고, 한 부모가 사시인 경우가 35%, 그리고 부모 모두 사시일 경우가 50%이다. 사시의 유전율은 쌍생아 연구에서 확실하다. 일란성 쌍생아의 경우 한 명이 사시면 다른 한 명도 사시일 경우가 80%이다. 이와 대조적으로 101쌍의 이란성 쌍생아 연구에서의 일치율은 단지 12%에 불과하다.

사시의 전체 유전체를 대상으로 한 유전자 연구는 아직 없지만, 사시 환자의 가족들을 대상으로 한 자료를 보면 사시는 가족력이 매우 높으며 후손에 대한 위험도도 높다고 말할 수 있다.

눈 색깔(Eye color)

나와 남편은 파란색 눈이다. 우리 아이가 갈색 눈을 가질 수 있을까?

20세기 초에는 인류 유전학자들이 눈 색깔은 단일 유전자에 의한 멘델 유전 양식을 따른다고 생각했지만, 아직까지도 눈 색깔을 결정하는 유전적 요인들에 관한 지식은 완전하지 않다. 인류 유전학자이며 콜드 스프링하버연구소 연구소장이었던 데븐포트는 갈색 눈이 파란색 눈에 대해 우성이므로 갈색 눈을 가진 부모들은 파란색 눈을 가진 아이를 낳을 수 있지만, 반대의 경우는 일어날 수 없다고 주장하였다. 그러나 눈 색깔에 관해서 이 가설과는 다른 다양한 견해가 있다.

20세기 중반에는 주로 갈색과 파란색 눈 색깔 유전자들은 공우성 대립인자(codominant alleles)라고 알려졌고, 인류 유전학자인 맥쿠식은 '사람의 멘델 유전'이란 책에서 "나의 일란성 쌍둥이 형과 나는 갈색 눈이지만 나의 부모와 형제들은 파란색 눈이다."고 공우성설을 주장하였다. 1970년대에는 눈 색깔은 멜라닌의 생성과 운반에 관여하는 몇 가지 유전자들의 작용으로 생기는 표현형이라고 생각하였다.

    1980년대 연관 연구결과에서 갈색과 파란색 눈 색깔을 암호화하는 유전자가 15번 염색체에 있다고 발표되었다. 비슷한 연구에서 녹색에서 파란색 색깔의 범위에 영향을 주는 유전자는 19번 염색체 단완에 있다고 발표하였다. 그밖에도 눈 색에 영향을 주는 다른 유전자들을 발표하여 주목을 받았지만 확실한 증거는 없었다.

    눈 색깔은 여러 유전자에 의한 형질로, 적어도 2개의 주 유전자가 작용한다. 특히 갈색 눈만을 가지는 몇 가계와 인종에서 아이들의 눈 색깔을 예측하는 것은 쉬운 일이지만, 대부분의 집단에서는 부모의 눈 색깔 관찰만으로 아이들의 눈 색깔을 정확히 예측할 수는 없다.

잘 쓰는 손(Handedness, 오른손이나 왼손 중 어느 한쪽을 다른 쪽 손보다 잘 쓰는)

    왜 사람들의 90%가 오른손잡이고 10%가 왼손잡이일까?

    모든 사람이 아는 것처럼 대부분의 사람들은 유아시절에 오른손을 사용하려는 성향이 강하다. 오늘날 오른손잡이가 약 93%이며 5000년 전에도 대다수의 사람들이 오른손잡이라는 여러 증거들은 많은 민속신앙을 통해 살펴볼 수 있다. 라틴어에서 유래한 왼쪽 'left'라는 단어는 '부정적 또는 악과 같은' 어원을 가진다. 인류 역사에서는 최근까지도 왼손잡이를 이상하고 때로는 위험한 사람들로 간주했다. 오늘날 영국에

왼손잡이 수가 100년 전보다 2배 이상이라는 사실은, 빅토리아 여왕시대에 사회가 왼손잡이들을 의식적 또는 무의식적으로 통제하였다는 것을 반영하고 있다. 19세기 영국의 많은 부모들은 왼손잡이 어린이들에게 오른손을 사용하도록 강요하였다. 심지어 오늘날에도 나이든 왼손잡이들은 자기가 어렸을 때 오른손을 사용하라는 강요를 받았다고 이야기하고 있다.

잘 쓰는 손을 결정하는 유전자에 대한 관심이 많았지만 시간이 지나면서 줄어들고 있다. 멘델법칙이 사람유전에 처음 적용된 1910년에, 왼손잡이는 단일 유전자의 상염색체 열성유전이며, 이것은 왼손잡이 아이들이 양 부모에게서 한 개의 대립인자를 물려받아 그 대립인자들이 결합하여 왼손잡이가 된다는 것이었다. 오른손잡이 양친 부모에서 왼손잡이 아이들은 거의 없고, 왼손잡이 양친 부모에서 왼손잡이 아이들이 많다는 것은 유전적 사실에 근거한다. 물론 유아가 물건을 잡을 때 오른손잡이 부모들이 무의식적으로 가르치는 방식과 같은 환경적 요인에 의한 것이라고 쉽게 설명이 가능할 수 있지만, 왼손잡이의 일치율은 이란성 쌍생아보다 일란성 쌍생아에서 더 크게 나타난다. 그러나 이러한 몇몇 사실들로 유전자들의 기능을 설명하기에는 부족하다. 다른 한편으로, 입양된 아이들이 그들을 입양한 부모들보다 친부모들을 닮는 경향이 있어 왼손잡이의 유전적 영향과 일치하는 결과를 보여주고 있다.

환경적 요인이라는 많은 이론들 중에서 가장 호소력 있는 것은 엄마가 왼손으로 유아들을 안으려고 하는 경향에 영향을 받는다는 것이다. 이것은 유아의 왼손 사용을 제약하지만 엄마의 심장 소리를 들으면서 유아들은 안정을 찾게 된다. 물론, 이 가설을 실험하기는 어렵다. 1980년대 신경과학자 게슈빈트는 왼손을 잘 쓰는 것은 뇌의 운동성을 조절하는 세포의 발생적인 문제의 결과라고 추측했다. 흥미롭게도, SRD(난독증, dyslexia)는 오른손잡이 어른들에서보다 왼손잡이 어른에게서 더 흔하다는 연구들이 있다.

최근에는 잘 쓰는 손의 결정이 유전자에 연관되어 있다는 의견이 우세하다. 2002년 UCLA 게슈빈트 팀이 어른 일란성 쌍생아 72쌍과 같은 연배의 이란성 쌍생아 67쌍을 대상으로 한 뇌 영상 연구를 보면, 둘 다 오른손잡이인 쌍생아들은 뇌의 구조적 차이가 없지만, 한 명 또는 둘 다 왼손잡이인 쌍생아들에서는 뇌의 구조적 차이가 있음을 알게 되었다.

잘 쓰는 손의 결정은 어떻게 가능할까? 왼손잡이 부모들에게는 오른손잡이 부모들보다 왼손잡이 아이가 더 많지만, 실제로는 오른손잡이 아이도 있다. 왼손잡이와 난독증은 서로 연관이 있다는 믿을만한 증거도 있다. 그러나 대다수 아이들이 왼손잡이라고 해서 발생적으로 문제점이 있거나 오른손잡이라고 해서 어떠한 이점을 갖지는 않는다.

PART 4

성인 시기(Adulthood)

심장병(Heart Diseases)

동맥경화증(Coronary Artery Disease-Atherosclerosis)

나의 아버지는 심장마비로 52세에 사망하셨다. 나에게도 그럴 위험이 어느 정도 있을까?

동맥경화증은 서양에서 주요한 사망 요인이다. 1999년 미국에서 529,659명이 심장마비로 사망하였고, 미국과 유럽에서 일년간 사망한 사람들의 25% 이상이 심장마비였다. 해마다 110만 명 이상의 사람들이 심장마비를 일으키고, 그 중에서 약 40%가 사망한다. 1980년대 동안 심장마비로 인한 사망률은 거의 30% 가까이 감소하였고, 1989년부터 1999년까지 추가적으로 24%가 더 감소하였다. 그러나 노인 인구가 급격하게 증가하였기 때문에 절대적인 사망자수는 단지 7% 정도 감소하였다.

동맥경화증에 의한 사망률이 이렇게 급격하게 감소한 이유는 무엇일까? 지난 40년 이상, 수백만 미국인들이 금연과 운동을 시작하였으며, 정기적으로 고혈압에 대한 약물치료를 받았다. 최근에는 많은 사람들이 지방질을 낮추는 스타틴(statin)이라는 약물을 사용하고 있어 심장병에 의한 사망률을 감소시키는데 도움을 주고 있다. 그러나 최근에는 사망률의 감소가 줄어들고 있는데, 이것은 많은 미국인들의 과체중이 큰 원인이라고 할 수 있다. 비만은 성인 당뇨병에 주요한 위험 요소이며, 심장마비는 당뇨병의 첫번째 사망 요인이다.

심장마비는 심장근육의 일부가 죽게 되어 혈액의 흐름이 원활하게 이루어지지 않을 때를 말하는 것으로, 이것은 보통 세 개의 주요 관상동맥 중의 하나 또는 그것들의 지맥이 막혔을 때 일어난다. 심장마비는 종종 평상시 건강하다고 생각하는 사람들에게서 특별한 증상 없이 갑작스럽게 나타나는 것으로 알려져 있다. 심장마비는 10년 이상 동맥 혈관 벽에 지방이 축적된 결과로 나타난다. 이러한 지방의 축적은 복잡한 생물학적 과정을 통하여 혈전이 형성됨으로써 일어난다. 최근의 연구 결과 혈전이 서로 다른 2종류가 있는 것으로 알려져 있는데, 한 종류는 수년 동안 매우 안정적으로 존재하고, 다른 하나는 쉽게 부서져서 혈관에 달라붙어 혈액의 흐름을 막는다. 안정된 혈전이 커지면 혈액의 흐름을 방해하며, 동맥경화증의 전형적인 가슴통증인 협심증을 일으킨다. 이렇게 파이프 구멍을 막는 것과 같은 형상으로 오랫동안 생각해 왔던 현상은 최근의 동맥혈관 벽의 생물학적 특성을 알게 되면서 수정되었다. 우리는 현재 혈전이 불안정하다는 것을 알고 있다. 혈관 벽에 붙어 있던 지방 덩어리가 갑자기 떨어져 나오면서 혈액의 흐름을 막는 것이 노인들을 사망에 이르게 하는 주요 원인이다.

미국 국립보건원 산하 NHLBI(심장, 폐, 혈액 연구소)의 전문위원회에서는 최근에 콜레스테롤 검출, 평가, 치료에 대한 보고서에서 다음과 같은 내용을 분명하게 언급하고 있다. 즉, 동맥경화증을 일으키게 하는 중요한 요소는 부적절하게 높은 수준의 LDL 콜레스테롤(해로운 콜레스테롤)이며, 동맥경화증에 의한 사망 위험과 심각한 질병은 지방 대사에 영향을 끼치는 유전적 요소들과 밀접한 상관관계가 있다. 그 동안 연구된 많은 결과들을 보면 심장마비의 위험을 감소시키려면 LDL 콜레스테롤 농도를 낮춰야 하는 것으로 나타나 있다.

동맥경화증은 다인자적 질병의 전형적인 예이다. 많은 증거들이 환경적인 요인의 중요성을 강조하고 있다. 동맥경화증으로 인한 사망률은 각 나라마다 매우 다양한데, 미국이 일본보다 거의 7배나 더 높은 것으로 알려져 있다. 그러나 일본 사람들이 미국으로 이민을 가면 동맥경화증에 걸릴 위험이 증가하여 일본과 미국의 중간 정도가 된다. 이것은 동맥경화증이 음식물 및 다른 환경적인 변화와 매우 밀접한 관계가 있다는 증거이다.

많은 연구 결과 흡연, 고지방 식품, 당뇨병, 고혈압 그리고 앉아서 생활하는 습관 등이 동맥경화증을 일으키는 위험 요인들인 것으로 알려져 있다. 대체로 20년 동안 하루에 한 갑씩 담배를 피운 사람과, 성인 시기 동안 계속 높은 콜레스테롤 수준이 지속되었던 사람들은 60세에 심장마비에 걸릴 위험이 적절한 콜레스테롤 수준을 유지한 비 흡연자들보다 3배 이상 높은 것으로 나타나 있다. 특히, 잘 관리하지 못하여 오랜 기간 지속된 성인 당뇨병이 있는 경우는 심장마비에 걸릴 위험이 더 높아진다. 고혈압의 경우도 심장마비를 일으키는데 중요한 요소로 작용하지만 평상시와 다르게 갑자기 올라가지만 않는다면 그렇게 심각한 위험 요소는 아니다.

1세기 이상 동안 의사들은 동맥경화증은 특정 가계에 집중되어 나타나고 있어, 단지 환경에 의한 영향만으로는 설명할 수 없다고 생각하고 있다. 쌍생아 연구 결과를 보면 심장병 일치율이 일란성 쌍생아가 이란성 쌍생아보다 더 높은 것을 알 수 있다. 일란성 쌍생아의 일치율은 50% 정도로 높게 나타나고 있지만, 여기에는 환경적인 요인도 어느 정도 영향을 미쳤을 것이다. 일란성 쌍생아 집단에서 한쪽이 55세 전에 심장마비로 사망했을 경우, 다른 한 쪽이 똑 같은 경우로 사망할 위험은 일반 집단보다 10배 이상 높다. 비슷한 경우로, 30년 이상 친척들을 대상으로 연구한 결과 55세 전에 심장마비에 걸린 남자의 직계는 정상적인 남자의 직계에 비해 조기 사망 위험이 5배 이상 높았고, 여자 직계인 경우는 거의 7배 이상 높았다. 심장마비에 걸리는 연령이 어릴수록 가족간의 유전적 위험률은 더욱 증가한다.

어떻게 유전자가 동맥경화증의 소인이 나타나는데 영향을 주는지 알아보는 과정에서, 유전적 요인(콜레스테롤 대사, 당뇨병, 비만, 혈압)을 포함한 많은 위험 요인의 영향에 의한 만성질환의 종점이 심장마비라는 것을 알게 되었다. 동맥경화증과 매우 밀접한 관계가 있는 여러 단일 유전자 질환이 있다. 흔한 질환 중의 하나는 500명당 1명 정도로 나타나는 상염색체성 우성 질환인 가족성 고콜레스테롤혈증이다. 2003년에 클리블랜드 병원의 연구자들은 MEF2 유전자의 21개 염기쌍 결실이 상염색체성 우성형 동맥경화증의 원인이라는 것을 밝혔다. 대가족 집단을 연구한 결과 염기쌍 결실(缺失)을 가지고 있는 모든 사람들은 동맥경화증에 걸렸고, 13명의 보인자 중 9명이 60대 초반에 심장마비 증상을 나타냈다. 단일 유전자 이상이 원인이 되어 나타나는 동맥경화증은 아주 작은 일부분만을 설명하고 있지만, 이러한 연구들은 심장 질환에 있어서 더 일반적인 원인에 대한 새로운 통찰력을 제공해 준다.

표 15. 심장마비 : 쌍둥이의 사망 연령에 따른 상대적인 사망 위험률

	사망 시 나이	상대적 위험률	
		남자	여자
일란성 쌍둥이			
	36-55	13.4	14.9
	56-65	8.1	14.9
	66-75	4.3	3.9
	76-85	1.9	2.2
	>85	0.9	1.1
이란성 쌍둥이			
	36-55	4.3	2.2
	56-65	2.6	2.2
	66-75	1.7	1.9
	76-85	1.4	1.4
	>85	0.7	1.0

1994년 마렌베르 등(Marenberh M. E., Risch N., Berkman L. F., Floderus B., and de Faire U.)이 학회지에 발표한 결과를 허가받아 인용함. 학회지: Genetic susceptibility to death from coronary heart disease in a study of twins. *New England Journal of Medicine* 330: 1041-1046; ⓒ Massachusetts Medical Society.

　해마다 고콜레스테롤혈증 같은 드문 질환 없이도 50대와 60대에 수천 명의 사람들을 사망하게 하는 심장마비에 대한 유전적 영향 정도는 어떻게 알 수 있을까? 중요한 위험 요인으로 생각되는 후보 유전자들은 매우 많으며, 이것들은 다양한 형태로 심장병에 영향을 끼친다. 이들 유전자에는 혈압, 당 조절, 응고, 호모시스테인 대사, 염증 반응, 지질 대사 및 체중에 영향을 미치는 것들이 포함된다. 현재 100종류 이상의 유전자들이 존재하며, 계속적으로 추가되고 있다. 동맥경화증 유전과 관련된 많은 연구들이 진행 중에 있지만, 집단 수준에서 이들 유전자들의 상대적인 중요성은 아직 잘 모른다.
　심장병의 원인과 관련된 연구에서 가장 중요한 발전 중의 하나는 사람의 염증 반응이 심장마비의 주요한 원인인 혈전 형성과 파괴 작용

에 중요한 영향을 미친다는 것이다. 하버드 의대 리비 박사와 리드커 박사는 혈액에 LDL 콜레스테롤이 많으면 혈전의 축적을 증가시키고, 이어서 관상동맥벽에 염증을 유발하며, 만성 염증은 혈전 파괴의 위험률을 증가시킨다고 하였다. 몇 년 전에 리드커 박사는 염증의 생화학적 표지인 C-반응 단백질(CRP)의 농도를 콜레스테롤 농도와 함께 측정한 결과 심장병 위험과 관련된 또 다른 중요한 정보를 알아냈다. 2002년에 그는 증가된 CRP 농도가 심장병을 유발시키는 또 다른 중요한 위험 요소라는 것을 밝혔는데, CRP 검사는 콜레스테롤 검사처럼 쉽고 빠르게 할 수 있다.

일부 위험 환경 요소들은 가족력보다 더 중요하다. 가까운 친척 중에 65세 전에 2명 이상 사망했거나 55세 전에 1명이 사망한 경우에서와 같이 중대한 동맥경화증의 가족력을 가진 경우는 위험 신호로 보아야 한다. 앞에서 제시했던 의문에 답을 하기 위해서 아버지가 55세에 심장마비로 사망한 건강한 45세의 백인 남자가 다음 해에 심장마비로 사망할 위험률은 가족력이 없는 같은 나이의 건강한 남자보다 5배나 더 높다. 그러나 이런 가족력을 알고 정기적으로 진단을 받는다면 절대적인 사망 위험률을 크게 낮출 수 있을 것이다. 최소한 혈압, 혈당, 지질 관련 요소 등은 주기적으로 검사를 받아야 한다. 환경적인 측면에서는 운동 강도 검사를 받는 것이 좋다.

머지않아 건강한 사람들도 일상적으로 심장병의 위험 정도를 알아보기 위한 유전적 검사를 받을 수 있게 될 것이다. 그리고 다행스럽게도 가족력을 가진 사람들이 심장마비의 위험을 감소시킬 수 있는 여러 가지 방법들이 있다. 즉 금연, 규칙적인 운동, 적절한 식사, 적은 양의 아스피린 투여 그리고 낮은 콜레스테롤 수준을 유지하기 위한 스타틴 처방 등이 여기에 해당된다.

표 16. 관상동맥 질환: 가족성 위험

유병률 :

45세 전에 심근경색증에 걸린 남자의 가족에서는 그의 직계혈족의 약 40% 정도가 60세 전에 초기 동맥경화증에 걸린다.

고위험 가족에서 나타나는 특징:

초기 발병(남자는 55세, 여자는 65세 이하)
영향을 받은 가족들이 많음(특히 여자).
여러 종류의 동맥들이 관련됨.
위험 인자 변화에 적절하게 반응하지 못함.
관련된 질환(당뇨병, 고혈압, 고콜레스테롤)을 함께 갖고 있는 여러 친족이 있음.

위험률 :

부모님이 심근경색증의 병력이 있었던 경우나 동맥경화증으로 사망한 경우의 남자는 동맥경화증에 걸릴 위험이 그렇지 않은 경우보다 2배 정도 된다.

60세나 그 전에 부모님이 심근경색증의 병력이 있었던 경우의 여자는, 치명적이지 않은 동맥경화증에 걸릴 위험이 2.4배 정도 되고, 치명적인 동맥경화증에 걸릴 위험은 4.9배 정도 된다.

환자가 60세 이하의 남자인 경우, 그 직계혈족의 위험률은 5배 정도 되며, 70세 이하인 여자의 경우는 7배 정도 된다.

2002년에 출판된 리모인 등(Rimoin D.I., Connor J.M., Pyeritz R.E., and Korf B. R.)의 저서에서 허가를 받아 인용함. 저서명: *Emery and Rimoin's principles and practice of medical genetics*, 4th edition. Churchill Livingstones, London; ⓒ Elsevier

고콜레스테롤(High Cholesterol)

유전자가 콜레스테롤 수준에 얼마나 많은 영향을 미칠까? 나는 건강에 좋은 음식을 섭취하지만 여전히 콜레스테롤이 200 이상이다.

콜레스테롤의 비정상적인 대사가 심장마비의 위험을 증가시킨다는 명확한 증거가 제시된 후, 우리 몸에서 어떻게 지질대사와 지질단백질의 재순환이 이루어지는지에 대한 관심이 고조되었다. 많은 연구로 지질대사 이상을 유전학적으로 이해할 수 있게 되었고, 지난 40년 동안 몇몇 지질대사의 유전적 이상이 확실하게 밝혀지기도 하였다. 예를 들어 가족성 고지혈증(FCH)은 약 100명 당 1명 정도로 나타나는데, 이것은 아포B(apo B)단백질과 초저밀도지질단백질(VLDL) 모두가 높은 수준을 유지할 때 나타나는 이상이다. 그러나 일반적으로 흔한 유전적 변이들이 해로운 콜레스테롤인 LDL과 이로운 콜레스테롤인 HDL의 혈액 내 농도에 어떻게 영향을 미치는지는 아직도 잘 모른다.

우리 몸은 에너지를 얻기 위하여 두 가지 방법으로 지질을 섭취하는데, 하나는 음식물을 통하는 것이고, 또 다른 하나는 간에서 합성하는 것이다. 음식물을 통하여 얻게 되는 지질은 세포의 에너지원으로 쓰일 수 있도록 빠르게 분해되는 카일로미크론(chylomicron)이라는 복합체로 소장으로부터 순환계로 들어온다. 간은 LDL과 HDL로 빠르게 분해되는 VLDL 입자로 분비시킬 수 있는 지방을 합성한다. HDL은 콜레스테롤을 세포에서 간으로 운반시켜 몸에서 콜레스테롤을 제거시킬 수 있게 하기 때문에 이로운 지질단백질이다.

각 연령대에서 혈청 내 콜레스테롤 농도가 올라가면 사망 위험도 증가하는 것으로 알려져 있다. 30만 명 이상의 남자들을 대상으로 연구한 결과, 콜레스테롤 농도가 290 mg/dl 이상인 사람들의 사망률은 150 mg/dl인 사람들보다 4배나 더 높다. 최근의 연구 결과, 이로운 콜레스테롤(HDL)이 더 높으면 사망률은 더 낮아지는 것으로 나타났다. 실제로 HDL은 세 가지 형태가 존재하는데, 그 중에 중요한 두 가지 형태가 심장병을 막아주는 것으로 알려져 있다. 또한 LDL과 별도로 다른 지질단백질인 Lp(a)의 농도도 동맥경화증의 위험과 상관관계가 있는 것으로 알려져 있다.

많은 가계와 쌍생아 연구 결과 유전자들이 지질대사에 매우 큰 영향을 미치는 것으로 알려져 있다. 이 책에서 많이 논의하고 있는 지질대사는 여러 유전자들의 조절을 받고 있으며, 이들 유전자 모두 각각 약간씩 영향을 미친다. 그러나 이들 유전자들도 함께 작용하여 우리 몸에서 음식물의 지방을 어떻게 처리할 것인지를 결정하기도 한다. 지질의 농도가 높다 낮다 하는 정의는 자의적인 것이다. 미국의 기준은 10% 이상 높은 것을 높다고 정의한다. 그러나 부유한 나라의 사람들은 고지방 음식물을 섭취할 것이고 정상 기준 값도 높을 것이다. 미국인들의 지질 농도를 아프리카와 아시아의 가난한 나라에서 살고 있는 사람들과 비교하면, 대부분의 사람들이 매우 높은 콜레스테롤 농도를 가지고 있다고 할 수 있다.

지질 농도는 여러 가지 다른 조건들에 의해 많은 영향을 받는데, 가장 중요한 조건은 흡연, 비만, 당뇨병, 과다한 알코올 섭취, 갑상선 기능, 피임약 등이다. 비만은 낮은 HDL 농도와 관계가 있고, 당뇨병은 높은 LDL, 알코올 중독은 높은 VLDL, 갑상선기능 저하증은 높은 LDL, 피임약은 높은 VLDL과 관계가 있다. 당뇨병 환자의 중요한 사망 원인은 심장병이다.

유전자가 콜레스테롤 농도에 어느 정도 영향을 미치는지에 대해서는 더 많은 연구가 이루어져야 하겠지만, 유전자가 중요한 영향을 미친다는 것은 분명하다. 다행스럽게도 유전적 원인으로 높은 콜레스테롤 농도를 가진 대부분의 사람들은 여러 가지 방법으로 그것을 크게 감소시킬 수 있는데, 음식물, 운동, 콜레스테롤을 낮추는 약물 이용 등이 체

내의 콜레스테롤 농도를 낮추는데 많은 도움을 준다.

고혈압(High Blood Pressure)

나의 어머니와 이모는 모두 고혈압인 것으로 나타났다. 내가 고혈압일 위험은 어느 정도일까?

고혈압은 흔하다. 선진국 성인 집단의 약 25%가 고혈압을 가지고 있는 것으로 알려져 있으며, 75세 이상에서는 50% 이상인 것으로 알려져 있다. 남녀 간의 차이는 거의 없으며, 미국의 어느 연령에서는 흑인들이 백인들보다 2배 정도 많다. 왜 흑인들이 백인들보다 고혈압이 많은지 아직까지는 분명하게 알 수 없다.

고혈압을 유발시키는 많은 위험 요소들이 알려져 있는데, 이것들은 고염 음식물, 고지방 음식물, 저칼륨 음식물, 저칼슘 음식물, 비만, 알코올 과다섭취, 스트레스 그리고 운동 부족 등이다. 고혈압이 생기는 정도는 사회적 상황에 따라 매우 다양하다. 일반적으로 저개발 국가에서 고혈압이 훨씬 적게 나타난다. 이것은 저개발 국가의 국민들이 선진국 국민들 보다 스트레스를 덜 받으며 살고, 육체적 활동을 더 많이 하여 비만인 사람이 훨씬 더 적으며, 지방과 소금이 적은 음식물을 섭취하기 때문이다. 그러나 지금까지 그 중요성에 비해 유전적인 요소들이 어느 정도 영향을 미치는지에 대한 연구는 거의 없는 상태이다.

많은 연구 결과 미국에서 사망 원인 각각 1위와 3위인 심장마비와 심장발작 위험은 혈압이 증가함에 따라 증가하는 것으로 나타나 있다. 따라서 이러한 사실은 우리들이 평상시 혈압을 낮추기 위해 꾸준히 노력해야 한다는 것을 말해준다. 1997년과 2003년 사이에 고혈압의 공식적인 정의는 3번 측정했을 때 모두 최고 혈압이 139 mm 이상 또는 최저혈압이 89 mm 이상인 경우였다.

2003년에 미국 국립 심장, 폐 및 혈액 연구소에 모인 전문가들은 정상 혈압 중 높은 값을 가진 사람들에서 심장 발작과 심장마비의 위험률이 증가한다는 증거들을 근거로 정상 혈압에 대한 새로운 기준을 제시하였다. 새로운 기준에 따르면 최고혈압은 120 이하이고 최저혈압은 80 이하이다. 이 수치보다 약간 더 높은 혈압(140과 90 이하)을 가진 사람들은 고혈압의 전 단계인 것으로 간주하고, 식생활을 개선하면서 운동량을 증가시킬 것을 조언한다. 혈압이 140/90과 160/100 사이인 사람들은 1단계 고혈압으로 간주하고, 생활습관을 바꾸도록 조언한다. 그리고 혈압이 160/100 이상인 사람들은 2단계 고혈압으로 약물치료와 함께 생활습관을 바꾸어야만 한다.

새로운 기준에 따라 혈압을 낮추어야 할 사람들이 크게 증가하였다. 현재 미국인들의 경우 약 5,000만 명이 고혈압인 것으로 나타나 있다. 새로운 기준이 매우 엄격한 측면은 있지만, 전문가들은 국민들의 혈압을 낮추게 되면 심장발작은 40%, 심장마비는 20% 감소시킬 수 있다고 말한다. 고혈압을 갖고 있는 사람들의 5% 이하는 그들의 건강상태와 분명한 관계가 있고, 1% 이하의 사람들은 한 개 이상의 유전자와 관계가 있다. 따라서 고혈압을 갖고 있는 대부분의 사람들은 원인을 알 수 없는 본태성 고혈압이다.

1920년 이래 고혈압은 유전하는 것으로 알려져 왔다. 일란성 쌍생아를 대상으로 한 연구 결과를 보면 혈압의 일치도가 이란성 쌍생아에 비해 약 2배 정도 높은 것으로 나타나 있다. 입양아를 대상으로 한 연구 결과를 보면, 아이의 혈압은 양부모보다 친부모와 훨씬 더 가깝게 나온다. 약 80%가 사촌끼리 근친결혼하는 칠레의 한 마을을 대상으로 연구한 결과를 보면, 혈압을 결정하는 데는 유전자가 어느 정도 영향을 미치는지 알 수 있다. 즉 대가족 12명의 형제자매 혈압의 상관계수는 0.6으로 매우 높았다.

분자생물학적인 기술과 도구를 이용하여 많은 과학자들이 고혈압에 영향을 미칠 수 있는 여러 유전자들을 조사하였다. 1999~2000년 동안 최소한 7개의 과학자 그룹에서 고혈압이 유전체의 특정한 영역과 관계가 있다는 연구 결과를 발표하였다. 2003년 말까지 22개의 유전체를 조사하였는데, 다른 형질과 마찬가지로 고혈압도 동맥 혈관벽의 구조, 흡연 경력, 몸무게, 키와 같은 다양한 많은 요소들에 의해 영향을 받을 것으로 예상은 하지만, 그 결과는 아직 확실하게 알 수 없는 상태이다.

그러나 중요한 발전이 있었는데, 아만파 집단[1])을 연구한 결과, 2번 염색체에 존재하는 유전자와 중요한 관련이 있는 것으로 나타났다. 플레이밍함 심장 연구에 참여한 332가계의 1,700명을 대상으로 한 또 다른 연구 결과에서 17번 염색체에 존재하는 유전자와 통계적으로 유의한 관련성이 있는 것으로 나타났다. 대단히 많은 중국 사람들을 대상으로 연구한 결과, 고혈압은 15번 염색체에 존재하는 유전자와 관련이 있는 것으로 나타났다.

다른 방향의 연구 결과를 살펴보면, 일부 과학자들은 기능을 알고 있는 어떤 유전자들이 혈압을 결정하는데 중요한 역할을 한다고 가정하고 있다. 이 후보 유전자들을 대상으로 한 연구는 의미있는 결과를 제공한다. 예를 들어, 중요한 호르몬인 안지오텐시노겐 유전자의 일부 변이체는 고혈압의 위험률을 크게 증가시키는 것으로 알려져 있다. 거의 3만 명을 대상으로 한 69번의 연구 결과, AGT235TT 변이체는 고혈압의 위험률을 30%까지 증가시키는 것으로 나타났다. 또 다른 유전자인 α-아두신 유전자를 연구한 결과, 그 유전자의 일부 변이체는 염-감수성 고혈압에 중요한 영향을 미치는 것으로 나타났다. 12개 이상의 다른 유전자를 대상으로 한 연구 결과에서도 이들 유전자들의 몇몇 변이체들이 고혈압의 위험률을 약 2배 증가시키는 것으로 확인되었다.

어떤 하나의 유전자 이상으로 심각한 고혈압의 위험을 갖고 있는

---

1) 술을 마시지 않고 뚱뚱한 사람이 거의 없는 매우 흥미로운 집단. 따라서 두 가지 환경적인 요인은 제거됨

사람들의 경우, 고혈압의 위험성을 예측할 수 있는 검사는 전혀 없는 상태이다. 직계 혈족에서 고혈압에 대한 가족력은 그렇지 않은 사람이 고혈압의 위험에 처할 확률보다 대략 2배 정도 높다. 가장 단순한 조언이 최선의 방법인 것 같다. 즉, 부모님이나 형제자매가 고혈압을 갖고 있는 사람인 경우에는 규칙적으로 혈압을 측정하면서 주의를 기울이는 것이 매우 중요하다. 사실은 고혈압을 갖고 있지 않은 가족력이 있더라도, 규칙적으로 혈압을 측정하면서 주의를 기울이는 것이 건강을 유지하는 지름길이다.

심근증(Cardiomyopathy)

나의 아버지는 심근증을 가지고 계신다. 이 질환은 어떤 특징이 있는가?
심근증에 유전자가 관련 되어 있는가?

심근증은 심장마비를 야기시키는 많은 장애들을 설명하기 위한 용어이다. 심근증에 대한 1차적인 원인은 심장 동맥의 질환, 고혈압, 혹은 심장 판막의 기능 손상이 아니다. 다시 말해, 심근증이란 심장마비 이외의 원인 때문에 심장의 펌프질이 안 되는 것이다.
심근증에는 심실 비대성, 심실 팽창성, 심실 억제성 세 가지 종류가 있다. 첫째는 비대성 심근증(hypertonic cardiomyopathy, HCM)으로 심장의 심실이 유별나게 두꺼우며, 수축할 때 매우 높은 압력을 만들어낼 수 있다. 심한 환자의 경우 커다란 심실이 실제로는 펌프하고자 하는 혈액의 흐름을 방해하기 때문에 갑자기 죽을 위험이 있다. 두 번째는 팽창성 심근증(dialated cardiomyopathy, DCM)으로, 환자의 심장은 이 장애가 진행된 단계에서는 심실이 얇아지고, 늘어지며, 심실이 수축할 때 상대적으로 약한 펌프력을 만들어낸다. 세 번째는 매우 드문 경우로 억제성 심근증(restrictive cardiomyopathy)이다. 이 환자에서는 심장의 유연성을 없애는 근섬유의 손상이 일어나거나 혹은 수축을 제한하는 여러 물질들이 근섬유 속으로 스며들어 심실이 빈약하게 수축한다. 대부분의 경우가 환경적인 요인에 기인한 것이지만, 매우 드물게 단일 유전자 이상에 의해 이러한 형태의 심장병이 유발되기도 한다. 또한 심근증을 야기시키는 것으로 근육위축증을 포함하여 적어도 6가지의 신경근육 장애가 있다. 각각은 특정한 유전자 돌연변이에 의해 유발되며, 일단 질병에 걸린 사람이 확인되면 친척들이 이 질환에 걸릴 위험성을 쉽게 예측할 수 있다.

심근증은 가족력이 높은 질병이다. 약 70%의 환자는 가족력을 가지고 있으며, 이 질환은 몇몇 우성으로 작용하는 유전자의 돌연변이가 원인으로 나타나고 있다. 장애의 심한 정도, 증상이 시작되는 연령 그리고 심장마비 혹은 갑작스런 죽음에 대한 가족력이 매우 다르기 때문에, HCM은 종종 실제보다 나중에 확인되거나 전혀 알지 못한 채 지나쳐버린다. 불행하게도 심근증은 십대 혹은 대학생 연령의 사람에서의 갑작스런 죽음의 원인이 된다. 운 좋게도 심근증 진단은 심장에 대한 초음파 검사를 통하여 보통 쉽게 확인할 수 있다. 불행하게도 이러한 조사는 가족 중의 한 사람이 죽은 후에야 종종 이루어진다.

지난 20년 동안 HCM에 대한 많은 궁금증들이 크게 해소되었다. 하버드 대학의 크리케트(Crickett Seidman) 박사의 주도 아래, 연구팀은 돌연변이 시 심근증을 유발할 수 있는 여러 유전자들을 찾아냈다. 2003년에 과학자들은 적어도 10개의 원인 유전자를 발견하였으며, 이들 각각에 대하여 심도 있게 연구를 진행하였고, 그 결과 100개 이상의 돌연변이가 발견되었다. 25년 전에는 HCM의 대부분이 원인을 알 수 없는 돌발적으로 나타나는 병으로 알려졌지만, 오늘날에는 80~90%가 1차적으로는 유전적이라고 생각한다. HCM을 연구하기 위하여 점점 더 많은 관심을 쏟은 결과, 이것을 가지고 있는 사람의 수가 꾸준히 증가하고 있다. 약 3,000명 중 한 사람이 심한 형태의 심근증을 가지고 있으며,

미국인으로 따지면 약 100,000명이 이 형태를 가지고 있다. 약 500명 중 한 사람은 약하기는 하지만 아직도 심각한 수준의 심근증을 가지고 있다.

HCM 유전자 중 어떤 돌연변이는 다른 것보다 갑작스럽게 초기에 죽음을 일으키는 것과 매우 높게 관련되어 있다는 여러 증거들이 있다. 증상이 심한 약 25%의 경우에는 유전적인 결함으로 심장에서 혈액이 흘러나가는 것이 방해되며, 나머지 75%의 경우에는 그렇지 않다. 이 질환은 상담하기가 어렵고 다루기도 쉽지 않다. HCM 돌연변이가 초기의 갑작스런 죽음을 유발할 위험성이 큰 가족에서는 부모와 의사들은 장애가 있는 어린이들에게서 비정상적인 심장박동을 억제하기 위한 약이나 심실 근육의 세동 제거기(defibrillator)를 이식하는 것과 같은 복잡한 질환 억제 방법을 심각하게 생각해야 한다. 지난 몇 년간 많은 센터의 전문가, 특히 미국 휴스턴에 있는 베일러 심장 클리닉에서는 에탄올 제거라고 하는 기술로 성공을 거두고 있는데, 이 기술은 비대해진 심장근육을 없애준다.

나이에 상관없이 한 개인의 비대성 심근증은 유전성인 것으로 본다. 더구나 의심되는 유전자가 우성으로 작용한다고 생각해야 한다. 부모, 형제자매 및 새롭게 질병을 가지고 있는 것으로 진단받은 사람의 자식들은 같은 돌연변이를 가지고 있을 확률이 1/2은 된다고 보기 때문에 즉시 검사를 받아 보는 것이 좋다.

팽창성 심근증(DCM)은 대개 비유전성이며, 원인으로 꼽히는 것은 주로 심장 근육을 공격하는 바이러스, 만성적인 음주, 자가면역 질환 및 다양한 심장마비 등이 있는데, 이것들은 너무 많은 근육을 손상시킴으로써 근육이 축 처져 있게 된다. 30년 전의 교과서에서는 대부분의 경우에 원인을 알 수 없다고 기술하였다. 그 후 유전자 돌연변이에 의한 DCM 질환의 비율이 1%에서 30% 혹은 그 이상으로 꾸준히 증가하고 있다. DCM에 대한 전형적인 환자는 운동할 때 특별하게 피곤함을 느끼는 40~50세 정도의 사람들이다. 이것은 운동할 때 심장에 부과되는 요구량을 충족시켜 주지 못하기 때문에 나타나는 증상이다. 심한 음주, 심장의 바이러스 감염, 또는 심장마비 증후군 없이 DCM 증상을 보이면 유전적인 원인일 가능성이 매우 크다.

DCM은 HCM보다 더 흔하다. 현재의 평가로는 단지 약 10,000명 중 1명 정도가 DCM을 가지고 있으며, 이것은 확실히 낮게 평가된 것이다. 마요클리닉에서 DCM을 가지고 있는 것으로 진단받은 59명에 대한 가족력 연구에서 미카엘 박사와 동료들은 조사를 받은 325명의 가족 중에 18명이 질환에 영향을 받는 것을 확인하였다. 적어도 가족 중에 약 20%가 영향을 받는다는 것이다. 영국과 캐나다에서도 유사한 연구 결과를 얻었다. DCM은 종종 가족력이 있지만 질병이 한 사람에게서 많이 진전되기 전까지는 잘 확인되지 않는다.

1995년부터 2000년까지 DCM을 가지고 있는 많은 가계들을 연구하여 질환과 관련된 10개의 유전자를 확인하였다. 뿐만 아니라 라민 A(Lamin A)와 심장 액틴(cardiac actin) 유전자에서 돌연변이가 생기면 모든 종류의 심근증에 일정 부분 원인이 될 수 있다는 것을 알게 되었다. 불행하게도 DCM의 유전적인 특징은 HCM의 경우보다 잘 알려져 있지 않다. 제한된 연구 결과에도 불구하고, 심장마비나 알코올 과다 섭취와는 관련이 없는 것으로 보아, DCM은 유전자에 의해 강하게 영향을 받으며, 직계 및 형제자매 간에서 이 증상을 갖게 될 가능성이 높다고 봐야 한다. DCM은 몇 년에 걸쳐 천천히 진행되기 때문에 일반적인 검사로는 찾아낼 수 없다. 직계 및 형제자매는 아직 증상이 없더라도 2~3년마다 주기적으로 검사 받아야 한다. 일단 관련 유전자가 확인되고 원인성 돌연변이가 발견되면 사전 증후검사를 받아볼 것을 제안할 수 있다.

DCM 돌연변이를 지닌 사람들이 할 수 있는 많은 행동들이 있다. 술과 담배를 끊고, 살이 찌지 않도록 하며, 콜레스테롤의 수치를 낮추고,

규칙적인 진료를 받고, 비정상적인 심장 리듬을 억제하는 약을 복용하는 것이다. DCM을 지닌 환자가 다른 원인을 제시하는 의학적 기록이 없다면 유전적인 원인을 생각해야 한다. 이 경우 가족들에게 알려 적절한 약을 복용하게 하는 것이 필요하다.

폐색전(Pulmonary Embolism)

나의 할아버지는 부서진 골반뼈가 회복되는 동안 폐색전으로 돌아가셨다. 나도 폐색전에 걸릴 위험성이 있는가?

폐색전은 다리나 골반에 있는 정맥에서 응고된 혈액이 부서진 후, 심장의 우심방과 우심실을 거쳐 몸통으로 혹은 폐동맥으로 이동하여 혈액이 폐로 흐르는 것을 방해할 때 일어난다. 방해 정도가 클수록 폐와 심장 기능에 더 큰 영향을 준다. 심한 정맥 혈전증(venous thrombosis, DVT)은 혈액의 응고가 혈전으로 발전하여 폐색전의 원인이 되는 상태를 말한다.

폐색전은 미국인에게 매우 높은 사망 원인이 되고 있으며, 매년 5만 명의 미국인이 이로 인해 죽는다. 전문가들은 폐색전을 가지고 있는 사람의 약 10%만이 죽는 것으로 평가한다. 이 계산에 따르면 매년 약 50만 명의 미국인이 폐색전에 걸리는 셈이다. 이 판단이 그럴듯해 보이는 이유는 미국에서 매년 30만 명 이상의 사람들이 폐색전으로 힘들어 하며, 또한 이렇게 많은 환자 수 때문에 의학적인 관심의 대상이 될 수밖에 없다. 매년 20만 명의 사람들은 임상적으로 확인되지 않는 경미한 폐색전을 가지고 있을 가능성이 매우 높은데, 이것은 병원을 찾을 만큼 걱정스러운 증상을 나타내지 않기 때문이다. 이러한 폐색전의 특징 때문에 의사들은 심지어 꽤 심각한 폐색전도 진단하지 못하고 넘어가는 것이 보통이다. 갑자기 죽은 환자에 대한 부검 결과를 통해 폐색전이 당시 사망원인의 30%를 차지한다는 의사들의 추정치가 보고된 바 있다.

혈전증은 매년 미국인 500명 중 1명에게 나타난다. 혈전증에 걸리기 쉽게 하는 3가지 요인으로는 빈약한 혈액 순환, 비정상적인 정맥, 혈액 응고를 유발하는 응고 과정의 오류 등을 들 수 있다. 갑자기 폐색전으로 죽는 사람의 전형적인 모습은 오랜 시간 동안 병상에 누워 있다 모세혈관이 터져 심장마비에 걸린 노인이다. 임신을 하면 혈전증에 걸릴 가능성이 있으나 치명적이지는 않다. 젊은 여성이 경구용 피임약을 복용하면 폐색전에 걸릴 확률이 2배로 높아지지만, 그래도 전체적으로는 낮은 편으로 약 2만 명 중 한 명꼴로 걸린다. 폐색전은 악성 종양을 가지고 있는 사람에서 더 흔한데, 이는 혈액 응고 시스템에 영향을 주기 때문이다. 폐색전은 심장병, 폐기종, 다리에서의 만성적인 정맥류, 몇몇 암과 같은 무서운 합병증을 나타낸다.

혈전증이 45세보다 젊은 사람에게서 나타나고, 재발하며, 가족력이 있다는 것은 이 질환이 유전된다는 것을 의미한다. 가족력은 젊은 환자들의 절반에서 나타난다. 모든 혈전증의 5~10% 정도만이 3개의 특이한 단일 유전자 이상에 의해 일어난다. 이들은 항트롬빈 III 결핍, 단백질 C 결핍, 단백질 S 결핍으로 알려져 있다. 1,000명 중에서 한 명보다 적은 확률로 이러한 질병 하나를 가지고 태어난다.

혈전증과 폐색전에 대한 주요 유전적 위험 요소는 혈액 응고 시스템에 영향을 주는, 과다응고 상태를 만들어내는 돌연변이들이다. 이들 중에는 신체의 자연적인 항응고제 중 하나 혹은 그 이상에서의 결핍 때문인데, 특히 인자 V 라이덴(Factor V Leiden)[1]이라는 응고인자 V의 변이체이다. 또한 매우 드물게 프로트롬빈 단백질의 이상에 기인하기도 한다. 약 25명 중 한 명에서 인자 V 라이덴 돌연변이로 인한 폐색전이 나타나기 때문에, 이 변이에 대한 유전적인 검사가 광범위하게 이루어지고 있다.

---

[1] 라이덴은 이것이 발현된 도시의 이름을 딴 것임

지난 10년 동안 과학자들은 인자 V 라이덴 돌연변이가 혈전증에 걸린 환자에서 20~40%나 나타나는 것을 발견하였는데, 이는 예상했던 것보다 7배나 더 많았다. 이 때문에 외과수술 후 오래 동안 병상에 누워있어야 하는 사람들은 이 돌연변이에 대하여 검사를 받게 되었다. 가장 일반적인 돌연변이 중의 하나는 R506Q이며, 이 돌연변이로 인하여 경구용 피임약을 먹는 여성은 혈전증과 폐색전에 걸릴 위험이 있기 때문에 흥미를 끈다. 이 돌연변이에 대하여 잠재성을 가진 여성이 임신을 하면 혈전증에 걸릴 확률은 1/500이 된다. 프로트롬빈 유전자(G20210A)에 돌연변이를 가진 여성은 혈전증에 걸릴 확률인 1/200이 된다. 드문 일이지만 두 가지 돌연변이를 가진 여성이 임신을 하면 혈전증에 걸릴 확률이 1/20이 된다. 지금까지 대부분의 전문가들은 임신한 여성은 인자 V 라이덴 결핍에 대하여 정기적으로 검사를 받아볼 것을 권해 왔는데, 비용을 들인 만큼 의약적인 혜택을 얻지 못해 논란이 되고 있다. 그래도 가족력이 있는 경우 의사들은 환자들이 진단을 받도록 하고 있다.

    가까운 친척이 45세 이전에 알 수 없는 이유 때문에 혈전증을 가질 경우, 자신이 폐색전에 걸릴 유전적인 위험성을 안고 있다고 생각해야 한다. 이러한 사람은 인자 V 라이덴 및 관련된 요소들에 결함이 있는지 조사해 보아야 한다. 원래의 질문으로 돌아가서 조부모가 폐색전으로 돌아가셨다는 단순한 사실만으로는 이 질환에 걸릴 위험성이 크게 증가하지는 않고, 또한 확실히 어린 나이에 폐색전에 걸릴 위험성이 있다고 할 수 없다. 그러나 만약 부모가 65세가 되기 전에 폐색전으로 죽었다면 유전적인 요인이 작용했을 것으로 의심해 보아야 한다.

갑작스런 죽음(급사-Sudden Death)

건강하던 29세의 내 사촌이 갑자기 죽었다. 갑작스런 죽음에 대한 유전적인 원인이 있는가?

미국에서는 매년 약 30만~40만 명의 사람이 갑자기 죽는다. 갑자기란 의미는 아프기 시작한지 몇 분 안에 죽는 것을 말한다. 이 중 약 20만 명이 60세 이하의 비교적 적은 나이의 사람들이다.

멀쩡하게 건강한 사람이 갑자기 죽는 것에 대한 원인으로는 많은 것들이 거론된다. 주원인으로 생각되는 것은 나이에 따라 상당히 다르다. 약 40세에는 첫 번째 심장마비에서 절망에 가까운 비정상적인 심장박동으로 나타나는, 뜻밖의 관상동맥 질환(CAD)이 주원인이다. 그러나 30세 이전에는 관상동맥 질환이 큰 원인이 되지 못한다. 이미 심장마비를 다루었기 때문에 여기서는 상당한 유전적인 위험 요소를 가지고 있는 어떤 다른 조건들을 다루고자 한다. 갑자기 죽은 젊은 남녀와 가까운 친족들은 이러한 상황들을 항상 생각해야 한다. 이러한 불행한 사람을 부검하는 것은 결국 가족들을 위하는 길이다.

갑작스런 죽음의 한 가지 원인으로 심장에서의 전류 시스템의 이상을 들 수 있는데, 이것은 심장에서 혈액을 펌프질할 수 없게 만든다. 이들 가운데는 긴 QT 증후군(long QT syndrome)이 있는데 항상 그런 것은 아니지만 심전도를 측정함으로써 알 수 있다. 돌연변이 시 긴 QT 증후군을 야기시키는 유전자가 적어도 6개 있다. 이들 중 셋은 KCNQ1, KCNH2, SCN5A로 이들은 종종 LQT1, LQT2, LQT3로 불려지기도 하는데, 이 증상을 유발하는 주범에 속한다. KCNQ1과 KCNH2의 유전자는 K^+ 이온이 세포막을 가로질러 가는 것을 조절하며, SCN5A 유전자는 Na^+의 세포막 이동을 조절한다. 이 두 이온의 흐름이 적절하게 이루어져야 심장에서 전류 흐름이 잘 진행된다.

2003년에 이탈리아의 파비아에 있는 심장전문의와 분자생물학자들은 이 세 유전자 중의 하나에서 돌연변이를 가지고 태어난 사람들을 조사하였다. 특히 40세 전에 졸도, 심장 마비, 급사를 한 사람들에 대한 주원인을 연구하였다. 647명의 환자들 중에 1/3 이상이 이러한 증상 중의 하나로 고통을 받았다. 전반적으로 LQT1 돌연변이를 가지고 있는 사람의 10%는 심장마비에 걸렸거나 죽었으며, LQT2를 가지고 있는 사람의 20%, LQT3를 가진 사람의 15%도 유사한 증상으로 고통을 받았다.

　　이 유전 장애 중의 하나는 우성으로 유전되고, 다른 것들은 열성으로 유전된다. 따라서 긴 QT 증후군으로 판단되면 부모, 자식 그리고 형제, 자매들은 조심스럽게 의학적인 조사를 받아 보아야 할 것이다. 이러한 유전자들 중의 하나에서 돌연변이를 가지고 있는 사람들 중 1/3은 돌연변이에도 불구하고 정상적인 심전도를 보여주기 때문에 DNA 검사로는 질환을 판단하는데 조심스러워진다. 긴 QT 증후군을 전공한 심장전문의는 LQT3 돌연변이를 가지고 태어난 사람과, 심전도에서 이상이 있으면서 LQT1을 가지고 태어난 모든 사람에게 전류 흐름의 이상을 감소시키는 약을 처방한다. LQT2 돌연변이가 있는 사람에 대한 치료는 성별과 심전도 결과를 기초로 이루어지는데, 여성이 이 질환에 걸릴 가능성이 더 높고, 남자들은 비정상적인 심전도를 가지고 있어도 치료가 되는 등 성별적인 차이가 있다.

　　급사에 대한 또 다른 이유로는 브루가다 증후군(Brugada syndrome)으로, 이 질환을 규명하였던 두 의사 형제의 이름을 딴 것이다. 이 질환은 일반적인 심전도 검사를 통해 어느 정도 발견할 수 있는데, 심장의 오른쪽 부위에서 뻗어나간 혈관 다발이 막혀 있거나, 심전도에서 ST의 증가가 보이면 브루가다 증후군으로 의심된다. 이러한 증후군은 예전에 생각한 것처럼 드물게 나타나는 것은 아닌 것 같다. 동남아시아 국가에서는 이 증후군과 유사한 질병이 광범위하게 보고되고 있다. 필리핀에서는 자다가 일어나 고통을 호소하는 병이라고 해서 반건것(bangungut)이라 하고, 라오스에서는 자다가 죽는다는 의미의 논라이타이(non-laitai)로, 그리고 일본에서는 포쿠리(pokkuri)라고도 불린다.

심지어 심장박동 장애보다 더 중요한 것은 이미 소개된 비대성 심근증이다. 이 질환은 젊은 운동선수의 갑작스런 죽음에 대한 주원인이 되고 있는데, 조사한 바에 의하면 갑작스럽게 죽은 25% 이상이 비대성 심근증이 원인으로 생각된다. 이 질환은 심실벽이 매우 커져 있는 것이 특징이다. 운동을 하는 동안 심장에 대한 요구가 커지면 관상동맥에서 혈액이 흘러가는 혈관들, 즉 심장 근육에 양분을 제공하고 박동을 전달하는 세포들을 지원하는 혈관들에 압력을 가하게 된다. 이로 인해 세포가 에너지를 내는데 이용할 산소가 부족하여 치명적인 심장박동 이상을 일으키게 된다. 비대성 심근증으로 죽은 대표적인 경우는 더운 날에 테니스를 한 후에 수영장으로 뛰어들었다 죽은 십대나 젊은이들의 경우가 좋은 예가 될 것이다.

젊은 운동선수가 갑자기 심장마비로 죽는 이유는 심근종 이외에도 심장박동을 멈추게 하는 둔감한 외상(blunt trauma)이다. 심장마비의 20% 이상이 이 때문에 일어나는 것으로 여겨진다. 이러한 죽음은 유전적인 것과는 관련이 없어 보인다. 몇몇 가족에서 갑자기 죽은 사람을 검시했을 때 복부의 대동맥이 파열되어 있는 특이한 경우를 볼 수 있다. 보통 이러한 죽음은 50대와 60대에 일어나는 경향이 있다. 이러한 드문 가족력 증상은 아마도 우성으로 작용하는 유전자 혹은 유전자들에 의해 일어나는 것으로 보인다.

캐나다의 심장전문의는 남자에게서 급사를 유발하는 우심실 심근증(ARVM)의 경우, 드물지만 이식 가능한 심실 근육의 세동제거기(ICD)를 설치하면 생명을 구할 수 있다는 것을 보여주었다. 5년간 11가계를 더 연구한 결과, ICD를 설치한 환자가 죽은 경우는 없는 반면 대조군에서 유사하게 영향을 받은 가족들 중 28%가 죽었다. 이 장의 서두에서

제 4 부 성인 시기(Adulthood) 149

한 질문에 대한 답은 60세 이전에 가까운 가족이 이유없이 갑자기 죽는 경우는 유전질환일 가능성으로 생각해 보아야 하며, 철저하게 의학적으로 조사를 받아보아야 한다. 죽는 나이가 젊을수록 관심을 더 가져야 한다.

대동맥류(Aortic Aneurysms)

나의 아버지는 65세에 복부의 동맥류가 파괴되어 돌아가셨다. 내가 같은 상황에 놓일 위험은 얼마나 될까?

동맥류(動脈瘤)는 동맥혈관벽이 얇아진 곳에서 부풀어 오른 것이다. 동맥류는 뇌의 혈관을 제외한 어떤 동맥에서도 일어날 수 있지만, 주 관심 혈관은 대동맥이다. 대동맥류는 위치에 따라 분류된다. 신장 위 지역은 가슴 지역에서, 신장 아래 지역은 복부 지역에서 나타낸다. 동맥류의 원인으로는 마판 증후군(Marfan syndrome)과 같이 혈관벽의 주성분인 콜라겐 단백질의 구조에 영향을 주는 한 유전자에 의한 장애로부터 만성적인 감염에 이르기까지 매우 다양하다. 항생제가 사용되기 전에는 수 천 명의 사람들이 매년 매독으로부터 야기된 대동맥류의 파열로 죽었다.

오늘날, 이 주제를 가지고 연구하고 있는 사람들은 대부분의 동맥류가 혈관벽을 구성하는 연결조직을 점진적으로 부식시키는 많은 요인들이 상호작용을 보여 일어난다는 것에 동의한다. 예를 들면, 혈관 구조를 형성하는 콜라겐과, 탄성섬유를 파괴시키는데 핵심적으로 관여하는 4 종류의 효소는 동맥류를 가지고 있는 사람에서 증가되는 것으로 밝혀졌다. 만성적인 염증, 자가면역 요소들, 흡연, 고혈압 모두 복부 대동맥류(abdominal aortic aneurysm, AAA)를 발생시킬 위험성을 증가시킨다. 동맥류는 놀랍게도 흔하게 나타난다. 매년 2만 명 이상의 미국 사람들이 대동맥류 파열로 죽는다. 이 수효는 에이즈와 여러 종류의 암으로 죽는 사람보다 많다. 60세 이상의 남자의 약 7%는 임상적으로 중요한 동맥류를 가지고 있다. 유명한 물리학자인 아이슈타인(Albert Einstein)은 복부 대동맥류의 파열로 죽었다.

외과의사들은 오랫동안 한 유전자의 이상과 연관이 있다고 믿었던 흉곽 대동맥류(thoracic aortic aneurysm, TAA)와 복부 대동맥류 모두 가족력이 있다고 말했다. 그러나 최근에 이르러 가족 내 위험성을 밝히고자 하는 노력이 이루어졌다. 1999년에 핀란드 연구자들이 AAA로 인해 외과수술을 받은 50세 이상의 환자 중 241명의 형제자매를 대상으로 대동맥에 대하여 초음파검사를 실시하였으며, 그 결과를 대조군과 비교하였다. 전반적으로 AAA로 수술받은 사람의 형제자매들은 초음파 결과로 볼 때 AAA에 걸릴 확률이 4배나 더 크게 증가하는 것으로 밝혀졌다. 특히, 환자의 형제들은 12배나 더 큰 위험성을 가지고 있었다. 60세 이상의 남자 형제들 가운데는 약 20%가 대동맥류를 가지고 있는 것으로 밝혀졌다.

유전학자들은 TAA를 유발하는 세 종류의 희귀한 우성 유전자를 발견하였는데, 이들은 염색체 상의 5q13-14, 3p24-25, 11q23.3-11q24에 위치한다. p는 염색체의 짧은 팔을, q는 염색체의 긴 팔을 나타낸다. 임상적으로 매우 중요한 것은 이 연구를 수행한 가계에서 질병을 예측할 수 있음을 보여주었다는 사실이다. 각 세대에서 질병이 시작되는 연령이 조부모 세대에서 평균적으로 61세에 나타나던 것이 손자 세대에서는 22세로 낮아졌다. 많은 경우가 우성으로 활동한 유전자들에 의해 나타나기 때문에, TAA로 죽은 환자가 있었던 가족 내력을 가진 사람은 자신이 이 질환에 걸릴 수 있다는 것을 생각하고 진단을 받아보아야 한다.

지난 10년간 AAA를 야기시키는 몇몇 유전자들이 발견되었다. AAA를 가지고 있는 것으로 진단을 받은 약 20%의 사람들의 직계가족이 AAA를 가지고 있었다. 어떤 TAA의 경우에서처럼, AAA에 대하여 가족력이 있는 사람은 증상이 없는 사람에게서 질병이 나타나는 것보다 더 젊은 나이에 질병이 나타나는 경향이 있다. 우발적으로 일어나는 동맥류는 여자보다는 남자에게서 6:1의 비율로 우세하게 일어난다. 그러나 가족력이 있는 경우에 훨씬 더 많은 여자들이 AAA를 보여주어 약 2:1로 높아진다. AAA 가족에서 가장 높은 위험성은 질병을 가지고 있는 엄마로부터 태어난 아들이 될 것이다.

　미국의 웨인주에 있는 한 연구자 협의체는 AAA를 유발하는 유전자를 찾기 위해 질환이 나타난 가족을 대상으로 심혈을 기울여 연구하고 있다. 지금까지 가족력 AAA의 원인으로 생각되는 유전자를 확실하게 찾지는 못했지만, 임상적인 증거들을 보면 적어도 하나 혹은 그 이상의 유전자들이 곧 발견될 것으로 보인다.

　저렴한 초음파나 좀더 비싼 MRI를 찍어보면 가슴과 복부에 잠재하고 있는 동맥류를 찾아내는데 아주 효과적이다. 검사 방법이 기계를 몸속에 집어넣어 하는 것도 아니고, 비싸지도 않고, 정확한데도 집단 내에서 위험성이 있는 사람들을 진단하려는 노력이 없는 것을 보면 놀라울 따름이지만, 다행이도 점차 진단에 관심이 높아져가고 있다. 현재, 합리적으로 진단을 추천할 수 있는 경우로는 65세 이상의 남자, 담배를 피우는 50세 이상의 남자, 환자가 있는 집안의 50세 이상의 남녀, 가슴 대동맥류를 가지고 있다고 진단받은 사람의 직계 가족들, 그리고 뇌 동맥류나 혹은 갑자기 죽어서 검시를 하지 못했던 사람의 친척이다. 이들은 초음파 검사를 받아 보는 것이 좋다.

　이 장을 시작할 때 던졌던 질문에 대한 대답은 성별, 나이 및 질문을 한 사람의 전반적인 건강 상태에 달려 있다. 질환을 가진 아버지로부터 태어난 아들은 딸보다도 훨씬 높은 위험성이 있으며, 특히 50세 이후에는 더욱 그렇고, 위험성은 매 10년마다 증가한다. 고혈압과 같은 다른 요소들도 위험성을 증가시킨다. 동맥류를 가지고 있는 것으로 발견되면 조심스럽게 행동해야 한다. 심한 동맥류를 가진 사람은 수술을 받아야 하는데, 매우 유능한 외과의사에 의해 집도된다면 사망률은 2~3%로 낮아질 수 있다. 그러나 환자의 혈관이 파괴된다면 약 80%의 확률로 죽음에 직면하게 될 것이다.

심방 세동(Atrial Fibrillation, AF)

나의 아버지는 심방 세동 치료를 위해 두 번 치료 받은 적이 있다. 이 사실은 내가 이 병에 걸릴 위험성이 높다는 것을 의미하는가?

심장의 위쪽 작은 심방이 수축되는 시간이 그 보다 큰 심실의 수축 시간과 잘 맞지 않는 현상을 심방세동(心房細動 AF)이라 하며, 성인에게서 가장 흔하게 일어나는 비정상적인 심장박동 증상으로 알려져 있다. 심방에서 시작되는 전기적 신호는 방실결절(房室結節 atrio-ventricular node)이라 불리는 전기적 지점을 통과해야만 한다. 이러한 전기적 신호가 이 지점을 부드럽게 통과하지 못할 때, 그 사람은 불규칙적인 심장박동을 경험하게 된다. 이러한 AF가 염려되는 질병을 심각하게 생각하는 가장 큰 이유는 미국의 경우 매년 약 75,000명이나 되는 사람들이 불규칙적인 박동으로 인해 생긴 세동(細動, fibrillation)으로 발작을 일으켜 고통받고 있기 때문이다. 이렇게 되면 어떤 사람들에게는 이 불규칙적인 박동이 동맥에서 뇌로 이동하여, 뇌세포로의 혈액 공급이 중단되고, 결국 심장박동이 멈추게 된다. 발작 증세를 지닌 65세 이상의 약 1/3에 해당하는 사람들에서 AF가 그 발작증세의 원인이 되고 있다. 또한 65세 이상 노인들의 약 5%가 AF 환자이며, 80대에 이르러서는 약 15%가 AF의 영향을 받고 있다.

AF의 치료는 다음의 경우에 해당하는 환자의 상황에 따라 다양하다. 얼마나 오랫동안 AF가 나타났는가? 환자가 겪은 증상이 무엇인가? 심실의 심박동수가 얼마나 빠른가? 치료의 주된 목적은 정상적인 박동

수로 회복하는 것이며, 재발을 방지하는 것이다. 일반적으로 말해서, 심장율동전환(cardioversion)이라고 하는 약한 전기적 충격으로 인한 심박 정상화 치료법은 환자가 2~3주 동안 혈액응고 저해제(anticoagulant medicine) 치료를 받은 후에만 사용된다. 그러나 그 밖의 많은 종류의 내복약이 AF 재발 방지를 위해 사용되고 있다. 또한, 심장율동전환을 이용한 치료법은 장기적으로 보았을 때 큰 장점이 없다고 최근 발표되기도 하였다. 치료받지 않은 환자들이 1년 안에 AF가 재발할 가능성은 약 75%이다. 치료받은 환자에서는 그 가능성이 반으로 줄어든다. 심각한 경우에는 전기적 치료가 아닌 외과수술이 가끔 사용되기도 하지만, 그 이점이 위험을 상쇄할 수 있는가에 대한 여부는 전문가들 사이에서 아직 의견 차이가 있다.

어떤 경우에는 AF가 가계 내에 밀집되어 있기도 한다. 소수이지만 어떤 가계에서는 우성 유전병으로 나타난다. 미국 휴스톤의 베일러 심장 클리닉팀은 아주 드문 우성 형태의 유전자가 염색체 3번과 10번에 위치하고 있음을 밝혔다. 현재는, AF에 걸리기 쉽게 하는 다른 유전자를 확인하는 연구가 많이 진행되고 있으나, 연구자들은 아직 명백하게 원인이 되는 유전자를 찾지 못했다.

AF가 발병한 가족에게서 가장 잘 일어나는 행동 형태는 무엇인가? 만일 부모나 형제가 AF에 걸렸다면, 특히, 그런 이상 증상이 60세 이전에 진단된다면, 그 사람은 유전적 위험 요소를 지니고 있음을 의심해 보아야 한다. 의사는 커피와 알코올을 피함으로써 AF를 예방하도록 권고하거나, 적은 양의 아스피린을 규칙적으로 복용함으로써, 색전증(embolic) 뇌졸중(stroke 혹은 뇌중풍)[1)]에 대한 위험을 감소시켜 예방하도록 충고하게 된다.

---

1) stroke(뇌졸중 혹은 뇌중풍): 뇌혈류 이상에 의해 뇌에 혈류 공급이 부족하여 유발되는 갑작스런 이상으로 뇌혈관이 막혀서 발생하는 허혈뇌혈관병과 뇌혈관이 파열되어 발생하는 출혈성 뇌혈관 병으로 크게 구분된다.

승모판 일탈증(Mitral Valve Prolapse; MVP)

의사는 나에게 승모판 일탈증이라는 질병을 가진 것으로 생각된다고 말했다. 이것은 유전병인가?

승모판(mitral valve)은 심장의 좌심실 안쪽에 위치한 강한 섬유성 원형 조직이다. 매 수축 때마다 혈류는 좌심방에서 훨씬 큰 좌심실로 흐르는데, 산소가 풍부한 혈액이 대동맥을 통해 몸 전체로 나가는 통로를 이 승모판이 감싸고 있다. 좌심실의 수축과 함께 일어나는 승모판의 여닫음은 심장에서 몸으로 가는 혈류량을 조절한다.

승모판 일탈증(MVP)은 승모판의 한쪽 첨판(소엽, leaflet)이 좌심실 운동 시 제대로 닫혀주지 못하고 빠져나오는 상태 및 떨리는 현상을 말하는 것으로, 보통은 임상적으로 그리 중요하지 않을 정도로 약간의 역혈류를 일으킨다. MVP는 일반적이지는 않으나 심각한 형태의 여러 심장병으로 나타날 수 있다. MVP는 의사가 건강한 젊은 여성에게서 심장의 작은 잡음을 들음으로써 예상 외로 종종 발견된다. 전체 여성의 약 10%가 MVP를 가지고 있을 것이라 생각되며, 이것은 매우 높은 가족 유전병으로, 대부분이 하나 이상의 우성 유전자에 의해 발생한다. 어떤 경우는 MVP가 가슴 통증, 불규칙적 심박동과 함께 불안과 초조를 동반한다. MVP를 가진 사람 중 아주 극소수의 사람은 심실의 판막에 붙어있는 인대가 파열되어 심장마비를 포함한 심각한 심장병의 위험성이 증가될 수 있다. 그러나 아직 증명된 적은 없다. MVP와 연관된 증상이 나타나는 것은 나이와 성별에 깊이 관련되어 있다. MVP가 상염색체성 우성 질병으로 나타나는 가족에게 있어 남자는 여자에 비해 MVP가 발현될 확률이 굉장히 낮다.

1999년에 그 원인 유전자가 16번 염색체 상에 위치한다고 알려졌지만, 아직 동정되지는 않았다. 2003년 하버드대학의 한 연구팀이 MVP에 우성으로 행동하는 두 번째 유전자가 11번 염색체의 단완에 위치한다는 설득력 있는 증거를 보고한 바 있다. MVP는 결합조직의 형성에 문제를 가진 많은 희귀 유전질병에서도 발견되기 때문에, MVP에 대한 위험성은 판막의 주요 구조 단백질인 콜라겐의 생성에 영향을 주는 하나 이상의 유전자 돌연변이 때문인 것으로 추측되고 있다.

MVP를 가진 사람이 불규칙한 심박동도 함께 가지는 경우, 정상 박동을 유지하도록 하는 베타 블로커(β-blocker) 약을 처방 받는다. 이 약은 종종 환자의 불안감을 줄여주기도 한다.

수명(Longevity)

사람의 수명을 결정하는 데 있어서 유전자는 어떤 역할을 하는가?

아마도 20세기에 가장 주목할 만한 것은 인간의 평균 수명이 매우 길어졌다는 사실일 것이다. 1900년과 2000년 사이에 미국에서 태어난 소녀의 평균 수명은 거의 40년이 많아졌으며, 1950년과 2000년 사이에는 100살까지 살 수 있는 가능성이 20배나 증가했다. 오늘날 미국에서 태어난 백인 소녀가 80년 이상 살 확률은 거의 2배가 되며, 백인 소년의 평균 수명은 약 76세이다. 이런 현저한 증가는 공중보건, 특히 전염병을 없애는 백신과 항생제의 발달 때문이다. 예를 들면, 1900년 폐결핵(tuberculosis)은 미국에서 가장 높은 사망 원인이었다. 그러나 지금은 20위에 조차 들지 않는다.

인간의 평균 수명에 최소 상한선이 있다는 개념은 1825년 경 곰페르츠(Benjamin Gompertz)라는 인구통계학자에 의해 처음 제안되었다. 그는 본질적으로 동시에 출생한 집단이 모두가 사망하는 나이에서 사망률이 기하급수적으로 증가한다고 제안했다. 사실이든 아니든 그의 이론은 무엇이 수명의 최소 상한선을 구성하는가에 대한 의문을 제기하지 않는다. 1840년부터의 인구통계조사는 인간의 평균수명이 매 10년마다 평균 2.5년씩 증가해 왔다는 것을 보여준다. 지난 세기에 인구통계학자들은 평균수명이 곧 최소 상한선에 도달할 것이라고 다시 주장했다. 깨끗한 물, 보다 나은 영양섭취, 그리고 어린이 질병의 예방 등의 공중보건이 향상되었기 때문에 인구통계학자의 주장은 또다시 틀렸다는 것이 증명되었다. 지난 세기에 수행된 여러 주요 인구통계조사는 사람의 평균수명이 증가했다는 사실을 보여준다. 평균 기대 수명의 증가 속도가 감소한다는 주장에 대한 증거는 아직 없다. 에이즈의 전파가 조절되어 억제될 때까지 평균 기대 수명이 감소할 것이라고 예상되는 아프리카를 제외하고는 사람들의 기대 수명은 꾸준히 증가하고 있다. 오늘날 일본에서 태어나는 소녀들은 적어도 85세까지 살 것이라는 인구학적 통계가 제시된 바 있다. 보펠(James Vaupel) 박사는 전 세계 사람들에게 기대되는 수명이 생물학적 인간의 수명보다 압도적으로 높다고 주장한다. 그는 적어도 20년 동안 일본의 기대 수명이 매년 약 3달씩 증가하고 있다고 하였다. 또한 세계가 고도로 발달되면서 80대, 90대 노인들의 사망률이 점차 줄어들고 있다고 말하였다. 2020년이 되면 일본의 평균기대 수명이 90세가 될 것이라고 예상했다.

물론 평균 기대 수명의 증가로 사람의 유전자에 의해 결정될 수 있는 수명이 자연계의 한계와 부딪치게 된다. 사람의 최고 수명은 1997년 프랑스의 칼맹(Jeanne Calment)이라는 여인이 사망한 122세이기 때문에, 많은 사람들은 이 나이가 사람의 자연적 한계수명에 매우 근접하다고 말한다. 사실 사람의 한계 수명을 측정하는 단 한 가지 방법은 아주 늙은 사람의 수명을 체크하는 방법 밖에는 없다. 2003년 알바니아의 한 소식통에 의하면 렉사(Hava Rexha)라는 여인이 123년 2달을 살았다는 기록이 있다.

지난 10년 동안 수명에 관한 유전학적 연구는 크게 발전하여, 효모, 선충(nematode), 초파리와 최근에는 생쥐를 대상으로까지 연구하고 있다. 실험용 동물의 수명을 증가시키기 위한 여러 가지 접근 방법들 중에서, 식사요법이 가장 성공적이었다. 가장 최근의 보고서에서 "수명은 계속 연장된다."라고 표현하였다. 2003년 한 연구팀은 영양상태가 좋은 성체 초파리가 이용할 수 있는 열량을 극도로 줄였을 때, 사망률이 최소가 되었다고 보고하였다. 즉, 나이나 식이요법을 적용할 시 생존시간은 현재의 영양 상태만큼 중요하지는 않은 것으로 보인다.

또한 과학자는 단지 가장 오래 사는 동물들을 선택하여 그들을 교배함으로써 성공적으로 평균 기대수명이 증가된 실험용 생물을 만들었다. 이렇게 새로 만들어진 종의 수명은 실험실 생물의 평균 수명보다 30% 이상 증가하였다. 연구원들은 또한 수명에 영향을 주는 유전자를 발견하였다. 2003년 한 연구팀이 도파-디카복실레이즈(dopa-decarboxylase)라고 하는 효소의 유전자에 변이가 일어나면 초파리의 수명이 증가한다는 것을 발견함으로써, 이 유전자가 수명을 증가시키는데 중요한 역할을 한다는 증거를 제시하였다.

하등동물에서 이러한 연구를 계속함으로써 현재 약 125년이라고 생각되는 인간의 수명을 늘리는 것이 가능하게 될 수 있을 것이다. 몇몇 과학자는 벌써 이번 세기 동안 인간의 수명이 150살로 늘어날 것이라고 주장하고 있다. 그 하나의 이유로 인간의 수명에 크게 영향을 줄 것이라고 생각되는 몇 가지 유전자를 발견하였으며, 만약 우리가 그 유전자를 확인하고 조절할 수 있다면 수명에 대한 개념을 재정립할 수 있는 생활양식을 정할 수 있을 것이다. 예를 들어, 몇 년 전에 이탈리아의 한 과학자가 '좋은' 콜레스테롤('good' cholesterol; HDL)의 대사에 관여하는 한 유전자에 이상이 생기면 수명이 늘어난다는 사실을 밝혀내었다.

과학자는 수명이 한 가계의 특성이 될 수 있는지에 대하여 오랫동안 의문을 가져왔다. 부모의 나이로 그 자식의 기대수명을 상당부분 예측할 수 있다고 생각할 수 있게 하는 예가 10가지 이상이나 된다. 1920년대, 존스 홉킨스 대학교의 유전학자이면서 인구 통계학자인 퍼얼

(Raymond Pearl) 박사는 여러 세대의 탄생과 죽음에 관한 기록을 바탕으로 여러 편의 논문을 발표하였다. 그는 적어도 90세까지 살았던 2,319명의 사람들에 대한 연구를 시작으로 그 사람들의 부모와 조부모가 사망한 나이와의 상관관계를 알아보기 위해 노력하였다. 그는 365가지의 경우에서 성과를 얻을 수 있었다. 부모와 조부모의 나이의 합은 수명이 더 짧은 사람들의 부모와 조부모의 나이의 합보다 컸다. 이 연구는 유전자가 장수에 작용한다는 것을 알려주었지만, 그 유전자가 어떻게 작용하고 어떤 방법으로 작동하는지 밝힐 수는 없었다.

그러나 최근에 발표된 몇 가지 연구 결과는 부모의 나이로 그 사람의 기대 수명을 예측할 수 있다는 것에 대해 이의를 제기하고 있다. 주된 이유는 지난 100년 동안 죽음을 유발하는 원인이 극적으로 변했다는 것이다. 그러므로 부모의 나이로 그 사람의 수명을 예측하기란 쉽지 않을 것이다. 그러나 최근 아쉬케나지 유태인들에 대한 수명 연구의 결과는 부모의 나이가 그 자식의 수명을 예측하는 좋은 방법이 된다는 것을 지지하고 있다.

최근에 수명과 관련된 유전자를 찾는 과학자들은 사람들이 오래 잘 살 수 있도록 하는 유전자를 찾기 위해 새로운 방법을 이용하기 시작했다. 미국, 이탈리아, 프랑스, 덴마크, 중국에서는 이 방법을 이용하여 주로 연구를 하는데, 이것은 100세까지 산 10,000명 이상의 사람들의 DNA를 탐침(probe)으로 이용하여 연구하는 것이다. 2000년도에 '뉴잉글랜드 100세 연구과제(New England Centenarian Project; 100살까지 산 사람들을 연구함)'라는 연구가 시작되어 센타제네틱스(Centagenetix; 지금은 엘릭서라는 회사 소속이 되었음)라는 생명과학 회사와 공동연구로 형제가 모두 90대까지 산 사람들의 DNA를 연구한 바 있다. 유전학자인 쿤켈(Louis M. Kunkel) 박사와 노화학자인 펄스(Thomas Perls) 박사가 이끄는 한 연구팀은 2~3명의 형제들로 구성된 137개 집단을 연구하였는데, 각 집단에 있는 사람들의 나이는 가장 많은 사람이 최소

98세, 나머지는 최소 92세였다. 이 연구팀은 400개의 표지유전자를 사용하여 대조군과 비교하여 유의적인 염색체상의 차이점을 발견하고자 하였다. 2001년에 이들은 4번 염색체 상에 수명과 밀접하게 연관된 유전적 변이가 숨겨져 있을 만한 부위를 발견하였다고 보고하였다. 과학자들은 현재 이탈리아와 일본 오키나와의 노인 집단을 대상으로 연구를 반복하고 있다.

'뉴잉글랜드 100세 연구과제'는 단지 하나의 유전자가 수명에 주된 영향을 끼친다는 놀라운 결과를 보여주었다. 이 출판이 있기 전에는 대부분의 과학자들은 극단적인 장수는 운이 좋게 좋은 환경에 살 수 있게 된 개인적인 삶의 경험과 다수의 다양한 유전자들이 가지고 있는 보호효과의 조합에 기인하는 일종의 우연적 사건일 것이라고 예상하였다. 2003년 가을에 엘릭서 회사의 과학자들은 미세소체에 존재하는 한 전달 단백질을 생산하는 유전자의 변종이 인간의 수명과 매우 밀접하게 연관되어 있음을 보고하였다. 같은 해, 또 한 연구팀은 콜레스테롤 에스터 전달 단백질을 만드는 유전자의 한 변종이 동종접합성으로 존재하는 경우 평균수명이 98세인 200명 이상의 아쉬케나지 유태인들 집단에서 평균 수명이 70세인 다른 일반 인종들보다 훨씬 더 많이 발견된다는 사실을 보고하였다.

인간의 수명에 관한 가장 흥미 있는 유전적인 연구는 사르디니아라고 하는 언덕 꼭대기에 자리잡고 있는 작은 외딴 마을에서 수행되고 있는 것일 것이다. 티아나라고 하는 촌락에 거주하는 114세의 전직 양치기인 토드(Antonia Todde)는 아마도 지구상에서 가장 나이 많은 사람일 것이다. 사르디니아 사람들에 대한 연구 결과가 흥미로운 것은, 100세 이상의 사람들이 거의 남자라는 것이다. 일반적으로 대부분의 연구에서는 100세까지 사는 사람 중 남자와 여자의 비율은 1:5 정도이다. 그러나 사르디니아의 언덕에서는 그 비율이 거의 1:1에 근접한다. 인구통계학자들이 이곳에서 100세 이상임을 주장하는 사람들 50명 이상의 출생 기록을 확인하였다. 이 작은 마을에서는 사는 100세 이상의 사람들은 대부분 가까운 친척들이기 때문에 이 연구결과는 흥미롭다. 가까운 혈족 사이의 결혼에 의해 세대가 이어짐에 따라, 특정 유전자가 100세 이상의 수명과 깊은 관계를 가질 것이다. 한편, 토드 씨는 적포도주를 즐겨 마신다고 한다. 이는 심장질환을 어느 정도 방지할 수 있다고 알려져 있으며, 포도에 있는 레스베라트롤(resveratrol)이 인간의 수명에 좋은 영향을 준다는 최근의 실험적 결과에 사람들의 관심이 모아진다.

다음 10년 동안에 우리는 수명에 관한 유전학에 관해 많은 것을 배울 것이다. 그러나 지금으로서는 운동과 흡연 경력, 음주 유형 및 주량, 그리고 식이요법 등의 생활방식이 인간의 유전자에 대한 어떠한 지식보다 더 나은 지표이다. 그렇다면 가장 좋은 조언은 무엇일까? 아아! 식이요법, 식이요법, 식이요법이라고!!!!

폐질환(Lung Diseases)

만성 폐쇄성 폐질환(Chronic Obstructive Pulmonary Disease, COPD, Emphysema)

우리 아버지는 전혀 흡연하지 않았으나, 55세에 만성 폐쇄성 폐질환이라는 병의 판정을 받았다. 이는 유전자에 의해 유발된 것인가? 그렇다면 내가 걸릴 확률은 얼마나 될까?

만성 폐쇄성 폐질환(COPD)은 공기의 흐름에 지장을 초래하는 폐의 질병으로서, 이 환자는 충분한 산소를 얻는 능력이 극심하게 저하되어 있다. COPD를 가진 사람들은 만성 기관지염(bronchitis)과 폐포 벽이 파괴되어 공기가 있는 공간이 비정상적으로 커진 현상인 기종(氣腫,

emphysema)의 증세가 나타난다. COPD가 아주 심한 환자는 쉽게 구별할 수 있다. 이러한 환자는 대부분 나이가 60대에 휠체어에 앉아서만 이동할 수 있으며, 모든 움직임이 아주 느리고, 휴대용 산소통을 가지고 다닌다. 입술은 파랗고, 피부는 심하게 주름져 있으며, 너무 말라 모르는 사람이 보면 암 환자로 착각할 정도이다. COPD는 미국의 경우 5번째로 높은 사망 원인이며, 연간 10만 명 이상이 이 질병으로 사망한다. 또한 유일하게 사망자가 증가하는 질병으로서 미국 보건원에서 흡연이 기종을 일으킨다고 선언한 해인 1964년 이후 3배나 증가하였다.

만약 COPD의 원인이 대부분 흡연이라면 무엇 때문에 유전적인 요인에 대하여 신경을 써야 하는가? 여기에는 최소 두 가지 좋은 이유가 있다. 첫째, α1-안티트립신(α1-antitrypsin, AAT) 결핍증이라고 하는 열성 유전질환이 있는데, 이 질환의 증세가 COPD이다. 이 환자는 이 질병의 대립유전자를 두 개 모두 가지고 있어야 증세가 나타나기는 하지만, 한 개만을 가진 사람 중 약 3%의 사람들은 흡연을 하면 COPD에 걸릴 확률이 보통의 확률보다 높은 비율로 나타나게 된다. 이 사람들은 흡연을 하지 않더라도 증세가 나타날 확률이 다소 높을 수도 있는 것이다. 둘째, COPD가 또 다른 여러 가지 유전자에 의해 발생할 수 있다는 믿을만한 보고가 있는데, 실제로 COPD가 발병한 사람들 중 전혀 흡연을 하지 않은 사람들도 있다는 점이다.

폐조직을 파괴하는 단백질들의 작용을 막는 단백질인 α1-안티트립신의 결핍으로 일어나는 COPD는 전체 COPD의 5%를 넘지 않는다. 이 비율은 낮게 보이지만, 실제 환자의 수는 많은 편이다. AAT 유전자의 결핍으로 폐조직이 파괴되면, 파괴되지 않고 남은 폐조직에 의해 생명이 연장될 것이다. 이것이 AAT 유전자가 결핍된 사람은 절대로 담배를 피워선 안 되는 이유이다. 스웨덴의 한 평가 프로그램은 이러한 위험 요소에 대한 정보를 질병의 초기에 환자들에게 알려주면, 위와 같은 유전적 이상을 가진 사람이 담배를 시작하는 일이 더 줄어들고, 그들이 담배를 피우더라도 더 쉽게 끊는다는 것을 보여주었다. 정제된 α1-안티트립신은 폐조직을 유지하기 위해서 한 달에 한번 주사하는 약으로서 폐의 기능이 현저하게 감소되는 사람들을 위해 처방되고 있다.

COPD로 진단받은 사람이 있는 가족은 절대 담배를 피우면 안 된다는 사실 외에 또 다른 무엇이 있을까? 폐의 기능이 유전자의 영향을 크게 받는다는 증거는 많아지고 있다. 예를 들어 일부 연구에서 폐활량을 측정한 결과, 이란성 쌍생아보다 일란성 쌍생아에서 일치율이 높다는 것을 보여준다. 그들 배우자의 친척보다 COPD로 진단받은 사람의 친척들에게서 호흡 곤란 증상이 더 쉽게 발견된다. 보스턴에서 진행한 심한 초기 COPD 환자에 대한 연구는 흡연하는 사람이, 비슷한 연령대의 다른 사람보다 더 이른 나이에 폐의 기능이 감퇴하기 쉽다는 것을 보여준다. 즉, 이러한 연관성은 만성적으로 담배 연기에 노출되는 것이 더 많은 피해를 줄 수 있다는 것을 보여준다.

과학자들은 COPD를 유발하는 유전자를 찾기 위하여 여러 가지 노력을 해왔다. 2003년 드코드 지넥틱스 연구소의 과학자들은 나이와 연관된 한 연구 결과를 보고했다. 또 그들은 염색체의 2p, 3q, 그리고 10q에 위치한 유전자가 과다 흡연자에서 COPD를 유발하고, 7q에 위치한 유전자는 과다 흡연자를 질환 발생으로부터 보호할 수 있을 것이라는 증거를 찾았다. 과다 흡연자의 단지 15%에서 COPD가 발생한다는 사실로 볼 때, 보호 유전자가 발견되었다는 것은 놀라운 일이 아니다.

그렇다면 최종 결론은 무엇일까? COPD의 주된 원인은 흡연이지만, COPD의 3~5%는 AAT 결핍 때문이다. 비흡연자에서 COPD의 가족력은 연구할 만한 가치가 있는 유전적 위험에 대한 교훈이 될 것이다. 그러나 이러한 연관성만으로 COPD를 진단하는 것은 어렵다. 만약 어떤 사람의 나이가 50세가 넘었고 오랫동안 흡연을 했다면, 유전적 요소가 작용했을 것이라고 생각하기는 어려울 것이다. 만약 환자의 나이가 40 이하이거나 비흡연자라면, 유전적 요소가 작용했다고 볼 수 있을 것이다. 만약 환자가 AAT를 가진 것으로 진단된다면 그 사람의 친척들을 검사해봐야 할 것이다.

사르코이드증(Sarcoidosis)[1]

나의 어머니는 사르코이드증 증세가 있다. 나에게 있을 위험은 무엇일까?

사르코이드증은 여러 가지 기관, 특히 폐에서 육아종(granuloma)[2]의 점진적인 발달에 의해서 알려졌지만, 그 원인이 아직 규명되지 않은 질환이다. 이 질환은 다양한 형태로 발견될 수 있지만, 중년의 젊은 흑인 여자들에게서 발견된 운동 능력의 저하가 그 대표적인 증상이다. 물리적 검사로는 아무것도 확인할 수 없을 수도 있지만, 흉부 X-ray를 통하여 임프절 크기의 확대(hilar adenopathy)라 불리는 증상을 발견할 수 있다.

이 질병은 전 세계적으로 발견됨에도 불구하고, 사코이드증의 원인을 밝히는 것은 셜록 홈즈의 추리에 도전하는 것과 같이 어려운 일이다. 이 질환은 런던의 영국인보다 아일랜드인에서 3배나 더 많이 발견된다. 이것은 프랑스에서 태어난 사람보다 프랑스의 마르띠니끄 출신의 사람에게서 8배 더 흔하지만, 아시아에서는 극히 드물다. 미국에서도 이 질환은 다른 어떤 곳보다도 남서 주에 더 널리 퍼져 있다. 백인보다 아프리카계 미국인에게 10배 더 많다. 백인의 경우 이 질환은 보통 갑자기 발병하며, 1~2년간은 치료를 해야 완치가 된다. 그러나 흑인에게서는 모르는 사이에 천천히 진행되는 경향이 있으며, 일반적으로 회복이 어

---

1) 사르코이드증 : 만성적이고 진행적인 육아종성 염증으로 인체 내의 모든 조직이나 장기를 침범할 수 있다. 조직학적으로는 비치즈성 상피모양세포 증식이 특징이다.
2) 육아종(granuloma) : 모세혈관이 풍부하여 왕성하게 증식을 계속하는 어린 결합조직인 육아조직(granulation tissue)으로 이루어진 염증성 결절. 눈으로 보았을 때 크고 작은 결절이나 침윤이 전신에 퍼진 염증성 병변을 말한다.

렵다.

　미국에서 발표된 역학조사에 의하면, 이러한 증상을 가진 환자는 남쪽의 시골에서 더 많이 발견된다. 이 발견에 따라 대부분의 국민이 소나무 꽃가루에 만성적인 과민면역 반응이 있다는 것과 같이 환경적 요인에 대한 많은 이론을 만들었다. 많은 연구에도 불구하고 이것에 대한 직접 혹은 간접적인 증거가 아직 충분하지 않다. 비록 일부 반응이 적은 사람들은 사르코이드증으로 죽게 되지만, 미국 국민 전체의 1,000분의 1이 이 질병에 의해서 다른 여러 가지 능력을 상실하게 된다. 예를 들어, 사르코이드증은 여러 가지 시각의 이상 증세와, 5% 정도로 적은 확률이지만 만성 신장 이상의 원인이 된다.

　이 질환은 아직 그 실체를 모르는 어떤 외부의 항원을 일련의 T 세포가 적으로 인지하고 방어반응을 유도함으로써 발병되는 것으로 추측하고 있다. 이 과정을 통해 개체 보호를 위해 외부의 침입자를 차단하는 세포 집단, 즉 육아종이 형성된다. 이 가설은 환경적 요소, 면역 반응 그리고 유전적 요소가 이 질병의 발생에 관련되어 있다는 것을 보여준다.

　사르코이드증이 가족력과 밀접한 관련이 있다는 것은 1920년대에 독일에서 이루어진 연구를 통해 알려졌다. 1970년대 영국의 흉부결핵협회는 보다 세밀한 연구를 통해 이 질병에 걸릴 확률이 매우 높은 유전적 성향을 지닌 가족집단이 있음을 알게 되었다. 최근에 아프리카계 미국인 가족들을 대상으로 한 연구 결과는 이 질환의 70%가 유전적 요인에 의한 것임을 보여주었다. 또한 그 연구결과, 이 질환의 발병에는 단일 유전자가 아닌 여러 유전자가 관여되어 있다는 것을 알게 되었다. 미국 디트로이트에 있는 헨리 포드 병원에서 진단된 1,000명 이상의 환자를 대상으로 분석한 결과, 14%의 환자들에게서 이 질환에 걸린 1촌 또는 2촌 가족이 1명 이상 발견되었다. 그 비율은 흑인이 17%로 백인의 6%보다 높았다.

1999년 헨리 포드 병원은 다른 7곳의 의학전문센터와 컨소시엄 (ACCESS, A Case Control Etiologic Study of Sarcoidosis)을 결성하여 사르코이드증의 유전학을 심층적으로 분석하기 시작하였다. 2003년 가을에 ACCESS는 각 500여명에 이르는 환자와 건강한 사람들을 대상으로 조사한 유전학적 분석결과를 발표하였다. 그들의 목표는 실제 환자들과 연령, 성별, 인종 측면에서 유사한 건강한 사람들을 대상으로 하여, 외부의 화학물질로부터 신체를 보호하는 매우 중요한 단백질을 생산하는 HLA class II 유전자의 다양한 변이 형태들이 그 두 그룹 간에 어떤 분포를 보이는지 새로운 분자생물학적 기술을 사용하여 비교하는 것이었다. 그들은 이 분석을 통해 HLA-DRB1이라고 하는 일련의 대립유전자들이 이 질환을 가진 환자들에게서 예상치보다 매우 높은 빈도로 존재함을 알 수 있었다. 특히 HLA-DRB1*1101이라는 대립유전자는 99% 이상의 신뢰도로 이 질병과 매우 밀접한 상관관계가 있었다. 또한 그들은 사르코이드증에 저항성을 보이는 다수의 후보 대립유전자들을 동정할 수 있었다. 또 확실한 결과는 아니지만, 각 환자의 신체 기관에 특이적으로 작용하는 것 같은 특정한 대립유전자들도 발견하였다.

사르코이드증의 원인이 되는 여러 위험 인자들의 발견으로 인해, 향후 임상의들이 환자들의 HLA 유형을 분석하고자 할지도 모른다. 이러한 분석은 어떤 특정한 사람에게서 이 질병이 어느 정도로 더 잘 발생할지를 예측하거나, 동일한 HLA 대립유전자들을 가지는 가족들에 있어 질병에 대한 위험도를 예측하는데 매우 유용할 수도 있다. 하지만 현재로선 새롭게 진단받은 환자의 친척들에게는 가족력에 기반을 둔 정보만이 제공된다. 윗 세대에서 한 명 또는 그 이상의 친척이 사르코이드증을 앓았다는 충분한 증거가 있다면, 그 가족 내에 유전적인 위험 인자가 있을 가능성이 매우 높을 것이다. 사르코이드증과 관련된 증세를 가지는 친척은 폐 전문의로부터 검진을 받아야만 할 것이다.

위장 관련 질병들(Gastrointestinal Diseases)

염증성 장 질환(Inflammatory Bowel Disease)

나의 누이가 염증성 장 질환을 앓고 있다. 나도 이 질병에 걸릴 위험이 있을까?

염증성 장 질환은 대장이나 소장에서 나타나는 비전염성의 심각하고 만성적인 염증이다. 이 질병은 항시적으로 미생물에 노출된 우리의 소화계를 보호하는 점막 면역 방어 체계의 부적절한 반응에 의해 유발된다고 생각된다. 크론병(Crohn disease)과 궤양성 대장염과 같은 두 종류의 염증성 장 질환이 알려져 있다. 크론병이나 궤양성 대장염을 가진 환자들은 일반적으로 복부의 통증, 설사, 체중감소, 출혈, 빈혈 등의 증상을 보인다. 증상이 심하게 나타나는 경우, 심각한 감염의 위험에 처하거나 내장 수술을 요하게 되므로 환자들은 수 주간 병원에 입원치료를 받기도 한다. 증상이 심한 경우, 환자들은 몹시 쇠약해진다. 두 질환의 주된 차이는 내장 내 염증의 분포이다.

수 년 간에 걸친 연구에도 불구하고 전문가들도 이 질환들이 두 개의 독립된 질환인지 또는 같은 질환의 다른 형태인지 아직 모르고 있다. 특징적으로 한 형태의 질환을 다른 형태로부터 구분해낼 수 있는 다양한 사례들이 있음에도 불구하고, 약 15%의 경우들에 있어서 내과의사들도 둘 사이의 차이를 구별해내지 못한다. 더욱 복잡하게 하는 요소는 때때로 환자들이 시간이 경과함에 따라 두 질환의 증상을 모두 호소한다는 것이다. 최상의 치료 방법을 제시하는 것뿐만 아니라 적절한 진단을 내리는 것 또한 이차적으로 중요한 의미가 있는데, 이는 각각의 진단이 서로 연관된 질환들의 다른 위험성들을 암시하기 때문이다.

크론병의 주요한 특성들은 직장 바로 위 결장 오른쪽부의 부분적인 염증, 조직들을 부적절하게 연결시키는 작은 터널인 누출관이 생겨날 고위험성, 내장조직으로 깊게 퍼져 있는 염증, 육아종성 병변, 장암에 대한 낮은 위험도 등이다.

이와 대조적으로 궤양성 대장염의 주요 특성들은 직장에서 예외 없이 나타나며, 직장의 일부분 혹은 전 부분에 걸쳐 연달아 확장되지만 소장까지는 영향이 없는 염증, 누출관이 생겨날 저위험성, 뿌리 깊지 않은 염증, 육아종성 병변이 없는 점, 그리고 장암의 높은 발병률 등이다.

표 17. 염증성 장 질환: 유전적 근거

유병률이 인구집단에 따라 다양하게 나타난다.

부모의 직계가족 가운데서 위험도가 높게 나타난다.

이란성 쌍둥이보다 일란성 쌍둥이에서 일치성이 높게 나타난다.

다양한 병의 영향을 받은 가족의 일원을 가진 가계의 구성원들 가운데에서 질환의 형태나 장소가 높은 빈도로 일치성을 보인다.

여러 후보 유전자들의 변이체들이 통계적으로 질환과 연관되어 나타난다.

DNA 표지를 이용한 감별은 16 (IBD1 유전자 자리 크론병), 3, 5, 7, 12(궤양성 대장염과 연관), 18, 그리고 X염색체들에서 연관을 나타낸다.

2002년 포달스키(Podalsky D. K.)가 학회지에 발표한 결과를 허가받고 인용함. 학회지: Medical progress: Inflammatory bowel disease. *New England Journal of Medicine* 347: 417-429; ⓒ Massachussetts Medical Society

궤양성 대장염 환자들의 장암에 대한 위험성은 수 십 년에 걸쳐 매우 더디지만 꾸준히 증가하고 있다. 2003년 후반 미국 워싱턴대학교의 연구자들은 장암에 대한 위험도가 염색체 말단에 위치하는 염색체의 일부분인 염색체 말단소립(telomere)이 감소되는 현상과 매우 밀접하게 연관되어 있음을 밝혔다. 궤양성 대장염은 염색체 말단소립을 감소시킴으로써 창자 세포들에 위해를 일으킨다. 이러한 일은 염색체의 구조적 손상의 위험성을 야기시켜 암세포가 될 수 있는 위험성을 증가시킨다. 30여 년 간 궤양성 대장염을 앓았을 경우, 축적된 암 발병 위험도는 약 30%이다. 위에 언급한 두 질병 모두 다른 인종들에 비해 백인에게서 많이 나타난다. 궤양성 대장염은 10만 명 중 약 80명으로, 이의 약 절반 정도 나타나는 크론병에 비해 좀더 흔히 나타나며, 독일, 폴란드, 러시아계 유대인에서 가장 많이 나타난다.

오늘날, 이러한 질병에 자신의 이름을 명명한 크론 박사의 초기 추론을 확증할만한 유전적 요소가 두 질병들에 존재한다는 것이 알려져 있다. 14세 소년의 중증 위장병의 실체를 간략히 보고한 후, 크론 박사는 소년 환자의 32세 누이에게서 동일한 증상을 진단하였다. 일반적으로 이 질병은 젊은 성인 시기에 발병한다.

염증성 장질환을 가진 환자의 직계 가족들에 대한 연구에 의하면, 우연에 의한 것보다 훨씬 높게 가계의 내력이 이 질환의 발병에 중요함을 보여준다. 광범위한 조사에도 불구하고, 일반적으로 그 확률은 임의로 추출된 가계에 비해 약 10배 높게 나타난다. 대부분의 연구들은 가계의 연관성이 궤양성 대장염에 비해 크론병에서 약간 더 높게 나타남을 보여준다. 특별히 일란성 쌍둥이들 가운데서 크론병을 가지고 있을 확률은 이란성 쌍둥이들에 비해 훨씬 높다. 두 질병 모두에서 환자로 진단받는 연령이 낮을수록 더 높은 유전적 하중을 보이는 가계의 현상을 나타내므로 여지없이 이 질병들이 유전적인 요인들에 크게 영향받고 있음을 암시한다.

1990년대 말 국제 IBD 유전학 컨소시엄에서는 소인성 유전자들이 염색체상의 특정 지역 내에 위치하고 있다는 통계적 증거를 찾기 위해 유전체 전체를 조사하였다. 2000년 컨소시엄에서는 16번 염색체상에 위치한 한 유전자(IBD1)가 CD를 일으킨다는 믿을 만한 증거를 보고하였다. 이와 유사한 컨소시엄에서는 궤양성 대장염을 가진 환자들에게서 일반적으로 더 많이 관측되는 돌연변이 유전자들이 1, 3, 5, 7번 염색체 상에 존재한다는 증거를 제시하였다. 또한 증거가 미약하긴 하지만 5, 12, 19번 염색체상의 유전자들에 의해 유발되는 사례들도 있다.

16번 염색체 상의 유전자가 크론병의 위험성과 통계적으로 밀접하게 관련되어 있으며, 이는 전체 사례의 약 15%에 해당하기 때문에, 몇몇 연구 단체들은 이 유전자의 본체를 밝혀내고자 하였다. 2001년 두 연구그룹에서는 NOD2(CARD 15)라 불리는 16번 염색체상의 유전자의 변형체가 크론병을 가진 환자에게서 일반적으로 많이 나타남을 보여주었다. NOD2는 대식세포라고 불리는 면역세포의 표면에서 발견되는 단백질을 만들어낸다. NOD2 변형체의 동형접합체를 가진 사람은 크론병에 걸릴 확률이 20배나 높으며, 작은창자의 마지막 1/3 부분에서 질병의 악성 징후가 현저하게 나타나는 경향을 보인다. 크론병을 야기할 수도 있는 NOD2의 역할에 관한 발견은 주목할만한 진전임에도 불구하고, 20%에 못 미치는 환자들만이 이 유전자의 변형체를 가지고 있기 때문에, 이 질병의 사례들을 더 연구할 필요가 있다. 최근에는 5번 염색체의 장완 상에 있는 한 유전자 돌연변이가 이 질병의 조기 발병에 관련된다고 보기 때문에 새로운 연구가 진행되고 있다.

유전체 스캐닝을 통한 조사에 덧붙여서, 과학자들은 어떠한 유전자 돌연변이가 우연히 발병되는 것보다 빈번하게 질병으로 진행하는가에 대한 연구들을 수행하였다. 이러한 작업은 한 유전자의 발현으로부터 단백질이 만들어지며, 만약 이것의 기능이 비정상이라면 질병을 유발할 수 있다고 가정하고 있다. 이러한 가설을 통해 연구자들은 염증에 관한 세포내 반응을 이해하는데 핵심이 되는 암 괴사인자(tumor necrosis-α, TNF-α) 그리고 인터류킨-1과 이의 상대 단백질인 인터류킨-1 수용체 길항단백질과 같은 유전자들에 대한 연구 수행에 많은 노력을 기울이게 되었다. 아직 확실히 밝혀지지는 않았음에도 불구하고, 특별히 TNF-α 의 작용을 방해하도록 고안된 약제들에 대한 최근의 연구들은 염증성 장질환(IBD)을 지닌 환자들에게 크게 도움이 될 것으로 보여진다. 현재까지 가장 주목되는 후보 유전자는 MDR1(multidrug resistance gene) 이라 불리는 유전자이다. 장으로부터 흡수되는 여러 종류의 약제들에 의해 이 유전자 돌연변이가 영향을 받는다는 것이 알려져 있다. 과학자들이 이 유전자에 관심을 가지는 것은 (1) MDR1이 7번 염색체상에 위치하는데, 이 부위는 IBD의 유발과 연관되어 있다는 점이고, (2) MRD1 유전자를 제거한 쥐는 자연발생적으로 대장염을 유발한다는 점이다. IBD를 가진 329가계에 대한 사례 연구를 통해서, 연구자들은 이 단백질의 893번째에 위치해 있는 단일 아미노산의 변이가, IBD 특히 크론병의 발병 위험성과 아주 밀접히 관련되어 있음을 밝혀낼 수 있었다. IBD와 관련된 이 단백질의 변형체가 이러한 영향을 나타낸다는 것이 가능한데, 이는 변형체가 간에서 해독작용을 수행하기 위하여 창자세포로부터 독성물질들을 비효율적으로 제거하기 때문이다.

이 밖에 이와 관련된 다른 많은 유전자들도 발견되었다. 2003년 영국의 한 연구팀은 약 400명의 크론병 환자들과 400명의 정상인들로부터 DNA 변형체들을 비교 분석하였는데, 이 질병을 가질 위험성은 한 개인이 인터류킨-10 유전자에서 나타나는 특정 변형체를 가지고 태어나는 것과 밀접하게 연관되어 있다고 보고하였다. 동일한 유전자의 다른 형태의 변형체는 질병으로부터 개인을 보호하는 것처럼 보인다. 인터류킨-10은 몇몇 염증 관련 단백질들의 작용을 저해한다고 알려져 있으므로, 이 단백질 변형체가 크론병의 유발에 일부 역할을 담당할 수 있다는 것은 생물학적으로 가능하다. 한 이탈리아의 연구 그룹이 수행한 두 종류의 연구결과들은 16번 염색체상에서 NOD2/CARD15와 멀리 떨어져 있는 부위에 질병에 관련된 다른 유전자가 위치한다고 제시하였다.

두 종류의 흔치 않은 질병인 IBD를 가진 환자들의 가계에서는 척추에 나타나는 질병인 강직성 척추염(ankylosing spondylitis, AS)과 담즙관의 질병인 PCS(primary sclerosing cholangitis)에 대한 위험성이 증가함을 보여준다. 강직성 척추염은 HLA-B27이라는 유전자의 존재와 밀접하게 연관되어 있다고 알려져 있으며, 이는 IBD를 가진 환자들에게서 더 보편적으로 발견된다. IBD가 AS의 위험성을 더욱 증가시키는 것인지, 혹은 한 가지 질병을 가진 환자들에게 다른 질병에 대한 위험성을 증가시키는 것인지는 아직 확실치 않다. PSC의 경우 약 절반은 IBD를 가진 환자들에게서 나타나지만, 이에 대한 이유는 아직 명확하지 않다.

한 환자가 IBD를 진단받았을 때, 다른 가족 구성원들에 대한 위험도는 어떠할까? 클리블랜드 클리닉에서 수행된 한 연구에서는 부모 중 한 명이 환자인 자녀들 중에서, 최소한 한 명이 이 질병에 걸릴 위험도는 약 9%라는 것을 보여준다. 궤양성 대장염으로 진단받은 한 개인의 형제나 자매들이 질병에 걸릴 확률은 약 6%가 되며, 반면에 크론병을 가진 환자의 형제자매의 발병 가능성은 약 7.5%로 나타났다. 쌍둥이의 경우, 환자 사례가 많지 않음에도 불구하고, 궤양성 대장염보다 크론병의 발병에 유전자들이 더 크게 작용함을 보여준다. 한 환자의 일란성 쌍둥이는 일생 동안 크론병에 걸릴 확률이 약 70%임에 반해, 궤양성 대장염에 걸릴 확률은 약 30%로 나타났다. 이러한 발병률은 임의로 선택된 한 개인의 일반적인 발병률에 비해 월등히 높은 것이다. 이들 질병을 지닌 개인의 배우자들에 대한 연구들은 질병의 증가 추세에 대한 원인을 밝혀주지는 못하지만, 일반적인 환경요소들이 크게 영향을 미치지 못한다는 사실을 알려준다.

원인이 규명되지 않은 다른 많은 복잡한 질병들과 같이, 한 특정 가족이 IBD를 지닐 가능성은 기본적인 발병 가능성에 비해 조금 높을 뿐이다. 환자의 형제자매들은 약 7%의 발병 가능성이 있으며, 이에 반해 환자의 자녀들은 다소 낮은 발병 가능성을 보여준다. 이를 종합하면

이 장의 서두에 제시되었던 질문의 답은 약 5~10%가 된다고 본다.

소화성 궤양증(Peptic Ulcer Disease)

저의 아버지와 삼촌들이 궤양을 가지고 있다. 내가 궤양에 걸릴 확률이 높은가?

소화성 궤양증(PUD)은 특별히 위에서 나타나는 위궤양(gastric ulcer) 그리고 위와 연결되는 부분에 있는 십이지장이라 불리는 창자 부위에서 나타나는 십이지장 궤양(duodenal ulcer) 등 위장계의 상부에 나타나는 일반적인 궤양성을 통칭한다. 이 질병은 부분적으로 이들 소화기관 내에서 산의 분비와 제거의 불균형에 의해 기인하며, 어떤 환경요인들에 대한 만성적 노출로 인한 질병 유발 유전자가 관계한다는 증거가 있다. 흥미롭게도 활동성 궤양과 관련 있는 증상들은 해부학적인 위치에 따라 다르게 나타난다. 더욱이 십이지장 궤양의 발병은 가족 내의 위궤양 위험성과 관련이 없어 보인다. 이러한 발견은 상이한 유전자들이 각각의 위치에서 나타나는 궤양 유발에 관여한다는 것을 의미한다. 다양한 조사에 의하면 일생 동안 소화성궤양증에 걸릴 확률은 약 2%에서 10%에 이르는 것으로 나타난다. 과거 20세기로부터 현재에 이르기까지 이 질병으로의 진단이 점차 많이 나타나고 있다.

매년, 미국 내의 성인 1/300명 꼴로 PUD 진단을 받는다. 이 질병은 여성에 비해 남성에게서 약 2배 높게 나타난다. 또한 인종 간에도 PUD 발병률에 큰 차이가 있는데, 미국 남서부의 인디언들은 미 전역의 백인종에 비해 약 1/40의 PDU 위험성을 보여준다. 일본에서는 지구상의 다른 지역과 달리 위궤양이 십이지장 궤양에 비해 보다 높은 빈도로 나타난다.

십이지장 궤양의 전통적인 증상은 음식물 섭취 후 약 1~3시간 내에 복부 중앙에 통증이 나타난다. 환자는 공복시 마치 갉아 먹는 듯한 고통을 종종 호소한다. 이 질병은 만성적이지만, 간헐적으로 재발하는 양상을 보이기도 한다. 주요한 의학적 치료법은 식이요법, 금연, 규칙적인 제산제의 사용, 시메티딘(타가멧과 그 밖의 약제들)과 같은 H-2 차단 약제들이 포함된다. 증상이 심각할 경우 나타나는 주요 합병증은 창자의 천공인데, 이는 신속한 수술을 요하는 것이다. 위궤양은 대부분 산의 분비가 일어나는 장소에 가까이 위치해 있는 위의 한 부분인 위동(胃洞 antrum)에서 주로 일어난다. 위궤양은 전형적으로 50대에 나타나는데, 십이지장 궤양보다 평균적으로 10년 정도 늦게 나타난다. 치료법은 십이지장 궤양과 유사하다.

　　PUD의 원인을 이해하는데 있어서 커다란 발견이 있었으며, 환경적 요인들이 매우 중요하다고 여겨진다. 최근에는 헬리코박터 파일로리(*Helicobacter pylori*)라고 하는 박테리아의 만성적인 감염, 그리고 비스테로이드 계통 항염제의 장기복용과 같은 두 가지 사항들이 대단히 심각한 PUD의 원인으로 보인다. 다른 중요한 환경 요인들은 흡연, 과음, 카페인, 아스피린, 스테로이드 등의 과도한 복용이다. 이러한 사실에 대한 확실한 증거로서 언급된 환경적 요인들에 대한 만성적 노출이 유전적으로 이 질병에 취약한 사람들에게서 훨씬 높게 질병을 유발한다는 점을 들 수 있다.

　　많은 연구들은 PUD가 유전적 질병임을 보여준다. 이 질병에 대한 위험성이 환자와 가까운 가족들 가운데에서 더 높게 나타나는 사실은 세대와 사회경제적 계층과 일치한다. PUD의 위험성은 환자가 아닌 일반인의 직계 가족에게서보다 환자의 직계 가족에게서 2~3배 높게 나타난다. 일란성 쌍둥이와 이란성 쌍둥이를 통한 PUD 연구들에서도 이 질병이 이란성 쌍둥이에게서보다 일란성 쌍둥이에게서 훨씬 높은 빈도로 나타남을 보여준다.

　　PUD가 특별한 생물학적 표지인자 또는 다른 질병에 대한 위험성과 연관되어 있는지를 규명하기 위해 많은 연구를 수행하였다. PUD가 다른 혈액형보다 O형 혈액형을 가진 사람에게서 30% 가량 더 많이 나타난다는 것은 잘 알려져 있는 사실이다. 특히 십이지장 궤양에 대한 위험성이 훨씬 높고, 나이가 들수록 더욱 증가하는 것처럼 보인다. 다른 많은 표지인자들에 대한 연구들, 특히 HLA 체계는 아직 많은 논란이 있다. PUD는 낭포성 섬유증과 항트립신 결핍증을 포함한 약 12개의 단일 유전자 이상으로 유래된 결과이지만, 이러한 이상은 단지 모든 경우의 일부분만을 설명해 주고 있다. 아마도 PUD를 유발하는 여러 경로가 존재할 것이며, 각각의 경로는 한 가지 질병 유발 유전자 혹은 여러 유전자들과 다양한 환경요소들과의 관계와 밀접히 연관된다고 본다. 예를 들면 PG-1이라는 효소의 세포 내 양적 수준은 항상 십이지장궤양이 있는 환자의 가족들에게서 정상인에 비해 약 1.5배 높게 나타난다. 이러한 사람들은 이 질병에 걸릴 위험성이 높다.

역학조사에 의하면 PUD를 지닌 환자의 직계 가족들은 정상인의 직계 가족들에 비해 이 질병을 지닐 가능성이 2~3배 높다. 헬리코박터의 만성적 감염이 위와 십이지장 모두에서 위험요소이므로, PUD를 지닌 환자의 직계 가족에서 이 질병의 발병률이 높은 일부 원인은 가족 구성원들 간에 이 박테리아가 감염된 것이라 유추할 수 있다.

궤양에 걸릴 확률은 PUD를 지닌 환자의 직계가족 중 약 20%가 질병이 유발될 가능성이 있다는 것이다. 따라서 이 질병에 대한 가족 내 병력이 있는 사람이라면 흡연이나 항염증성 약제 등과 같은 가능한 환경적 위험 요소들을 피하는 것이 현명하다. 또한 담당의사에게는 가족의 병력에 대해 이야기하고 즉시 증상보고를 하는 것이 필요하며, 헬리코박터 감염 여부를 조사하는 것이 바람직하다. 박테리아 감염을 치유하기 위한 항생제 요법은 궤양성 질병의 위험성을 감소시키는데 기여할 것이다.

제 4 부 성인 시기(Adulthood) 175

소아 지방병증(Celiac Disease = Gluten-sensitive Enteropathy)

나에게는 밀가루 음식에 대해 알러지가 있다. 이것은 유전성인가?

글루텐 민감성 장질환(Gluten-sensitive enteropathy, GSE)이나 스프루(sprue)라고도 불리는 소아 지방병증은 밀, 호밀, 보리, 귀리 등으로 만들어진 음식을 적절히 소화시킬 수 없는 특징을 보여준다. 특별히 이 질병을 지닌 사람들은 글리아딘, 호르데인, 세칼린과 같이 아미노산들 중 글루타민의 조성이 높은 곡류 단백질에 대해 알러지 같은 증상을 일으킨다. 심각하게 증상을 보이는 사람들은 설사, 지방성 대변, 고창증(위 확대증), 체중감소 등의 특징을 보이는 만성적 영양 흡수 불량증으로 발전한다. 이 질병은 어린이들에게서 나타나지만 성인이 될 때까지 증상을 보이지 않는 경우가 종종 있기도 하다. 이러한 이유는 이 질병의 증상이 미약한 것으로부터 심각한 것에 걸쳐 광범위하게 나타나기 때문이다.

GSE는 복잡한 경로를 거치는 자기면역 이상의 일종이다. 일반적으로 이 병에 걸리기 쉬운 사람에게는, 곡류에 포함된 글루텐 단백질이 이 사람의 세포 내에서 어떤 한 단백질의 합성을 촉진시킨다. 이 단백질은 활성이 지나치게 되었을 때 창자 세포벽을 손상시키게 된다. 창자 세포벽 손상을 통해 글루텐은 라미나 프로프리아(lamina propria)라 불리는 더 깊은 조직 층으로 침투하고, 여기서 글루텐은 작은 조각들로 분해되며, 분해된 몇몇 조각들은 생체 내 면역체계로부터 외부물질로 인식되어 공격받게 된다. 면역체계로부터의 공격은 CD8과 CD4 림프구로 알려진 세포들에 의해 수행된다. 흥미롭게도 이들 세포들은 만약 개인이 HLA 유전자들의 특정한 조합을 가지고 있다면 더욱 활동적인 것 같이 보인다. 분해 된 글루텐의 작은 조각들을 공격하는데 있어서 CD4 세포들은 위장관 내벽 세포들에게 손상을 입히는데, 이는 만성적인 소화 이상을 일으킨다.

GSE의 발병률은 인종간에 다양하다. 백인들에게서 가장 보편적으로 나타나며, 아일랜드와 잉글랜드인에게서 가장 높게 나타난다고 보고되어 있다. 이 질환을 가진 사람들은 증상이 대단히 가벼워서 의학적 관심을 받지 못하는 경우도 있으므로 좀더 면밀한 조사가 진행된다면 더 많은 케이스가 밝혀질 것이다. 의학교재들은 약 300명의 백인 중 한 명꼴로 이 질환을 가지고 있다고 서술하고 있으나, 이 숫자는 너무 낮다고 여겨진다. 최근에 핀란드의 GSE에 관한 주요 연구는 전체 인구의 적어도 1%, 또는 약 1.5%가 이 질환을 가지고 있음을 보여준다. 이에 반해 GSE는 일본이나 중국에서는 아직 보고되어 있지 않으며, 아프리카인들에게서도 매우 드물게 보인다.

표 18. 소아 지방병증 (GSE): HLA 유전자들과의 관련성

HLA 반수체형	전체 어린이 수 3627	질환 보유 어린이 수 56	교차비
DR3-DQ2 (DR4-DQ8을 제외한 다른 모든 종류 포함)	575 (16%)	46 (82%)	26.[a]
DR4-DQ8 (다른 모든 종류 포함)	756 (21%)	6 (11%)	.5
DR3-DQ2와 DR4-DQ8	80 (2%)	2 (4%)	1.7
다른 종류	2216 (61%)	2 (4%)	.02

2003년 마키 등(Maki M., Mustalahti K., Kokkonen J., Kulmala P., Haapalahti M., Karttunen T., et al.)이 학회지에 발표한 결과를 허가받고 인용함. 학회지: Prevalence of celiac disease among children in Finland. *New England Journal of Medicine* 348: 2517-2524.
[a]DR3-DQ2 반수체형은 소아지방병증의 상대적 발병 위험률을 크게 증가시킨다. 다른 HLA 유전자 조합으로 태어난 어린이는 소아지방병증에 잘 걸리지 않는다.

GSE는 가족성 질환이다. 1970년대에 수행된 창자의 생체검사를 포함하는 많은 연구들에서 GSE가 환자의 형제자매에게서 약 14%, 부모에게서 8%, 자식에게서 15%의 비율로 나타남을 보여주었다. 하지만 생체검사에서 양성반응을 나타낸 대부분의 사람들은 이 질병의 임상적 징후를 나타내지는 않았다. 위에 적시한 숫자들은 매우 다양한 결과를 보여주는 여러 연구들의 평균치이지만, 일반적으로 모든 경우에 있어서 친척들 간의 발병 위험성이 일반 대중의 위험성에 비해 높게 나타났다. 여기서 언급한 초기의 연구들은 질병에 대한 경향성이 불완전 침투도를 가진 우성 유전자의 유전과 연계됨을 제시한다. GSE를 가진 일란성 쌍둥이에 대한 연구는 많지 않으나, 쌍둥이 모두가 질병을 보유하고 있다는 보고가 몇몇 있다.

지난 10년간에 걸쳐 연구자들은 GSE의 유전적 요소들에 대한 많은 연구결과를 얻었다. 최고의 위험성을 보여주는 유전자조합은 DR3-DQ2이다. 이때 DR4-DQ 유전자조합은 반드시 소유하고 있지 않아야 한다. 이러한 자기면역성 유전자들을 보유한 사람들의 최소 8%에게서 이 질병이 발병한다. 달리 표현하면 이러한 사람들은 일반인에 비해 발병의 위험성이 약 20배 높다고 할 수 있다. 질병으로부터 영향을 받은 사람들의 형제자매들에 대한 위험도는 그들이 어떤 HLA 유전자들을 물려받았는가에 따라 굉장히 다양하게 나타난다. 만약 질병에 영향을 받지 않은 한 형제가 다른 HLA 패턴을 갖는다면, 이 사람의 질병 위험도는 단지 약 1%이다. 그러나 만약 동일한 HLA 패턴을 소유할 경우 아직 질병에 영향을 받지 않은 형제가 질병에 노출될 가능성은 30%로 높아지게 된다.

최근에 많은 의사들은 질병을 지닌 환자의 친척들의 위험성에 대해 적극적으로 대응하지 않고 있는 실정이다. 적절히 조절된 식이요법을 통해 이상 징후가 상당히 약해질 수 있기 때문에, 보통의 접근 방법은 질병 징후를 기다려서 이것이 나타날 때 대응한다. 이 방법은 근시안적으로 보인다. GSE는 일반적으로 나타나는 질환이며, 상당히 정확한 진단검사와 명확한 치료요법이 존재한다.

GSE는 가장 흔한 유전질환들 중의 하나라고 생각되며, 백인들의 최소 1%가량이 영향을 받는다고 여겨진다. 질환을 지닌 사람들은 평생에 걸쳐 엄격한 식이요법을 필요로 한다. 약한 증상을 보이는 사람들조차도 글루텐이 첨가된 음식물을 피해야 한다. 시간이 경과함에 따라 임파종을 포함한 특정 암들에 대한 위험도가 증가하며, 식이 조절 지침에 따르지 않은 사람들에게서는 그 빈도가 더욱 증가할 것이다.

췌장염(Pancreatitis)

나의 삼촌과 그의 아들이 췌장염 진단을 받았다. 유전자들이 이 병과 관련되어 있나?

췌장은 길고 불규칙하게 생긴 모양을 가진 기관으로, 위의 바로 밑에 위치하며, 여러 가지 강력한 소화효소들을 만들어서 작은창자로 보낸다. 미국에서는 매년 약 40,000명의 사람들이 췌장염 진단을 받는다. 악성 췌장염을 가진 사람들은 실제로 매우 심한 고통을 겪는다. 이 환자들은 내장의 중앙부에서 오는 일정한 통증을 겪게 된다. 이들은 매우 불안해 하며 탈수증상과 열을 수반하여 종종 졸도하기도 한다. 췌장염으로 사망할 수도 있는 응급상황이 되기도 한다.

췌장염에는 많은 요인이 있지만, 매우 중요한 두 가지 요인은 만성적 알코올 중독과 담낭질환이다. 거친 외상, 감염, 약물치료 시 나타나는 부작용들도 일반적으로 알려져 있는 요인이다. 하지만 많은 경우, 개인에 따라 분명한 원인을 모르는 특성을 갖고 있다. 이 외에도 합병증으로 상당히 많은 이상 증상들이 나타난다.

환경 위험 요소가 상당히 많음에도 불구하고, 의사들은 몇몇 가계

제 4 부   성인 시기(Adulthood)   179

에서 췌장염이 유전적으로 나타난다는 사실을 50년 넘게 파악하고 있다. 1990년대 중반에 몇몇 연구자들은 이 질환의 유전적 형태를 보이는 한 소년의 아버지를 조사하여 이를 이해하는데 커다란 성과를 이루었다.

1989년 마을 사람들에 의해 슬론병이라고 불리던 췌장염의 상염색체 우성 형태로 고통받고 있던 켄터키주의 슬론(Kevin Slone)은 심각한 상태로 병원 치료를 받게 되었다. 이 소년이 병원 치료를 받고 있는 동안, 그의 아버지는 9세대에 걸친 700여명의 친지들을 포함한 그의 가계의 상세한 병력을 의사들에게 소개하였다. 이를 통해 의사와 환자 사이에 연구 협조관계가 원활히 이루어지게 되었다. 1994년 케빈의 아버지는 특별히 친지 가족들의 상봉을 주선하였는데, 이를 통해 친지들의 혈액 채취가 이루어졌으며, 약 90명의 DNA 샘플을 얻을 수 있었다.

질병이 있는 친지들의 DNA와 질병이 없는 친지들의 DNA를 비교함으로써, 연구자들은 신속하게 질병 유발에 관련이 있다고 생각되는 유전자가 7번 염색체상에 위치함을 밝혔다. 이 후보 유전자를 연구한지 3개월 후, 이 질병이 양이온성 트립시노젠 유전자의 돌연변이에 의해 유발됨을 알아낼 수 있었다. 이 유전자는 주요 췌장 효소들 중 하나의 전구물질 단백질의 유전 암호를 지정한다. 이로써 이 질병을 지닌 개인들과 돌연변이와의 관계를 생리학적으로 이해하게 되었다. 이 작업은 여러 사람들에게 분명한 이유 없이 우발적으로 생기는 질병이 어떻게 유발되는지를 이해하는데 새로운 가능성을 제시하였다. 아마도 많은 환자들의 경우 이 유전자 혹은 이와 관련된 유전자에 생긴 돌연변이 때문일 것이다.

슬론병을 일으키는 유전자의 이해는 켄터키 일가와 동일한 문제를 지닌 몇몇 다른 가족들에게는 매우 중요한 소식이었다. 하지만 췌장염을 일으킨 대다수의 사람들은 우성의 단일 유전자 이상에 의해 질병이 유발되었음을 제시할만한 가계의 병력을 가지고 있지 않다. 이들에게 있어서 췌장염을 지닌 하나 혹은 두 명의 친지가 있다는 사실은 개인의 알코올 중독이나 담낭질환의 병력과 더 관련 있어 보인다. 이는 유전적인 민감성이 존재하지 않는다는 것을 의미하는 것이 아니라, 단지 유전적 요인이 아직 발견되지 않고 있기 때문이라고 할 수도 있을 것이다. 무엇보다도 주된 위험요소들에 노출된 대다수의 사람들에게서 췌장염으로의 발전이 전혀 일어나지 않은 경우가 많은데, 이는 아마 아직 밝혀지지 않은 유전적 위험요소들이 환경적 위험성에 영향을 미치고 있음을 암시하는 것이라 생각된다.

락토즈 과민성(락타아제 결핍증-Lactose Intolerance, Lactase Deficiency)

내 남편은 우유를 마실 수 없다. 우리 아이들도 우유를 마실 수 없을까?

락토즈 과민성(LI)은 우유나 대부분의 유제품에 들어 있는 당의 일종인 락토즈를 소화시킬 수 없는 증상이다. 이런 증상이 있는 사람은 우유 한 컵만 마셔도 설사는 하지 않더라도 위장에 가스가 차고 헛배가 불러온다. 이런 장애가 심각하지 않게 들릴지는 몰라도, 영양실조가 흔한 지역이나 아이들의 주요 영양 공급원이 우유인 곳에서는 심각한 질환이며, 심지어는 죽음까지도 초래할 수 있는 증상이다. 대부분의 아프리카 어린이들이 미국이나 유럽에서 보내준 유제품 구호물자를 소화하는데 어려움이 있다는 것을 알고, 락토즈 과민성에 대한 연구는 1960년대에 시작되었다.

락토즈 과민성에는 여러 종류가 있다. 가장 심각하지만 드물게 나타나는 형태는 선천성 락토즈 과민성(CLD)이다. 이는 상염색체 열성인자에 의한 것으로, 10,000명에 1명보다도 더 드물게 나타난다. 이 질환이 있는 경우에는 모유를 먹으면 태어나자마자 심한 설사에 시달리게 된다. 락토즈가 제거된 식이요법을 하지 않으면 이러한 아기들은 금방 심각한 영양실조 상태가 된다. 핀란드의 연구 그룹은 1998년에 선천성 락토즈 과민성 질환이 2번 염색체 장완에 위치한 유전자의 변이에 의한 것임을 보고하였다. 하지만, 놀랍게도 이 질환의 원인유전자는 성인의 락토즈 분해 효소를 만드는 유전자가 위치하는 곳에서 2백만 염기쌍이나 떨어져 있었다.

흔한 형태의 락토즈 과민성(LI)은 성인형 과소락토즈증이라 불리는 것으로, 이 질환은 종종 어린아이 때부터 증상을 보이기도 한다. 이 질환이 있는 경우 태아나 유년시절에는 우유를 소화할 수 있으나, 성장하면서 소화력을 잃게 된다. 인종에 따라 잃는 시기가 다르다. 미국 국립보건원의 보고에 의하면 3,000만 명이 넘는 미국인이 이 형태의 증상을 보인다고 한다. 엄청나게 많은 수인 것 같지만, 이는 북유럽쪽 후손들이 어느 다른 인종보다도 락토즈 과민성을 가장 적게 보이는 것이다. 스웨덴 사람들은 2%만이 과민성을 보이는 반면에 아프리카의 프라니 사람들은 23%, 반투 사람들은 89%가 락토즈 소화능력이 없이 태어난다. 거의 100%의 아메리카 원주민들, 75%의 아프리칸-아메리칸 사람들, 그리고 90% 정도의 중국인과 동남아시아인들이 락토즈 과민성을 나타낸다.

2002년 선천성 락토즈 과민성(CLD)의 원인 유전자를 찾아낸 과학자들이 이번에는 더 흔한 형태의 락토즈 과민성(LI)의 유전적 소인을 밝혀냈다. 락토즈 과민성 증상을 보이기 시작하는 때는 LPH라는 효소의 활성 저하와 연관되어 있다는 것은 이미 잘 알려진 사실이다. 이 그룹은 락토즈 과민성(LI)도 상염색체 열성인자로 인한 질환이지만, LPH 효소를 만드는 유전자의 변이와는 무관하고, 이 유전자로부터 거의 1만 4,000염기쌍 정도 떨어져 있는 곳에 위치한 염기 하나의 변이가 이 질환과 연관되어 있음을 보고하였다. 아직 그 이유는 모르겠으나 유전자 두 복사본[1])에 다 이런 변이를 지닌 사람들은 LPH 효소의 활성이 정상

---

1) 사람은 유전자 당 2개의 복사본을 지닌다. 하나는 어머니, 다른 하나는 아버지로부터 물려 받은 것이다. 따라서 이 중 한 복사본이 잘못 되어도 나머지 복사본이

인들의 10%에도 못 미친다. 이러한 변이가 다른 인종 그룹에서도 락토즈 과민성 증상의 원인이 되는지를 알기 위하여 프랑스인, 아메리카인, 아프리카인들의 1,000명이 넘는 DNA시료를 조사한 결과, 실제로 그러했다.

가까운 친척이 락토즈 과민성 증상이 있다는 것을 아는 것은 무엇을 의미하는 것인가? 락토즈 과민성 증상이 상염색체 열성인자에 의한다는 것을 안다면, 다른 가족들이 이 증상을 보일 확률을 계산할 수 있다. 이 증상을 보이는 성인은 유전자의 두 복사본에 다 변이가 있어야 하기 때문에 그 사람의 아이들은 적어도 한 복사본에는 변이를 지닌 보인자들이 될 것이며, 이러한 보인자들의 빈도수에 따라 락토즈 과민성 증상을 보일 확률이 다를 것이다.

맹장염(Appendicitis)

맹장염은 상당히 흔한 것 같은데 이 증상을 일으키는 원인 유전자가 있을까?

맹장염은 아랫배 오른쪽에 위치하며 대장의 시작 부분에 달려 있는 벌레모양의 작은 주머니인 맹장이 감염된 것이다. 감염으로 인해 맹장이 파열되면 환자가 고통을 받게 된다. 위장수술이 흔치 않았던 100년 전에는 복막염으로 인한 치사율이 높았다.

맹장염은 나이든 아이들이나 젊은 어른들에게 제일 흔한 질환으로 청년기에 위험률이 가장 높다. 환자들은 대개 심한 국부 고통과 메스꺼움, 구토, 열, 높은 백혈구 수치 등의 증상을 동반한다. 하지만 맹장염은 그 증상이 매우 다양하여 종종 진단이 용이하지가 않다. 병리학적으로

있어 질환의 증상이 나타나지 않다가 두 복사본이 다 망가지면 그 때 증상이 나타난다. 락토즈 과민성같이 상염색체 열성인자에 의한 유전이라 함은 이 두 복사본이 다 잘못되어야만 질환이 나타나는 경우를 말한다.

정상으로 보이더라도 외과 의사들이 맹장을 제거한 예는 많다. 평생 맹장염에 걸릴 확률은 7% 정도이다. 미국에서는 매년 1,000명 중 1명 정도가 발병한다. 여성의 경우 1.4:1의 비율로 발병률이 높고 세계적으로 발병하고 있으나, 고섬유질 식이를 먹는 문화를 지닌 곳에서는 발병률이 떨어진다.

맹장염이 가계력이 있다는 것은 오래전부터 알려져 왔으나, 유전인자에 대해서는 전혀 아는 바가 없다. 1937년 몇 가계의 가족력을 자세히 조사한 결과, 이 질환이 상염색체 우성인자에 의할 것이라는 보고가 있었다. 1990년, 벨그라데 연구진은 80건의 급성맹장염을 분석한 결과, 환자들의 친척들의 나이, 성별과 형제 수가 일치하는 정상 그룹과 비교했을 때 맹장염에 걸릴 확률은 10배나 높았다. 더욱이 가족 중에 맹장염에 걸린 적이 있는 674가계를 조사하였지만 56% 정도의 유전력을 보였지만 원인유전자를 찾을 수 없었다. 이 연구결과 여러 유전자들이 복합적으로 작용한다고 결론을 지었으나, 아주 드물게는 맹장염이 단일원인 유전자에 의할 가능성이 있음을 시사하기도 한다.

맹장염에 가계력이 있다는 증거에도 불구하고, 아직도 원인 유전자들을 모른다. 최근 들어 맹장염의 유전적 요인에 대해 가족들에게 말하는 것도 확신할 수 없다. 왜냐하면 맹장염은 흔한 질환으로 수 천 가계에서 두 사람 이상 가까운 친척이 맹장을 제거한 경험이 있기 때문에, 이러한 경우가 유전적 요인에 의한 것인지 분명하지 않다. 하지만 벨그라데 연구진의 연구에 의하면, 만약 부모가 맹장염에 걸리면 그 부모의 자녀들이 맹장염에 걸릴 확률은 분명히 높다. 실제적으로 그렇다 해도 특별히 할 수 있는 것은 없으며, 단지 아이가 배가 아프다고 할 때 좀 더 주의를 기울여야 할 것이다. 또한 고섬유질 식이로 예방효과를 볼 수도 있을 것이다.

담석증(담낭염, 담낭질환-Gallstones, Cholecystitis, Gallbladder Disease)

어머니와 언니가 담낭수술을 받은 적이 있는데, 나도 그럴 확률이 높은가?

담낭은 간 바로 아래에 위치한 주머니 모양의 기관으로서 간에서 만들어진 지방 분해에 필요한 담즙을 담고 있다. 담즙은 수분, 콜레스테롤, 다양한 종류의 지방, 빌리루빈과 몇 가지 단백질로 이루어져 있다. 자극을 받으면 담낭이 수축하여 저장하고 있는 담즙을 담즙관을 통해 소장으로 보내어 소장 내에서의 소화를 돕는다. 담즙은 종종 침전되어 담석을 형성한다. 콜레스테롤로 된 담석과 색소로 된 담석 두 종류가 가장 흔하게 나타난다. 콜레스테롤석은 담석증의 약 75%를 차지하며, 만성적으로 담즙에 콜레스테롤 함량이 높아서 생긴다. 색소석은 잘 알려지지 않았으나, 다양한 질환을 동반한 환자에게서 주로 나타난다.

담석은 아주 흔한 질환으로, 특히 60세 이후에는 더욱 그렇다. 담석이 있는 사람의 반 이상은 증상이 없으나, 담석이 담낭에서 이동하여 담즙이 통과하는 담즙관을 막아 감염을 유발할 수도 있다. 소장에 고통을 느끼거나 구토뿐 아니라 담낭에 문제가 있는 사람은 감염의 위험률이 높고 심장과 같은 다른 문제들도 악화될 수 있다. 매년 50만 명 이상의 미국인들이 감염된 담낭을 제거하는 수술을 받고 있다.

수 년 간 연구자들이 담석의 원인인자를 규명하고자 했다. 가장 중요한 요인들은 나이, 성별, 비만, 당뇨병, 인종, 에스트로겐 농도, 콜레스테롤 저하제의 복용, 급격한 체중감소 및 기아상태 등을 꼽을 수 있다. 60세 이상의 사람들이 담석을 지닐 확률이 높다. 20~60세 사이의 여성들은 같은 나이의 남성들보다 두 배나 확률이 높다. 아메리카 원주민 성인의 반 이상에서 담석증이 나타난다. 당뇨병 환자들은 트라이글리셀

라이드 중성지방의 농도가 높은 경향이 있는데, 이것은 담석을 지닐 확률을 높이는 원인이 된다. 체중저하는 간이 여분의 콜레스테롤을 분비하도록 함으로써 담석 형성의 원인을 제공한다.

19세기 이후로 담석은 집안 '내력'이라고 알려져 왔다. 일찍이 1937년에 독일 그룹의 연구에 의하면, 담석증을 지닌 환자의 가족이 비교군의 가족들보다 3배에서 5배 담석증에 걸릴 확률이 높다고 밝혔다. 더 최근에는 덴마크 그룹이 4,000명 이상의 사람들에게 초음파연구를 시도한 결과, 담석증 환자의 가족들이 비교군의 사람들보다 2배 이상 담석증에 걸릴 확률이 높았다. 1990년 젊은 담석증 여성 환자의 친척들을 조사한 결과, 비교군보다 3배나 높았으며, 콜레스테롤석을 지닌 27명의 어린이를 대상으로 한 스웨덴그룹의 연구는 15명의 어머니들과 2명의 아버지들이 담석증이 있었음을 보고하였다. 쌍둥이 연구결과 일란성 쌍생아가 이란성 쌍생아보다 훨씬 높은 40% 정도의 일치율을 보였다.

담석증에 관한 유전적 연구는 잘 되어 있지 않다. 담석증 빈도가 높은 멕시칸-아메리칸 중에서 발병 요인이 콜레스테롤 대사 관련 효소인 콜레스테롤-7a-하이드록실라아제를 만드는 유전자의 변이와 상관관계가 있다는 보고가 있다. 담즙형성과 분비에 관한 경로가 잘 알려져 있기 때문에 후보 유전자들이 많지만, 아직 하나도 정확히 밝혀진 것은 없다. 2003년말 산 안토니오의 한 연구그룹이 담석증을 지닌 멕시칸-아메리칸을 조사한 결과 염색체 11번 단완 끝부분에 원인유전자가 있을 가능성을 보고하였다. 이런 결과가 다른 인종의 연구에서도 밝혀진다면 이 부분에 분명 원인유전자가 있음을 알 수 있을 것이다.

담석증이 가계력이 있다는 것이 잘 알려진 사실이라 해도 아직까지 어떤 유전자도 이 증상의 직접적인 원인유전자임이 밝혀져 있지 않다. 하지만 중요한 유전적 요인인 비만과 담석증과의 상관관계는 매우 의미심장하다. 20~30세 사이의 비만 여성은 같은 연령대의 정상체중의 비교군에 비해 6배나 담석증에 걸릴 확률이 높다. 아마도 이것은 비만 여성이 담석의 주성분인 콜레스테롤 농도가 높은 것이 원인일 것이다. 유전적 요인이 큰 성인개시당뇨병도 담석증의 요인으로 알려져 있다.

담낭질환이 있는 가족력을 지닌 여성은 담석증에 걸릴 확률이 두 배나 높고 담낭질환에 걸릴 확률 또한 다소 증가한다. 이러한 가족력을 지닌 사람들에게 가장 도움이 되는 것은 체중조절에 주의를 기울이는 것이다.

내분비계 질환(Endocrine Disorders)

성인개시당뇨병(인슐린-비의존성 당뇨병, 당뇨병 유형 II- Adult-onset Diabetes, NIDDM, Diabetes Type II)

아버지와 형이 50대에 당뇨병에 걸렸는데, 나도 걸릴 확률이 높은가?

췌장의 인슐린 생성세포의 죽음이 원인인 연소성(年少性)당뇨병과는 다르게 성인개시당뇨병은 우리 몸이 췌장에서 분비되는 인슐린에 내성이 생겨 나타난다. 이 질환은 근육과 생체내 모든 세포에서 에너지의 공급원인 포도당을 흡수하지 못하게 한다. 당뇨병의 가장 확실한 초기 증상은 혈당이 올라가는 것이다. 불행히도 질환이 자신도 모르는 사이에 진행되어, 수개월 혹은 수년간 당뇨병에 걸린 줄도 모르고 지나가게 된다. 당뇨병 진단을 받을 즈음에는 보기보다도 여러 기관에 이미 손상이 심하다. 당뇨병 환자들은 특히 적절한 조처가 없는 경우 같은 연령의 정상인들보다 심장병, 신장질환, 시력장애 및 몸의 일부를 절단하는 예가 훨씬 높다.

성인개시당뇨병, 즉 인슐린-비의존성 당뇨병은 우려할 만큼 흔하며, 환자 수가 급격하게 증가하는 추세이다. 성인 5% 이상이 이 질환을 앓고 있으며, 미국에만도 1,700만의 환자가 있다. 당뇨병 유형 I에 비해 유형 II는 20배나 많다. 40~50대에 진단을 받은 성인 당뇨병 환자 대부분은 과다 체중이며, 그의 가족들도 당뇨병이다. 이것은 당뇨병이 생활습성과 유전적 요인 모두 원인 인자가 됨을 의미한다.

당뇨병 유형 II 질환이 많은 원인은 과도한 칼로리 섭취 때문이다. 이것은 '검약하는 유전자형'이라는 가설을 낳게 되었다. 과거에는 인류에게 에너지를 지방 형태로 저장하는데 필요한 유전자가 생존에 유리하였으나, 현대에는 동일한 유전자들이 비만과 당뇨병을 유발하는 경향이 높다. 아마도 가장 나쁜 경향은 인슐린-비의존성 당뇨병이 과거에는 아주 드물었던 어린 아이들에게도 퍼져나가는 것이다. 이는 과체중이거나 운동부족인 어린이들에게 대부분 나타난다.

당뇨병은 복합질환으로, 여러 방면의 전문 의료팀이 정기적으로 기준을 논의한 후 진단하여야 한다. 빈뇨, 목마름, 비정상적인 생체생리, 체중감소 등의 전형적인 당뇨병 증상을 보이는 환자는 진단이 용이하다. 근래에는 대부분의 경우 혈당량 측정을 통해 진단한다. 당뇨병에 걸릴 위험도를 혈당수치로 정의하면서 끊임없이 재평가하고 있다.

1979~1997년 사이에 전문가들은 굶은 상태에서 혈당이 140 mg/dl 이상이거나 75 mg의 포도당을 섭취한 2시간 후에 혈당이 200 이상이면 당뇨병으로 간주하였다. 1997년에는 미국 당뇨병협회에서 이 진단 기준을 더 확장하여 최근에는 굶은 상태에서 126이면 당뇨병 위험 수준으로 보고, 110~125 사이이면 '비정상적인 공복 혈당'으로 간주한다. 이것은 미국에서만도 수백 만의 사람들을 당뇨병으로 진단하게 하는 수치이므로, 이러한 수치들을 사용하는 데에는 논란이 있다. 이러한 이유로 혈당이 아주 조금 올라간 환자들에게 어떤 조언을 해야 할지 아직 의료계에서 뚜렷한 의견이 모아지지 않고 있다.

의사들은 오랫동안 당뇨병 유발에 유전이 중요한 요인임을 알고 있었다. 2000년 전의 힌두 문서에 의하면 '씨(seed)'와 '과식'이라는 두 가지 원인을 들고 있다. 가계도 조사에 의하면 당뇨병에 걸린 사람의 반 정도는 가족력이 있는 반면에, 같은 연령의 당뇨병이 없는 사람은 15% 만이 가족 중에 당뇨병이 있다. 일란성 쌍생아의 일치도는 45~90%로 비교군인 이란성 쌍생아보다 3배가 높다. 게다가 일란성 쌍생아가 늙어 감에 따라 좀더 면밀한 연구를 시행하면 할수록 일치도는 높아져, 어떤 경우에는 거의 100%에 이른다. 당뇨병 유형 II의 발병률은 인종에 따라 매우 다양하며, 미국에서는 남서쪽에 거주하는 피마 인디언의 발병률이 제일 높아서 전체 인구의 40% 정도를 이룬다.

인슐린-비의존성 당뇨병은 흔한 질환이지만, 원인 유전자의 역할을 찾아내기가 어렵다. 아마도 서로 다른 여러 유전자들이 관여할 것 같다. 이것은 한 가계에 여러 환자가 있을 경우, 한 개 이상의 유전자가 관여 되었을 가능성이 있다는 것이다. 이뿐 아니라 발병한 유형도 다를 수 있다. 현재로서는 명확하게 구분할 수 없지만 임상적으로 뚜렷이 다른 형태의 질환을 10년 이내에 판별해 낼 것이다. 예를 들어, 환자 가계의 당뇨병 발병 위험도와 체중과의 상관관계를 조사한 연구에서 환자가 비 만할수록 형제간의 발병 위험도가 더 낮았다

1990년 중반에 20개 이상의 후보유전자를 심도있게 연구한 결과 인슐린-비의존성 당뇨병의 1% 경우만 그 원인을 알 수 있었다. 인슐린 을 만드는 유전자의 변이가 원인이 된 경우는 1/300 정도였다. 과거 몇 년간 원인 유전자가 있을 법한 염색체의 위치를 찾기 위하여 전체 유 전체를 대상으로 연구해 왔다. 그 중 핀란드인을 대상으로 한 연구에서 염색체 12번에서 매우 가능성이 높은 부분과 몇몇의 후보 구역을 밝혔 다. 하지만 어떤 연구도 유형 II 당뇨병의 주요 유전요인을 밝혀내지는 못했다.

표 19. 성인개시 당뇨병 : 가계위험도

유병률	제2형 당뇨병이 있는 히스패닉 가계들 중 약 30%의 환자는 그 1촌 가족이 이미 질환을 앓고 있으며, 약 15%의 환자는 그 2촌 친척이 이미 질환을 앓고 있다.
고위험 가계들의 특징	이른 나이(25-40세)에 발병함. 가족 내 다수의 환자가 있음. 인슐린 저항성을 포함한 다른 징후도 있음. 고혈압, 비정상적 지방, 그리고 조기 관상동맥 질환
위험	히스패닉 가계들의 1촌 가족이 질환에 걸릴 위험성은 2배로 증가함. 코카시안 가계들의 1촌 가족이 질환에 걸릴 위험성은 3배로 증가함.

2002년에 출판된 리모인 등(Rimoin D.I., Connor J.M., Pyeritz R.E., and Korf B.R.)의 저서에서 허가를 받아 인용함. 저서명: *Emery and Rimoin's principles and practice of medical genetics*, 4th edition. Churchill Livingstones, London; ⓒ Elsevier

    2003년 여름 아이슬랜드에서 1,000여 명의 비 비만성 당뇨병 환자와 그 가족들을 대상으로 연구한 결과, 염색체 5번 장완에 원인 유전자가 있음을 밝혔다. 만약 이 연구 결과를 받아들인다면, 이 유전자는 인슐린-비의존성 당뇨병의 첫번째 원인 유전자가 될 것이다.

    다행히도 유형 II 당뇨병의 유사유형인 젊은이들에게 발병하는 성숙기 개시 당뇨병이라는 흔하지 않은 당뇨병 유형에 중요한 역할을 하는 유전자가 발견되었다. 이 유형의 당뇨병은 1996년에 처음 밝혀졌다. 원인 유전자는 염색체 7번에 위치하며, 이 유전자는 글루코키나아제라는 효소를 암호화한다. 나머지 성숙기 개시 당뇨병의 원인 유전자로 적어도 5개의 후보 유전자가 연구되고 있다.

    국제 당뇨병 유형 II 컨소시엄에 참여하는 연구진들이 최근에 이러한 유전자를 찾고자 서로 협조하고 있다. 유전체 상에 가능성이 있는 몇 구역을 찾았으나, 원인 유전자를 찾을 수가 없었다. 당뇨병 발병에 영향을 주는 감염 관련 유전자나, 흔히 보이는 안질환, 신장질환, 심장질환과 같은 합병증 유발에 관여하는 유전자들에 대한 증거는 있다. 인터류킨-1 유전자의 변이는 당뇨병 질환과 동반된 심장병 유발 및 눈과 신장 질환의 발병과 연관이 있다. 유전자 변이가 이러한 합병증의 원인은 아니지만, 합병증의 진전과 연관이 있는 듯하다.

인슐린-비의존성 당뇨병으로 진단받은 환자의 가까운 친척과의 상담이 경험적 연구를 바탕으로 진행되고 있다. 질환이 없는 가장 가까운 친척이 평생 질환에 걸릴 위험도는 20~30%이다. 이것은 일반인들과 비교시 3~4배 정도 높은 확률이다. 아버지와 삼촌 두 분 모두 인슐린-비의존성 당뇨병인 경우에, 본인이 당뇨병에 걸릴 확률은 더 높아 35% 정도이다. 물론 이러한 예상은 다른 위험 요인, 즉 비만과 같은 요인의 존재 여부에 따라 차이가 있다.

유형 II 당뇨병 환자의 가까운 가족이 질환에 걸릴 위험도를 저하시키기 위해 필요한 두 가지 중요한 일이 있다. 첫째, 건강한 식이요법을 유지하여 과체중을 피하도록 각별히 주의해야만 한다. 둘째, 정기적으로 혈당을 측정하고 의사와 상담을 해야 한다. 유전적으로 위험도가 높은 사람들에게 간단한 조처들로 질환 발병률을 낮추어줄 수도 있고, 발병이 되는 시기를 늦출 수도 있다는 것은 좋은 뉴스이다.

비만(Obesity)

왜 부모님이 비만이면 자식들도 비만일 가능성이 많은가? 이런 현상에 영향을 주는 유전자에 관해 알기 위해서는 어떤 연구를 해야 하나?

비만인 사람은 몸무게에 비해 비정상적으로 지방이 많다. 비만의 정도를 측정하는 표준단위를 BMI라고 하는데, 몸무게를 키의 제곱으로 나눈 값이다. 예를 들어, 키가 1.7 m이고 몸무게가 84 kg인 사람은

$84/1.7^2$이므로 BMI는 29가 된다. 일반적으로, 자신의 정상 몸무게보다 20% 이상이 되면 과체중으로, 과체중보다 더 뚱뚱해지면 비만으로 분류한다. 같은 맥락으로, BMI가 25~30 사이에 있으면 과체중이고 30 이상이 되면 비만이다. 이런 기준에서 살펴봤을 때, 미국 성인의 50% 이상이 비만으로 분류된다. 이러한 수치는 호주나 영국의 대도시에 사는 사람들의 2배에 달한다. 지난 50년 동안 비만 인구가 급속히 증가되고 있어, 이런 현상을 전염병의 일종으로 보는 사람도 있다. 국제보건기구 WHO는 현재 10억 이상의 인구가 과체중 혹은 비만일 것으로 추정하고 있다.

비만이 건강이 미치는 잠재적 효과를 생각해 볼 때, 비만은 전염병으로 보기에 충분하다. 사망률에 관한 연구들에서, BMI가 30 이상인 사람들의 사망 위험률이 급격히 증가된다는 결과들이 꾸준히 보고되고 있다. 성인의 경우, BMI가 35 이상인 사람은 같은 나이대의 BMI 25인 사람에 비해 사망할 위험이 대략 2배나 높다. 비만은 고혈압, 신장질환, 폐 질환과 매우 높은 상관관계를 가지고 있다. 고도비만은 심장질환의 위험인자로 오래전부터 잘 알려져 있다. 2002년 '프라밍햄 심장연구' 팀에 속해 있던 과학자들은 5,881명의 중년들을 대상으로 한 실험에서 BMI가 증가될수록 심장질환의 위험률이 증가됨을 증명해 보였다. BMI 25 이상에서 수치가 1씩 증가될 때마다 남자의 경우 심장질환의 위험률이 5%씩, 여자의 경우는 7%씩 증가했다. 모든 연령에서, BMI가 30 이상인 사람들은 BMI가 25 이하인 사람에 비해 심장질환의 위험률이 2배 가까이 증가된다는 것이 확인되었다.

드물긴 하지만 신경, 내분비 그리고 하나의 유전자 잘못으로 발생되는 질병들이 비만의 원인으로 작용한다는 것이 잘 알려져 있다. 이러한 경우는 전체적으로 봤을 때는 매우 낮은 확률이다. 대부분 연구의 초점은 정상적인 상태의 뇌에서 식욕을 조절하는데 관여하는 호르몬을 만들어내는 유전자에 집중되어 있다. 지방세포에서 만들어져서 뇌로 보내지는 호르몬인 렙틴은 MC4R과 α-MSH라고 불리는 유전자들과 함께 연구되고 있다. 2003년 과학자들은 α-MSH 유전자에 돌연변이가 생긴 경우 식욕이 크게 증가되고 고도비만이 된다는 것을 확인했다. MC4R 유전자에 돌연변이가 어린이에서 나타나는 경우는, 유전자 이상에 의한 비만의 6% 가량을 차지한다는 결과들도 있다. 이러한 발견에도 불구하고, 반박할 수 없는 사실은 대부분의 비만이 식욕조절 불균형과 과잉 에너지에 의한 것인데, 이것은 칼로리가 높은 음식이 넘쳐나는 현대사회에서는 더욱 조절하기 힘들어지고 있다. 만약 대학생 정도 되는 나이의 사람이 1년에 1 kg씩만 증가되더라도 40대 중반이 되면 비만이 된다. 이것은 하루에 약 3 g씩 몸무게가 증가되는 것으로, 이것이 20년 정도 지속되다 보면 심각한 과체중이 된다.

미국인은 지난 1세기 동안 점차적으로 뚱뚱해지고 있는데, 이는 비만의 원인으로 환경적인 요인이 중요하다는 것을 말해준다. 좋은 예로서, 아이오와주의 무스카틴에 사는 어린이들을 몇 십년간 연구한 결과가 있다. 1971년 12~14세 되는 어린이들의 17%가 비만이었는데, 1992년에는 같은 나이대의 여자어린이 31% 및 남자어린이 28%가 비만이었다. 어린이 비만의 급격한 증가는 2003년 미국식품의약국에 의해 심각한 징후로 결정되었고, 어린이들에게도 제니칼이라 불리는 살 빼는 약을 처방할 수 있도록 허가가 내려졌다. 주요한 환경적 위험요소로는 성별, 인종, 기아현상이다. 남자보다 여자가, 백인보다는 흑인이 그리고 부유한 사람보다는 가난한 사람이 비만인 경우가 많다.

다른 한편으로 보면, 사실상 사회의 모든 사람들이 높은 칼로리를 섭취함에도 불구하고 일부 몇 사람들만이 비만이 된다는 사실은, 비만을 일으키는 데 있어서 몸무게를 증가시키고 유지시키는데 어떤 유전적 조절인자가 존재한다는 것을 의미한다.

비만에 있어서 유전자는 얼마나 중요한 것인가? 어떤 한 평론가는 "유전적인 요소가 주어진 환경에서 몸무게를 결정하는데 주요한 기능을 담당한다는 것이 확실하다."라고 말했다. 가족연구는 유전에 의해 생기는 비만에 관해 우리에게 정답을 알려줄 수 있을까? 비만인 어린이들의 부모는 적어도 한쪽이 비만인 경우가 매우 많다는 것이 상당수의 연구들에서 보고되었다. 그 정도가 적게는 44%에서 많게는 85%에 이른다. 이것은 신체 특성을 결정하는 모든 유전성 중에서, 단지 과체중이 아니라 비만이 되게 하는 형질이 있음을 뜻한다. 어머니가 비만인 경우가 아버지에 비해 2배 높은 것으로 나타났다. 양쪽 부모가 모두 비만인 경우는 전체 가족의 25%였고, 일반적인 인구에 비해서 비만이 될 가능성이 훨씬 높다. 비만인 커플과 이들의 자녀를 비교한 연구에 의하면, 부모의 평균 BMI가 증가될수록 이들 자녀도 성인이 됐을 때 비만이 되었다. 물론 이러한 연구가 유전이 환경요소보다 우선이라는 문제를 해결해 줄 수는 없다.

　비만인 부모에게 입양된 아이들에 대한 연구가 지속적으로 보고되었다. 이중 가장 유명한 보고는 덴마크의 입양기록을 바탕으로 한 것이다. 과학자들은 입양된 400명의 여성과 400명의 남성을 연구했는데, 이들의 BMI는 길러준 부모들과는 어떤 상관관계도 살펴볼 수 없었다. 반면, 입양된 사람 중 비만자는 이들을 낳아준 부모의 한쪽 혹은 양쪽 모두가 비만이었다.

　가장 흥미로운 연구는 아마도 쌍둥이 조사일 것이다. 같이 자란 일란성 쌍둥이 44쌍과 다른 곳에서 자란 쌍둥이 44쌍을 비교한 연구에서, 연구원들은 길러진 곳에 상관없이 쌍둥이들의 몸무게에 별 차이가 없음을 확인하였고, 이런 결과로 유전적 요인이 BMI를 정해 놓는다는 것을 강하게 주장할 수 있었다. 과학자들은 쌍둥이의 BMI를 좀더 장기적으로 관찰하였다. 1,983쌍의 일란성 쌍둥이의 몸무게와 2,104쌍의 이란성 쌍둥이의 몸무게를 20세 때와 45세 때에 각각 비교한 연구가 있다. 두 그룹에서 모두, 나이가 들수록 점차 뚱뚱해지는 경향성이 관찰되었으나, 일란성 쌍둥이의 몸무게는 이란성 쌍둥이의 몸무게 차이보다 작았다. 종합적으로 봤을 때, 일란성 쌍둥이의 일치도가 0.7이었는데, 유전형질

중에서는 가장 높은 상관관계를 보인 것이다. 다른 결과들은 유전적 요소가 유년기에 더욱 중요하고 환경적 요소는 중년기와 그 이후에 중요하다는 것을 제시했다.

표 20. 비만 : 부모와 어린이의 비만 자료에 근거한 어린 성인의 비만 위험성

나이	유아 비만 예/아니오(비율)	비만인 부모의 수 양친 중 1명	양친 모두
1-2	1.3	3.2	13.6
3-5	4.7	3.0	15.3
6-9	8.8[a]	2.6	5.0
10-14	22.3	2.2	2.0
15-17	17.5	2.2	5.6

2002년에 출판된 리모인, 코너, 페리츠, 코프(Rimoin D.I., Connor J. M., Pyeritz R. E., and Korf B. R.)의 저서에서 허가를 받아 인용함. 저서명: *Emery and Rimoin's principles and practice of medical genetics*, 4th edition. Churchill Livingstones, London; ⓒ Elsevier

[a]예를 들면, 비만인 8세 어린이가 성장하여 20대가 되었을 때 비만일 확률은 정상 어린이의 경우보다 9배 높다.

장기간에 걸친 가족연구에서는 약간은 낮지만 여전히 강한 상관관계를 보여준다. 7만 5,000명을 대상으로 한 노르웨이 연구에서의 유전계수는 0.4였다. 복부지방 분포와 관련된 연구에서는 가족간에 높은 유전성이 있음을 보여주었고, 유전계수는 대략 0.5였다. 만약 첫 세대가 극도로 비만(BMI>40)인 경우는 비만의 위험이 크게 증가된다. 한 연구에서는, 조상(첫번째 부모)이 같으면서 BMI가 40 이상인 235가계의 가족들의 비만을 조사한 결과, 무작위로 선정된 일반가정에 비해 25배나 높은 심각한 비만을 나타내었다.

지난 몇 년 동안, 비만생리학을 이해하는데 많은 발전이 있었다. 가

장 중요한 일은 생쥐 모델을 통해서 수행되었다. 1991년 록펠러대학의 한 연구 팀은 유전자에 돌연변이가 생겨 비만이 된 생쥐를 이용한 연구를 통해, 성공적으로 원인유전자를 동정하였다. 연구팀은 비만 쥐에서 어떤 유전자에 의해 만들어지는 단백질이 결여되어 있음을 발견하였고, 이 생쥐에게 그 단백질을 넣어주면 비만이 치료되는 것을 관찰하였다. 연구팀은 이 단백질을 '렙틴', 유전자는 'LEP'라고 명명하였다. 이는 사람의 7번 염색체상의 LEP 유전자에 변형이 생겨 비만을 일으키는 위험인자로 작용할 것 같은 희망을 주었으나, 사실은 그렇지 않았다. 계속된 연구로 생쥐에서 렙틴수용체를 동정하게 됐고 비만의 원인에 대한 많은 정보를 얻었다. 사람에게 생긴 이 유전자의 돌연변이가 몇몇의 고도로 비만인 사람들에게서 발견되었으나, 그들의 숫자는 아주 적었다.

  1995년까지, 비만의 범주에 속하는 가족들의 DNA를 이용한 많은 연구가 진행되었다. 유전체를 대상으로 비만을 쉽게 일으키는 유전자를 찾던 중 확실치 않은 결과들을 얻게 되었는데, 이는 인간의 생리가 매우 복잡하기 때문일 것으로 생각된다. 비만 유전자 지도 데이터베이스에 따르면, 적어도 80개의 유전자가 비만과 연관되어 있고, 많은 유전자들이 지방세포를 형성하는데 관여할 것이라고 한다. 유전적 복잡성에도 불구하고, 몇몇 중요한 발전이 2002년에 이루어졌다.

  솔트 레이크 시티의 미리아드 제네틱스라는 회사에 있는 스톤 박사 연구팀은 고등학교 때부터의 건강 자료를 모아 놓은 유타의 기록들을 대상으로 연구했다. 그들은 비만 원인유전자를 찾기 위해, 가족들 중에 적어도 2명 이상이 45 kg 이상 과체중인 사람이 있는 가족들을 조사했다. 그들은 병원 기록을 통해 위장접합수술을 했던 8,000명 환자를 확인하고 개개인과 접촉했다. 비만은 다양한 환경적 및 유전적 요인에 의해 발생되므로, 과학자들은 엄격한 범위를 사용하여 DNA연구를 위한 가족들을 선택하고, 선택된 가족들은 적어도 3명 이상 친척들의 BMI가 40이 넘어야 했다.

그들은 628개의 표지유전자를 이용하여 DNA 찾기를 수행하여 여성, 남성, 그리고 성에 상관없이 3가지 방법으로 결과를 분석했다. 가족 비만은 성에 상관없이 나타났는데, 이는 어떻게 보면 아주 놀라운 결과이다. 그러나 37가계에게서는 3배 혹은 그 이상으로 비만 여성이 심각하게 많았다. DNA 분석결과 중요한 정보를 얻을 수 있었는데, 비만을 일으키는 유전자가 4번 염색체의 단완에 위치하고 있다는 것이다. 과학자들은 그들의 연구를 확장해서, 14가계를 첨가하여 광범위한 가족연구를 수행했다. 대략 1,000명 이상이 관여되었다. 두번째 연구는 첫번째 연구를 강하게 뒷받침해 줬다. 그들의 결과는 하나의 유전자가 아마도 심각한 여성 비만을 일으키는데 관여하고 있음을 제안했다. 그 유전자는 반드시 동정되어야 하고, 조만간 첫번째로 진짜 비만을 일으키는 유전자가 동정될 전망이다. 더욱 중요한 것은, 우리가 예방과 치료를 위한 시도에 대해 새로운 아이디어를 얻게 될 것이라는 점이다.

2002년에는 중국과 네브라스카에 있는 크링톤 대학의 과학자들이 비정상적으로 골밀도가 낮은 사람들을 대상으로 고른 630명을 포함하는 53가계를 연구한 결과를 보고했다. 낮은 골밀도는 낮은 BMI와 매우 높은 상관관계가 있다. 이들 팀은 380개의 표지유전자를 이용해서 BMI에 영향을 주는 유전체 수준에서 분석을 수행했다. 그들은 2번 염색체의 장완에 있는 한 부위가 25% 이상의 BMI 변이를 설명할 수 있음을 찾았다. 몇 달 후, 다른 그룹의 과학자들이 비만을 일으키는 유전자를 찾기 위해 4개 6,849명의 환자를 대상으로 8번에 걸친 유전체-수준의 분석을 수행했다. 그들은 이전에도 이미 보고되었던 위치인 염색체 3q27 위치에 비만을 일으키는 유전자가 존재할 것이라는 강한 증거를 제시했다.

무엇이 결론일까? 어른 몸무게는 매우 높은 유전형질에 의해 좌우되며, 유전성은 작게는 0.5 많게는 0.9로 평가된다. 어른 몸무게의 가장 좋은 예상 지수는 부모의 몸무게이다. 이미 80년 전에 찰스 다윈[1]은 처

---

1) 한국동물학회 교양총서 제1권 『찰스 다윈』, 1999. 전파과학사, 서울.

음으로 부모의 몸무게와 그들 자식의 몸무게를 비교한 연구를 출간했다. 528명의 부모와 1,671명의 자녀를 연구한 이 보고에서, 그는 몸의 형질에 강한 유전성이 있을 것이라고 했다. 23쌍의 날씬한 부모의 자식이 비만이 되는 경우는 없었고, 양쪽 모두 뚱뚱한 부모에게서 태어난 자식은 절대 날씬하지 않았다. 비만의 원인이 하나의 유전자에 의해 나타나는 아주 소수 가족들의 경우를 제외하고서라도, 대부분의 비만한 사람들은 그들이 유전적으로 칼로리를 저장하기 쉬워 지방이 쌓이는 것이고 풍요로운 세계에 살고 있기 때문이다.

골다공증(Osteoporosis)

우리 할머니는 척추가 쇠약해져 허리가 완전히 구부러지셨는데, 이것은 골다공증 때문이라고 한다. 나도 이런 위험이 있는 걸까?

뼈의 질량과 조직이 천천히 지속적으로 줄어들고 파괴되어 골절이 생길 위험이 증가하여 있는 상태를 골다공증이라고 한다. 세계보건기구가 정의한 바에 의하면 같은 성별과 인종에서 25세 성인의 평균적인 골밀도 표준편차 2.5보다 낮은 경우를 골다공증이라 하고, 상대적으로 골밀도는 낮지만 표준편차 2.5보다 낮지 않은 경우를 골결핍증이라고 한다. 골다공증은 건강한 사람에게도 발생할 수 있는 흔한 질병이며, 특히 나이든 여자에게 빈번하게 나타난다. 미국의 폐경 이후의 백인 여성 가운데 절반 가량이 평균보다 골밀도가 낮으며, 20% 정도는 세계보건기구에서 정한 골다공증 범위에 들어간다.

골격의 성장은 청년기에 멈추지만, 뼈는 일생 동안 분해와 재생성을 반복하며 재구성된다. 뼈의 무게는 성인이 되었을 때 가장 높다가, 나이가 듦에 따라 그 무게가 점차적으로 감소한다. 이는 노화된 뼈를 제거하는 세포와 새로운 뼈조직을 만드는 세포의 활성에 불균형이 생겼기 때문이다. 골다공증이 있는 사람의 뼈는 더 가늘고 중요한 구조물질을 더 적게 함유한다. 골다공증은 성별, 인종, 나이에 있어서 다양하게 발생하는데 흡연, 과음, 운동 부족, 칼슘대사에 영향을 주는 약품의 장기복용 등이 원인이 될 수 있다. 낭포성 섬유증이나 크론병과 같은 희귀 질병 또한 골다공증의 위험을 증대시킨다.

골다공증의 위험이 가장 높은 그룹은 폐경 이후의 백인 여성이고, 가장 낮은 그룹은 흑인 남성이며, 백인 여성은 흑인 여성보다 2배 정도 위험성이 높다. 골다공증과 관련된 주요 위험인자는 골절인데, 미국에서 해마다 150만 명의 사람들이 골다공증으로 인한 골절로 고통받으며, 이러한 질병의 치료에 1년당 100억 달러의 비용이 든다고 조사되었다. 지난 10년 동안 뼈의 질량을 상당히 정확하게 측정할 수 있는 저가의 골밀도계가 개발되어 골다공증 역학 조사에 사용되고 있다. 평균적으로 폐경 이후의 백인 여성은 동일한 나이의 흑인 여성보다 더 얇은 뼈를 갖는다.

가장 흔하게 생기는 골절은 손목, 쇄골, 골반, 그리고 척추이다. 이러한 골절의 빈도는 나이와 개개인의 활동 정도에 따라 다양한데, 골반 골절은 나이 든 여성에게 가장 흔한 골절이며, 이러한 여성은 그렇지 않은 여성에 비해서 1년 안에 사망할 확률이 10% 정도 높다. 한 조사에 의하면 여성들은 척추 골절에 대해서 더 높은 관심을 갖고 있는데, 이는 다른 골절에 비하여 의학적으로 중요한 문제를 일으키지는 않지만, 이로 인하여 생기는 골격의 변화와 신장의 감소, 척추의 심한 구부러짐 등의 외형적인 변화를 두려워하기 때문이라고 한다.

골 질량의 증가 혹은 유지 및 골다공증과 관련된 위험에 있어 유전적 요소의 역할이 중요하다는 연구가 많이 진행되어왔다. 가계조사를 통해 골밀도가 유전성이 높다는 것을 알 수 있다. 유전자의 변이가 특정 타입의 골절에 영향을 미친다고 제안한 연구도 있다. 그렇다면 유전적인 영향이 얼마나 강한 것일까? 쌍둥이에 관한 연구는 대퇴부와 요추

뼈에서 골밀도의 유전성이 60~90%에 달한다는 것을 보여주는데, 이는 상당히 높은 수치이다. 어머니와 딸의 골밀도는 높은 연관성을 갖고 있고, 골다공증으로 인해 골절된 사람의 형제는 골밀도가 낮을 확률이 6배 이상 높다. 골절의 위험 또한 어머니와 딸 사이에서, 외할머니와 손녀 사이에서 밀접하게 연관되어 있다. 한쪽이 골절이 있다면 다른 한쪽도 그럴 확률이 매우 높다는 뜻이다.

골다공증이 일반적으로 노인들의 질병이고 유전 및 환경적인 요소가 골다공증의 증가에 많은 역할을 한다는 것이 알려져 있기 때문에, 그 원인이 되는 유전자를 찾는 연구가 매력적이라는 것은 놀랄 일이 아니다. 지난 십년 동안 몇몇 연구팀은 골다공증의 위험을 증가시키는 몇 개의 유전자를 찾는데 성공했다.

대략 20개 정도의 유전자가 골밀도와 관련 있다고 밝혀졌는데, 골격 기질을 구성하는 α-1-콜라겐을 만드는 COL1A1이라는 유전자는 골밀도를 늘려서 골절의 위험을 줄이는데 중요한 역할을 하며, 이 유전자에 변이가 생길 경우 골밀도가 감소한다. 이러한 변이가 있는 여성의 경우, 요추뼈의 골절 위험이 높다고 한다. 또 다른 연구에 의하면 비타민 D 수용체, 콜라겐(COL2A1), 인터류킨6, TGF-β 등과 같은 단백질을 만드는 유전자의 변이는 골다공증의 위험을 증가시키거나 감소시키는 방법으로 뼈의 생성과 분해에 영향을 준다고 한다. 지금까지는 이러한 유전자들이 전반적인 위험요소 가운데 극히 일부분만을 설명할 수 있었지만, 앞으로 더 중요한 역할을 하는 유전자들이 밝혀질 것으로 예상된다.

표 21. 골다공증의 가계 위험도

유병률(有病率)	여자의 약 45%와 남자의 약 30%가 골다공증 가계력을 갖고 있다.
고위험 가계의 특징	골다공증 가계력이 있는 사람과 없는 사람을 골다공증이 판명된 나이, 성별, 골절 경험, 골 광물질의 밀도 등의 면에서 비교해 보았을 때 큰 차이점은 없음.
위험도	골반 골절은 모계의 영향을 받아 여아에게서 2배로 높게 나타난다. 한 여성이 골다공증일 때, 그녀는 모계(33%)와 부계(5%)의 영향을 받은 것이다.

    2003년에 과학자들은 아이슬란드 사람들에게서 뼈의 형성에 필요한 BMP2라는 단백질의 변이가 상대적으로 흔하다는 것을 알아내었고, 이들은 골다공증의 위험이 2~6배 가량 높다는 증거를 확인하였다. 이러한 증상이 북유럽 계통의 사람들에게 일반적으로 나타난다는 것을 밝힌다면 BMP2가 대표적인 원인유전자라고 할 수 있을 것이다.

    골다공증을 가진 사람들마다 쉽게 입을 수 있는 골절의 종류가 다른 것은 유전자의 영향일 것이라는 주장이 오랫동안 제기되어 왔다. 최근에 유타주에서 골반 골절이 있는 수백 명의 사람을 조사하여, 그들의 DNA에서 골다공증을 유도한다고 알려진 특정 유전자들의 변이가 어느 정도 있는가를 알아보았다. 비타민 D 수용체와 에스트로겐 수용체, 오스테오칼신 유전자의 변이는 여성의 골반 골절과 관계가 있었고, COL1A1의 변이는 여성과 남성 모두에게 골반 골절의 위험성 증가와 관련이 있었다.

    유전적으로 골다공증을 일으키는 것 중에 하나는 인터류킨-1의 변이이다. 이 유전자는 면역반응을 일으키는 데에 중요한 역할을 하는데, 뼈의 유지와 생성의 조절에도 중요하게 작용한다. 실제로 이 유전자가 처음으로 연구되었을 때에는 파골세포(破骨細胞) 활성인자로 명명되었다. 파골세포는 노화된 뼈를 분해하는 세포이다. 한 연구에 의하면 인터류킨-1에 변이가 있는 여성의 경우가 그렇지 않은 여성보다 척추 골절이 더 많다고 한다. 이러한 발견을 뒷받침할 수 있는 더 많은 연구가 진행된다면, 어떤 연령에 있는 여성이 골다공증에 걸린 위험도가 얼마인지 측정하는 기법을 개발할 수 있을 것이다. 이러한 기법에 신빙성을 더하기 위해서는 위험도를 알아내는 것뿐만 아니라 뼈의 안전을 위해 어떤 대책을 마련해야 할 것인지도 알 수 있어야 한다.

현재, 몇 가지 상업적으로 유효한 유전자 위험 측정 방법이 있다. 그러나 이러한 방법들은 골다공증을 일으키는 전체 유전자 가운데 극히 일부분만을 살펴볼 수 있고, 이러한 위험 유전자를 분석하는 저가의 유전자 위험 측정 테스트는 몇 년 안에 상업적으로 가능해질 것이다. 비록 이러한 방법으로 질병을 진단할 수는 없을 테지만, 건강에 대한 의식이 있는 여성에게 그들의 위험도를 인식하고 건강을 강화할 수 있는 행동을 취하도록 유도하는데 사용될 수 있을 것이다.

이 장을 시작할 때 제기한 물음에 답변하기는 쉽지 않다. 질문하고 있는 사람이 건강한 30세의 백인 여성인데 그녀의 어머니는 건강하고, 규칙적으로 운동하고 골다공증을 앓고 있지 않은 60세 여성이지만, 84세가 되었을 때에는 골다공증을 겪고 있다고 가정해 보자. 현재의 지식으로 생각해보면, 이 30세의 여성은 골다공증을 앓을 위험이 있지만, 칼슘제 섭취, 운동, 금연, 체중 유지 등과 같이 건강을 유지하기 위해 노력한다면 이러한 위험을 감소시킬 수 있을 것이다.

갑상선 질환(Thyroid Diseases)

유전자에 따라 갑상선 질환에 더 쉽게 걸리게 되는 건가?

갑상선이란 목의 아래 부분에 위치하고, 요드를 농축하고 있는 샘으로서, T3와 T4로 불리는 두 가지 갑상선 호르몬을 생산하고 분비하는 기관이다. 갑상선 호르몬은 성장과 발달에 아주 중요한 역할을 하고, 신체의 기초 대사량을 결정하는데도 주요 기능을 담당하고 있다. 정상의 인체에서는 갑상선 자극 호르몬(TSH)이라고 불리는 뇌하수체호르몬의 피드백 조절에 의해 T3와 T4의 분비가 이루어진다. T3와 T4가 분비되면 온몸을 순환하다가 수용체 단백질을 통해 세포 안으로 유입된다. 이렇게 일단 세포 안으로 들어가면 세포의 활성을 높이거나 낮추는 조절작용을 수행한다. 갑상선에 이상이 생기는 것은 비교적 흔한 질병인데, 호르몬의 과잉 생산(갑상선 기능 항진증), 호르몬의 생산 부족(갑상선 기능 저하증), 그리고 갑상선 암으로 크게 세 가지 형태로 분류될 수 있다. 여기서는 갑상선 암을 제외한 다른 두 가지 유형의 갑상선 질환에 기여하는 유전자의 역할에 대해 살펴볼 것이다.

첫번째 유형인 갑상선 기능 항진증 중 가장 흔한 병은 그레이브스병(Grave's disease GD)으로 이는 자가면역 질환이다. 병이 심각한 경우에는 피부가 오렌지 껍질처럼 거칠어지거나 눈이 돌출되는 것과 같은 신체적 증상이 나타나기도 하지만, 병의 진단은 생화학적인 면을 살펴보고 내리게 된다. 병에 걸린 사람은 갑상선 호르몬을 과잉으로 분비하고, 갑상선 자극 호르몬(TSH)이 낮은 농도로 측정되며, 다른 뇌하수체의 이상은 관찰되지 않는다. 이 병에 걸린 대부분의 환자는 갑상선 조직의 세포 표면을 공격하는 자가항체를 만들어낸다. B세포는 갑상선 호르몬을 과잉 생산하도록 갑상선을 자극한다.

하시모토 갑상선염은 그레이브스병과 비슷한 질병이다. 하시모토 갑상선염은 T세포라는 면역세포가 갑상선에 침입하여 조직의 여포세포를 공격하기 때문에 생긴다. 왜 이러한 현상이 나타나는지 아직 잘 모르지만, 갑상선이 감염되면 T세포를 자극하여 T세포가 갑상선 세포를 외부 물질로 잘못 인식하여 공격한다고 추정하고 있다. 병에 걸리면 갑상선종(고이터)1)이 생기는 경우도 있다. 하시모토 갑상선염은 일본 사

---

1) 갑상선종(고이터, goiter) : 갑상선 조직이 손상을 받아 증식하고 비대해지고 일부

람들에게 제일 흔한데, 그 이유는 아직 알려져 있지 않다.

위에서 살펴본 두 가지의 갑상선 자가면역 질환은 미국 시민 1%가 갖고 있을 만큼 비교적 흔한 질병이다. 또한 조사한 바에 의하면, 여성이 그레이브스병에 걸릴 확률이 남성보다 5배 이상 높다고 한다. 여성이 평생 동안 이 병에 걸릴 위험도는 5% 정도이고, 남성은 1% 정도라고 할 수 있다. 쌍생아 연구의 결과에 의하면 일란성 쌍생아의 경우 일란성 쌍생아는 30~60%, 이란성 쌍생아는 3~9%였다. 여러 가계를 연구한 결과를 보면, 환자의 어머니와 여자형제가 병에 걸릴 확률이, 환자의 아버지나 남자형제가 병에 걸릴 확률보다 더 높은 것을 알 수 있다. 그레이브스병 환자의 여자형제들은 5~10%가 역시 그레이브스병을 앓고 있는데 반해, 환자의 남자형제들은 2%만 병을 앓고 있었고, 아버지들의 경우에는 거의 병을 앓고 있지 않았다.

이러한 가계 연구는 아직 확실하지는 않지만 유전자가 이 병의 발생률을 결정하는데 중요한 역할을 한다는 것을 알 수 있게 해 준다. 그레이브스병에 걸릴 위험은 HLA-8/DR3 유전자형[1]을 가진 사람들에게서 많이 나타난다는 점이 그 증거라고 할 수 있다. 그레이브스병 환자들은 HLA-8/DR3 유전자형을 일반 사람들보다 3배나 높게 가지고 있었다.

과학자들은 분자 생물학의 지식을 토대로 그레이브스병과 하시모토 갑상선염에 관여하는 유전자를 밝혀내기 시작했다. 가장 최근 연구에서는 가족 구성원 중 한 사람 이상이 이 질병을 앓고 있는 102가계를 대상으로 환자인 가족원들과 병을 갖지 않은 다른 가족원들 간의 400개의 DNA 표지자의 연관성에 대해 살펴보았다. 그 결과 염색체 20q, 12q 부

분이 퇴행변화를 일으킨 상태
[1] HLA (Human Leukocyte Antigen) : 인체 백혈구 항원. 6번 염색체에서 확인되는 유전적인 표지자로 자기와 비자기를 구별하여 조직 적합성을 판단해 주는 역할을 한다. 종류에는 A, B, C와 DP, DQ, DR 등 여러 가지가 있으며 자가면역 관련 질환에 관여한다고 알려져 있다.

분에서 질병과 관련된 유전자를 밝혀낼 수 있었다. 또한 기존 연구에서 알려졌던 6p와 14q 부분의 유전자도 연관성이 있다는 것을 다시 한 번 확인할 수 있었다.

그러나 아직은 그레이브스병을 일으키는 주요한 유전자가 밝혀져 있지 않은 상태이기 때문에 단지 같은 가족 구성원 안에서, 특히 여성에서 발병할 위험성이 더 크다고 밖에 얘기할 수 없다. 만약 한 여성이 HLA-8의 유전자를 가지고 있고 그의 직계 가족 중 한 명이 병에 걸린 상태라면, 자신도 병에 걸릴 확률은 10% 정도로 높다고 할 수 있겠다. 만약 한 여성이 HLA-DR3의 유전자형을 가지고 있고 그의 직계 가족 중 병에 걸린 사람이 있다면 자신도 병에 걸릴 확률은 15% 정도일 것이다.

두 번째 유형인 갑상선 기능 저하증은 크레틴병이라고도 불리우며, 갑상선이 갑상선 호르몬을 불충분하게 생산하는 질병이다. 이 병 역시 비교적 흔하게 나타나기 때문에 신생아에서 이 병의 유무를 선별 검사로 진단하고 있을 정도이다. 실제로는 신생아 5,000명 당 한 명 꼴로 밖에 갑상선 기능 저하증이 나타나지 않지만, 병에 걸린 아기를 호르몬 요법 등으로 바로 치료하지 않으면, 정신지체를 일으킬 수 있기 때문에 깊게 주의할 필요가 있다. 전 세계적으로 이 병을 유발하는 가장 흔한 원인은 요드 섭취의 부족이고, 요드 섭취가 충분한 나라에서 병의 흔한 원인은 자가면역에 의한 갑상선염이다. 갑상선 기능 저하증 역시 남성보다 여성에게서 흔하다. 남성은 평생에 걸쳐 1% 정도 발병할 수 있으나, 여성은 발병할 위험도가 10%나 된다. 70세 이상의 여성에서는 100명 중 2명 꼴로 발병하기도 한다.

갑상선 기능 저하증은 특정 가계에서 병에 걸린 환자의 수가 많게 나타나며, 일란성 쌍둥이에게서 둘 다 발병할 가능성 또한 높다. 유전자 검색 연구 결과 염색체 12번과 13번에 후보 원인유전자가 존재하였다. 그러나 아직은 갑상선 기능 항진증에서 밝혀진 HLA 유전자와 같이 뚜렷한 유발 유전자는 밝혀내지 못한 상태이다. 갑상선 기능 저하증에 걸린 신생아를 낳은 부부가 미래에 또 다시 이병을 가진 아기를 낳을 가능성은 25%나 된다. 어른 가운데 환자의 형제가 동시에 병을 앓을 확률은 1~2% 정도라고 할 수 있다.

감염성 질환(Infectious Diseases)

감염에 걸리는 감수성 정도(Susceptibility to Infection)

심각한 감염에 걸릴 위험이 특정 유전자 때문에 높아질 수 있나?

인간, 세균 그리고 인간과 세균을 감염시키는 미생물들은 함께 진화해 왔다. 지난 백만 년 동안, 특히 지난 5,000년 동안 인류의 생활환경은 점차 밀집되는 경향을 띠었고, 이로 인해 사람과 사람 사이의 감염은 더욱 활발해졌다. 그 결과 인간의 유전자 중 감염에 저항성이 더 뛰어난 돌연변이형이 적자생존법칙에 의해 살아남아 인간 유전자 풀에 퍼지게 되었다. 이와 동시에 세균, 바이러스, 기생충 역시 숙주인 사람에게 쉽게 침투하고 생존에 유리한 돌연변이형이 그들의 유전자에 살아남아 퍼지게 되었다. 이는 침투하는 병원균과 이를 방어하려는 숙주 간의 결코 끝나지 않을 전쟁이라고 할 수 있다.

지난 몇 천 년 동안 어린이들은 특히 설사를 일으키는 병과 폐렴에 걸려 일찍 죽는 경우가 많았다. 이러한 질병에 걸리기는 했으나 살아남은 아이들은, 한 번도 질병에 걸린 적이 없는 아이들에 비해 더 오래 사는 경향이 있다는 재미있는 증거 자료들이 있다. 전염병을 이겨낸 사람들은 감염에 대해 자신을 건강하게 방어할 수 있게 해준 유전자를 가지고 있다는 것을 말해주는 것이다.

18세기부터 감염에 의한 사망률이 줄어들었다. 이것이 가능했던 명백한 첫번째 이유는 사회적인 위생 상태가 향상되었기 때문이다. 그 중에서도 가장 중요한 요인 하나를 꼽으라면 도시의 수질이 개선되었기 때문일 것이다. 백신과 항생제도 중요한 역할을 하였지만, 이러한 약물을 사용하기 전부터 인류의 사망률은 줄어들기 시작하였던 것이다.

20세기를 거치면서 인류는 인간의 적인 미생물을 상대로 놀라운 승리를 거두었지만, 아직 그 싸움을 완전히 이겼다고는 할 수 없다. 세균은 새로운 저항성을 획득하고 있고, 가장 강하고 최신의 항생제에도 내성을 가진 세균들을 발견했다는 보고들이 넘쳐나고 있다. 특히 HIV(사람 면역 결핍 바이러스)와 인플루엔자바이러스는 빠르게 돌연변이를 일으킬 수 있는 종으로 잘 알려진 바이러스이다. HIV는 계속 새로운 종으로 진화하여 1990년대에 이의 생장을 억제하는 효과가 있던 약물인 프로테아제 억제제[1]의 효과가 없어지고 있다. 또한 인플루엔자바이러스에 대해서는 매년 바이러스의 여러 종들 중에서 어떤 종이 그 해에 가장 치명적으로 작용할지 추측하여 백신을 새로 만들어내는 위험한 추측 게임을 하고 있는 상황이다.

위험한 감염원에 노출된 경험이 있는 인구 집단을 대상으로 그 감염원에 대해 몸이 반응한 정도를 통계로 살펴보면, 흔히 예상할 수 있듯이 종 모양의 분포를 보이게 된다. 종 모양 그래프의 한 쪽 끝 부분에는 병원균에 노출은 되었으나 감염되지 않은 사람들로 구성될 것이고, 그 바로 옆 부분은 감염은 되긴 했으나 경미한 증상만을 보이는 사람들일 것이다. 다른 한 쪽의 끝 부분에는 매우 심하게 병을 앓는 경우의 사람들일 것이고, 제일 끝 부분은 적극적인 치료를 받았음에도 불구하고 그 병으로 인해 죽는 사람들이 차지할 것이다. 일반적 인구 집단

---

1) 프로테아제 억제제 (protease inhibitor) : HIV 바이러스가 인체 내에서 성숙하기 위해서는 aspartate protease라는 단백 분해 효소가 필요한데, 이를 바이러스가 사용할 수 없도록 억제시켜 주는 약물이다.

의 사람들이 서로 의료 서비스를 받는 정도가 비슷하다고 가정할 때, 왜 이토록 그 반응에 차이가 나타나는 것일까? 그 대답은 바로 사람마다 그 구성 유전체에 내재되어 있는 방어 능력에 대한 정보가 다양하기 때문이라는 것이다. 그로 인해 특정 균에 의해 침입을 당했을 때, 어떤 사람은 다른 사람들보다 균을 물리치는 능력이 부족하게 된다. 이러한 예들은 많이 있다.

유전적 정보가 감염에 대한 감수성과 저항성을 결정한다는 증거로는 무엇이 있을까? 가장 유명한 예로 겸상 적혈구[1] 유전자를 살펴볼 수 있다. 겸상적혈구 유전자형은 β-헤모글로빈이란 유전자의 돌연변이로 인해 나타나게 되는데, 이 돌연변이가 대립유전자의 양쪽에 모두 생기면 겸상적혈구 빈혈증을 앓게 되고 동시에 말라리아에 걸릴 감수성은 매우 줄어든다. 겸상적혈구 형질은 질병을 일으키는 유전자형인데도 불구하고 아프리카인들의 10명 중 1명이 가지고 있을 정도로 매우 흔한 편이다. 아마도 말라리아에 걸릴 위험이 높은 아프리카 환경에서 자연은 말라리아에 걸려 죽는 위험을 줄이는 대신 겸상적혈구 빈혈증에 걸릴 위험을 선택한 것이 그 이유가 아닐까 라고 추측하고 있다. 이와 비슷하게 α-헤모글로빈 유전자의 돌연변이가 일어난 형태 역시 말라리아에 걸릴 위험성이 줄어든다.

플라스모듐 비박스(Plasmodium vivax)라는 기생충은 플라스모듐 팔시파럼(Plasmodium falciparum) 다음으로 흔하게 말라리아를 일으키는 원충이다. 그런데 '더피(Duffy)' 혈액형[2]의 단백질을 대립 유전자 양 쪽에 가지고 있는 사람에게는 원충이 말라리아를 일으키지 못한다. 왜냐하면 적혈구 표면에 있는 단백질의 모양이 변해버려 원충이 그 단

---

[1] 겸상 적혈구 : 적혈구의 정상 모양은 도넛형인데 비해 겸상 적혈구는 비정상적으로 낫 모양을 하고 있다. 낫 모양의 적혈구는 취약하고 쉽게 파괴되어 산소를 운반하는 기능을 담당할 수 없게 된다. 그 결과 빈혈, 황달 등의 증상이 나타난다.
[2] 더피(Duffy) 혈액형 : 혈우병 환자였던 Duffy의 혈액에서 발견한 혈액형이다. 혈액형을 결정하는 항원은 Fya, Fyb, Fy의 세 종류가 있다.

백질에 부착할 수 없게 되고, 그 결과 적혈구 속으로 들어가서 병을 일으키는 기전이 불가능해지기 때문이다. 반면에, TNF2라는 유전자에 변이를 가지고 태어난 사람들에서는 말라리아에 걸리면 뇌의 합병증으로 인해 죽을 확률이 크다. 생쥐를 이용한 최근의 한 연구에서는 피부르산이란 효소를 만들어낼 수 있는 쥐는 말라리아에 대해 저항하는 힘이 크다고 밝혔다. 이 연구 결과가 인간에게도 똑같이 적용되는지의 여부는 아직 실험 중에 있다.

    결핵의 경우에도 병에 대한 저항성의 정도에 유전적인 요소가 관여한다는 증거들이 많다. 가장 섬뜩한 증거는 1929년 독일 루벡이라는 도시에서 일어난 비극적 사건에서 찾아볼 수 있다. 결핵에 걸리게 하는 악성 병원균을 251명의 아기에게 대량 접종하는 사고가 일어났던 것이다. 그 이듬해에 251명 중 72명의 신생아는 사망했고, 174명은 결핵에 걸렸으나 사망에 이르지는 않았고, 4명은 아무런 감염 증상을 나타내지 않았다. 유전자와 결핵의 상관관계에 대해서는 사람들의 관심이 큰 편은 아니지만, 이러한 사건은 다른 감염병과 유전자의 상관관계에도 적용하여 볼 수 있을 것이다. 약 70년 전의 쌍생아 연구에서도 결핵균에 감염되어 질병을 일으키는 감수성에 숙주의 방어 기전이 중요한 역할을 하고 있다고 말해준다. 결핵에 걸릴 위험성의 35%는 유전자의 기능에 의해 좌우된다고 한다. 최근 유전자 연구에 의하면 결핵 감염에 관여하는 유전자는 15번 염색체와 X염색체에 위치하고 있다.

    쥐를 대상으로 한 1998년의 한 연구에서는 결핵의 감수성은 NRAMP1이라는 유전자가 깊이 관여하고 있다는 결론을 내렸다. 이 유전자는 침입한 세균을 제거하는 백혈구에서 대량으로 발현하는 유전자이다. 감비아 지역에서 성인 결핵 환자 410명을 대상으로 한 연구에서는, 결핵을 앓고 있지 않은 대조군에 비해 결핵 환자들에게 NRAMP1 유전자의 변형이 과도하게 발현되고 있다는 것을 밝혔다. 캐나다에 살고 있는 아메리카 원주민에서도 NRAMP1 유전자의 변형과 결핵이 관련이 있다는 것이 조사되었다.

    감염과 유전자의 관계를 논할 때 6번 염색체에 있는 HLA(인체 백혈구 항원)은 빠질 수 없는 유전자형이다. 이 유전자는 세균과 같은 외부 항원이 침입하였을 때, 그 항원 물질에 부착하여 백혈구가 그 세포를 죽일 수 있도록 기능을 전달하는 세포 표면 단백질을 생산한다. 이 유전자의 종류는 20가지가 넘으며, 인간 유전형에서는 1,000가지 정도의 변형이 밝혀져 있다. 왜 이러한 다양한 HLA 유전자의 변형이 미생물의 감염에 대한 저항성과 감수성을 결정하는지 그 연관성에 대해서 많은 연구를 시행하고 있지만, 아직은 그 이론적 배경을 이해하는 초기 단계에 머물러 있다. 이 과정은 매우 복잡하고 끊임없이 변화하고 있는 것으로 생각된다. 예를 들어, HLA B53이라는 한 종류의 유전형은 같은 지역에서 주로 발생하는 두 가지 풍토병에 대한 저항성과 감수성을 동시에 가지고 있다. 말라리아에 대해서는 높은 저항성을 나타내지만, 시력을 잃게 만드는 회선사상충 감염에 대해서는 높은 감수성을 나타낸다. 매년 수백만의 질병을 일으키는 30종류 이상의 세균, 바이러스, 기생충, 곰팡이와 원충에 대한 감염의 위험성은 HLA 유전자의 다양한 조합형에 따라 달라진다. 또한 여러 종류의 백신에 대한 반응에도 영향을 미치고 있다.

    감염이 되었을 때의 인체의 반응을 결정하는 중요한 요인은 세포 표면 단백질을 생산하는 정보를 담고 있는 유전자이다. 콜레라에 감염될 경우, 혈액형이 O형인 사람들은 사망할 확률이 더 높다. 왜냐하면 혈액형을 결정하는 유전자는 혈액형을 결정함과 동시에 균의 침입을 막는 역할을 하는 점막세포의 형성에도 관여하기 때문이다. 인터페론 "γ"라는 단백질에 대한 수용체를 결정하는 유전자에 변형이 있을 경우 살모넬라균의 감염에 대해 더 위험하다. CCR5라는 수용체를 결정하는 유전자에 변형이 있으면 HIV 감염에 대한 저항력이 더 크다.

    2003년, UCLA 대학교의 모들린 박사가 이끄는 연구팀에서는 나병 환자에서, 나병의 두 가지 유형에 따라 환자들이 유전자를 발현하는 종류가 다르다는 점을 분석하였다. 나병은 나균인 마이코박테리아(Mycobacterium Leprae)라는 세균에 감염되어 나타나는 만성 질환이다. 나균은 인체에서 체온이 36.5℃보다 더 낮은 온도를 선호하여 온도가 비교적 낮은 사람의 피부를 공격하고 말초신경을 파괴한다. 이로 인해 환자는 감각을 상실하고, 이차 감염에 걸릴 확률이 높아진다. 또한 나균은 손의 모양을 기형적으로 변하게 하고, 시력을 잃게 하기도 한다. 나균 치료제인 댑손(dapsone)이나 여러 다른 약물들을 이용한 화학 치료 요법이 효과가 있기는 하지만, 나균 자체를 완전하게 박멸하기는 어렵다.

나병은 결핵양 나병과 나병양 나병의 두 가지 유형으로 나눌 수 있다. 결핵양 나병 환자들은 몸속에서 균을 억누르고 있는 상태이지만, 나병양 나병 환자의 경우, 세포 매개성 면역력이 저하되기 때문에 균을 억누르지 못하여 균이 몸속에 다량 퍼져 있다. 모들린 박사팀은 결핵양 나병 환자 5명과, 나병양 나병 환자 6명으로부터 생검한 조직 속의 유전자 1만 2,000개를 분석하여 유전자의 표현 양식을 조사하였다. 그 결과 각각의 경우에서 과발현된 유전자군이 크게 달라 있음을 알 수 있었다. 사실 이 발견이 너무나 설득력이 있었기 때문에, 연구하는 과정 중에 연구 결과와 임상적 진단과 맞지 않는 유전자형이 있는 경우에는 그 환자의 임상 진단을 다시 실시하였고, 오진하였다는 판결을 얻기도 하였다. 이러한 과정에서 의사들은 그간 환자들을 잘못 분류해 왔던 것을 알게 되었다. 유전자의 발현 양상을 연구하여 과학자들은 이러한 유전자들의 발현 차이로부터 세포 면역 반응의 차이가 생기게 될 수 있다는 가설과, 나병양 나병을 일으키게 하는 기전에 대해 어느 정도 타당한 가설을 세울 수 있었다. 2003년도에 다른 연구팀은 6번 염색체의 작은 구역(6q25)에서 두 개의 단일 염기 변이가 있는 경우 나병에 대한 감수성이 5배 증가한다고 밝혔다. 이러한 연구 결과는 베트남인과 브라질의 두 인종에서 모두 나타났다.

　사스바이러스 공포의 여파가 지속되었던 2003년도에 타이완에 있는 멕케이 기념병원의 연구진은 사스에 심하게 감염되었던 환자들의 85% 정도에서 병에 걸리지 않았던 대조군에 비해 HLA-B46이라는 유전자가 두 배 정도 더 많이 발현되어 있다는 것을 발견하였다. 인종 간 사스바이러스의 감염률은 격차가 있었는데, 그 이유는 HLA-B26 유전자가 아시아인은 15% 정도나 가지고 있는 것에 반해, 백인과 아프리카인은 거의 갖고 있지 않기 때문이라고 해석하고 있다. 타이완의 자료는 아직 예비 단계의 연구 결과라고 할 수 있고, 앞으로 다른 연구들이 더 뒷받침되어야 할 것이다. 그러나 만약 이러한 결과의 정당성이 입증된다면, 이는 유전자에 기초한 병의 위험성 검사 체계의 근본을 이루게 될 것이다. 예를 들어, HLA-B46 유전자를 갖고 있는 의사나 간호사는 사스에 걸릴 위험성이 통계적으로 더 높기 때문에, 사스 환자를 대면하여 치료하지 않아야 하는 근거로 삼을 수 있다.

　최근에 발표된 원충류 라슈마니아 도노바니(*Leishmania donovani*) 감염에 관한 연구 또한 이 분야의 발전에 큰 계기가 되었다. 라슈마니아 감염은 흡혈파리에 물렸을 때 발병하는데, 감염된 후 심한 증상을 나타내는 흑혈병의 양상을 보인 환자들에게는 22번 염색체 22q12 위치에 감염의 감수성을 조절하는 유전자형을 최소 하나 이상 갖고 있다는 연구이다. 이러한 심각한 감염 상태는 치료하지 않을 경우 열이 나고 심한 빈혈을 일으키며, 간과 비장의 기능을 악화시키고, 가끔 사망에 이르게 하기도 한다. 수단 동부 마을에 살고 있는 주민들을 대상으로 연구한 결과, 감염의 심각성 정도는 22번 염색체의 유전자형에 큰 영향을 받는다는 결과를 도출할 수 있었다고 한다. 2번 염색체에도 이 병에 관여하는 또 다른 유전자가 위치하고 있다고 한다.

　현재 우리는 개개인이 일반적 감염과 특정 병원균에 의해 감염될 위험성을 결정하는 유전 요인을 밝혀내는 시작 단계에 있다. 최근의 연구들 중 호주에서 발표한 흥미로운 연구 내용에 의하면, 사람마다 갖고 있는 유전적 차이 때문에 특정 사람들은 모기에 잘 물린다고 한다. 12~14세의 500쌍의 쌍둥이들을 대상으로 한 조사에서, 이란성 쌍둥이에서보다 일란성 쌍둥이들 사이에서 모기에 물리는 정도가 같았다. 역학조사자들은 모기에 대한 감수성을 결정하는 요소는 85% 정도 유전자에 의한 것이라는 결론을 내렸다.

2003년 경에 미국인들은 쇠고기가 광우병에 감염될 수 있는지를 걱정하였다. 광우병과 비슷한 병 중 양의 뇌를 침범하는 스크래피란 병이 있다. 스크래피에 걸린 양은 울타리에 자신의 몸을 심하게 비벼대는 경향이 있어서 피부 조직이 떨어져 나가기도 한다. 수의학자들은 양의 유전자형이 스크래피 바이러스에 감염될 위험성을 크게 좌우하고 있음을 밝혔다. 이와 마찬가지로 광우병에 대해 소를 보호하는 기능을 하는 소 유전자를 밝혀내기 위해 노력하고 있다.

우리는 왜 어떤 어린이들이 귀에 염증이 잘 생기는지 왜 똑같이 연쇄상구균에 감염되었을 때 어떤 사람들은 건강한 반면 어떤 사람들은 균에 의한 폐렴으로 죽는지, 어떤 사람은 절대 감기에 걸리지 않는 반면 다른 사람들은 1년에 몇 번씩 감기에 걸리는지 그 이유에 대해서 더 많은 연구를 해야 한다. 어떤 경우 이것은 그저 행운이었을 수 있지만, 다른 경우 유전자 정보에 기반을 둔 방어 체계의 간접적인 결과라고 할 수 있다. 현재로서는 의사들이 유전에 의한 매우 희귀하고 심한 질병을 제외하고는 병에 걸릴 위험도에 대해서 정확히 말해줄 수 없다. 그러나 언젠가 이것이 가능한 날이 올 것이다.

후천성 면역결핍증(HIV/AIDS)

에이즈에 대해서도 사람에 따라 유전적인 저항성의 차이가 있다고 들었다. 맞는 말인지?

에이즈(후천성 면역 결핍증)는 HIV(사람 면역 결핍 바이러스) 바이러스의 감염에 의해 발생한다. 에이즈는 이제 사하라 사막 이남의 아프리카 지역을 넘어 아시아 전역까지 침범할 정도로 전 세계적으로 유행하고 있고, 현재 에이즈를 앓고 있거나 이에 감염은 되었으나 아직 에이즈가 발병되지 않은 상태에 있는 환자들을 합치면 4,000만 명 정도에 이를 것으로 추산되고 있다. 1980년부터 지금까지 에이즈로 사망한 사람은 약 2,500만 명 정도이고, 매년 전 세계에서 사망하는 수는 300만 명에 이르고 있다. 아프리카의 가장 가난한 지역에서는 1,300만 명의 아이들이 에이즈로 인해 부모를 잃고 고아로 살아가고 있는 실정이다.

HIV 바이러스는 주로 혈액의 직접 접촉이나 성관계를 통해 전파된다. 다른 질병과 마찬가지로, HIV 바이러스에 감염되는 과정에는 여러 가지 요인이 작용하고 있고, 그 중 하나는 유전자이다. 1980년대 후반, 에이즈는 공중보건 문제의 화두였고 사람들의 관심도 높아졌다. 그런데 특이하게도 바이러스에 감염된 사람들 중에는 감염은 되었으나 다른 환자들보다 에이즈의 임상적인 증상이 매우 늦게 나타나는 유형이 있는가 하면, 바이러스에 많이 노출되었음에도 불구하고 감염이 잘 일어나지 않는 유형도 있었다. 독일의 루벡 지역에서 나타난 것과 비슷한 비극적 사건이 HIV 바이러스의 감염에서도 일어났는데, 1978년부터 1984년까지 혈우병을 앓고 있는 환자 1만 2,000명이 HIV 바이러스가 감염된 혈액을 수혈받는 사고가 일어났다. 그 결과 많은 사람들이 에이즈로 인해 사망하였지만, 20% 정도는 HIV 바이러스의 감염에 음성반응을 나타냈고, 1% 정도의 사람들은 HIV 양성이었으나 에이즈 증상은 나타나지 않았다.

1996년 과학자들은 HIV 바이러스에 노출되어 감염될 확률은 높지만 병에 걸리지 않는 사람들은 변형된 유형의 CCR5 유전자를 갖고 있다는 것을 발견하였다. CCR5는 HIV 바이러스가 세포 안으로 들어가기 위해 부착하는 세포 표면 단백질을 암호화하는 유전자이다. 백인의 10% 정도에서는 이 유전자가 돌연변이를 일으켜 32개의 염기쌍이 삭제된 형태를 가지고 있고, 이로인해 기능성 CCR5 단백질 수용체를 만들어낼 수 없게 된다. HIV 바이러스가 인간의 T세포에 침입하려면 CCR5와 CD4란 두 가지 수용체에 부착해야 하는데, CCR5를 만드는 유전자에 돌연변이가 생기면 바이러스는 세포 속으로 침입할 수 없게 되고, 그 결과 바이러스로부터 자신의 몸을 보호할 수 있게 된다. 인구의 1% 정도는 CCR5 유전자 돌연변이가 대립 형질의 양쪽에서 모두 일어나 HIV 바이러스 감염에 대해 높은 저항력을 가지게 된다.

더 최근에는, CCR2와 SDF1이라는 다른 유전자에 대해서도 돌연변이가 일어나면 바이러스 감염을 피할 수 있다는 사실이 밝혀졌다. CCR2 돌연변이는 HIV 바이러스에 저항력을 가지게 하고, SDF1의 돌연변이는 에이즈로 진행하는 것을 지연시켜 준다. 백인의 39%와 미국에 살고 있는 흑인의 31%는 CCR5, CCR2, SDF1 세 가지 유전자 돌연변이 중 하나를 갖고 있다. 이러한 유전자의 변형 때문에 에이즈라는 질병은 사람마다 감염 확률과 진행 과정이 다양하게 나타난다.

미국 국립보건원의 연구진들은 2000년도에 RANTES 유전자 변이체를 갖고 있는 사람들은 그러지 않은 사람들에 비해 HIV 바이러스에 감염이 되더라도 에이즈로 진행되는 것이 40% 정도 더 지연되는 것을 발견하였다. 하지만 재미있는 점은, RANTES란 유전자의 변이체 사람들이 HIV 바이러스에 감염될 확률이 더 높다는 것이다. 어떻게 이 상반된 두 가지 사실이 동시에 성립될 수 있을까? 아직은 그 이유를 알 수 없지만, 현재까지는 RANTES 유전자의 변이체를 지닌 사람들은 감염을 더 잘 일으키게 하는 단백질을 더 많이 만든다고 설명하고 있다. 그 결과 바이러스가 인체에 침입하여 들어오는 것은 쉽지만 인체 안의 각각의 세포 속으로 침입하는 것은 더 어렵게 될 것이다.

소수의 사람들은 HIV 바이러스에 높은 저항력을 가지고 있고, 극소수의 사람들은 에이즈의 진행을 지연시키는 유전적 정보를 가지고 있다. 물론 CCR5의 돌연변이를 가지고 있는 사람조차도, 자신이 이 파괴적인 힘을 가지고 있는 질병에 완벽한 면역성을 가지고 있다고 생각하면 안 될 것이다.

류머티스성 질병(Rheumatological Disorders)

류머티스성 관절염(Rheumatoid Arthritis)

류머티스성 관절염이 발병할 때 유전자는 어떤 역할을 할까?

류머티스성 관절염은 자가면역 기능에 이상이 있는 만성질환으로, 관절을 이루고 있는 막에 염증이 생겨서 관절 내의 막과 뼈의 표면이 서서히 침식되는 특징을 보여준다. 그러한 파괴는 백혈구에 의해 생산되는 효소에 의한 것인데, 사실 백혈구는 관절에서 조직을 공격하도록 부추기는 역할을 하기도 한다. 진화적 관점에서 살펴보면 염증은 자연 상태에서 기본이 되는 가장 오래된 방어 기작이다. 류머티스성 관절염과 기타 다른 질병에서도 방어세포는 자기 자신의 몸을 남의 조직으로 잘못 인식함으로 이것이 발병의 원인이 된다. 류머티스성 관절염 환자는 '우호적인 염증'에 의해 손해를 보게 된다. 다른 자가면역 질환에서와 마찬가지로 류머티스성 관절염의 정확한 발병 원인은 아직 정확히 알 수가 없다. 다만 유전적 소양을 가지고 있는 사람들이 바이러스나 혹은 세균 같은 환경성 원인에 노출되어 발병하게 된다는 학설이 주로 받아들여지고 있는 실정이다. 엡스타인-바 바이러스, 마이코박테리아, 프로테우스 세균 같은 것들이 의심의 대상이 되는데, 그러나 그 어느 것도 발병 원인을 확신할 수 있는 충분한 증거를 제시하지는 못했다.

류머티스성 관절염 환자는 만성적으로 자주 통증을 느끼며, 관절 부위가 부어오르는 종창, 충혈되어 붉은 빛을 내는 발적, 굳어서 뻣뻣해지는 경직 등의 증상으로 고생을 한다. 그러한 고통은 잠에서 깨어날 때 더욱 심하다. 류머티스성 관절염은 온 몸에 영향을 미치는 질병이다. 그래서 어떤 의사들은 류머티스성 관절염이라고 부르지 않고 대신에 류머티스성 질병이라는 용어를 즐겨 사용한다. 관절에 국한된 질병이 아니라 전신질환이라는 점을 강조하기 위해서이다. 류머티스성 관절염을 심하게 앓는 사람은 가끔 빈혈, 호흡 곤란, 심장병이 유발되기도 한다. 최악의 경우 정상적으로 걸음을 걸을 수 없게 되는데, 손의 기능이 상당부분 저하되고, 매우 연약한 상태가 되어 최종적으로 걸음걸이에 지장을 받게 된다.

류머티스성 관절염은 그 증상이 광범위하기 때문에 특히 가벼운 증상의 경우 정확한 진단이 매우 어렵다. 그래서 1987년, 미국 류머티즘 학회는 엄밀한 진단 지침을 마련하였다. 7가지 기본 증상 중에서 4가지 증상을 보이면 류머티스성 관절염으로 결론을 내리는데, 각각의 증상은 적어도 6주 이상 계속하여 나타나는 것을 기준으로 하였다. 이 기본 증상은 아침 경직, 3개 이상의 관절 이상, 손 관절의 염증, 대칭성 관절염, 결절성 관절염, 류머티스성 요인에 대한 혈액검사 결과 양성, 그리고 X-선 사진상 뚜렷한 관절의 변화들이다.

류머티스성 관절염은 대단히 일상적인 질환이다. 백인 집단의 경우 평생에 걸릴 위험성은 1%이다. 아프리카인 집단에서는 1,000명 중 1명 꼴로 발병된다. 흥미로운 것은 치페와 피마라는 두 아메리카 원주민을 대상으로 조사를 시행하였는데, 발병률이 5%인 것으로 나타났다. 이것은 유럽 집단의 5배이고 아프리카 사하라 어떤 지방의 50배가 넘는 수치이다. 종합적으로 볼 때, 류머티스성 관절염은 30대에서는 남성보다 여성이 3배 이상 발병하고, 65세가 지나면 남녀 간에 차이를 구별할 수 없다.

류머티스성 관절염에 대해서 쌍둥이 연구가 다수 시행되었는데, 일란성 쌍둥이에서 일치도가 15~20%로 나타나 상대적으로 낮은 수치를 보여주었다. 2002년 덴마크의 과학자들이 3,700명의 의무 기록을 조사한 결과를 보고한 바에 의하면, 일란성 쌍둥이 중 한쪽이 류머티스성 관절염에 걸린 경우는 13명이었다. 그런데 다른 한쪽마저 류머티스성 관절염에 걸린 경우는 전혀 없었다. 한쪽이 발병된 36쌍의 이란성 쌍둥이 중 다른 한 쌍둥이도 발병이 된 경우는 2명에 불과했다. 핀란드에서 4,173쌍의 일란성 쌍둥이와 9,162쌍의 이란성 쌍둥이를 대상으로 대규모 쌍둥이 연구가 진행되었는데, 일치도는 각각 12%와 3%였다. 이 결과는 류머티스성 관절염의 유전적 영향은 별로 크지 않고, 다른 어떤 중요한 원인이 있을 것이라는 점을 지지하는 증거를 제시한 셈이다.

그럼에도 불구하고 아직까지 류머티스성 관절염을 연구하는데 있어서 유전학은 중요한 위치를 차지하고 있다. 발병된 환자의 형제자매에서 위험률은 대략 정상인의 6배 이상이다. 위험률의 수준은 첫째 자녀의 질병 정도에 따라 변이가 심하다. 즉 류머티스성 관절염이 심하면 심할수록 다음 남매들의 발병률이 높아진다. 류머티스성 관절염과 우리의 면역계를 조절하는 여러 대립유전자 사이에 어떤 연관 관계가 가능한지에 관해 많은 연구가 수행되어 왔다. 가장 그럴듯하게 연관되어 있다고 생각되는 유전자는 DR4라는 유전자이다. 최근의 연구에 의하면 DR4 유전자는 어린 나이에 발현하는 것으로 알려졌다. 불행하게도 건강한 사람에게 DR4 유전자의 변이가 존재하는지 알기는 대단히 어렵다. DR4 유전자 중에서 0401과 0404로 불리는 유형의 유전자를 가진 소수의 사람들이 일생에 류머티스성 관절염을 앓을 위험률은 대략 80% 정도로 대단히 높다.

표 22. 류머티스성 관절염 : HLA 유전자의 유전에 의한 상대적 위험도

HLA 유전자형	대조군 대비 HLA 유전자형의 상관관계에 따른 환자의 상대적 위험도
DRB 04/04	25
0401/0401	15
0401/0404,8	49
0404,8/0404,8	14
DR4 04/DR1 01	16
0401/DR1 01	21
0404,8/DR1 01	9
DR 04/DRX	5
0401/DRX	6
0404,8/DRX	4
DR1 01/DR1 01	5
DR101/DRX	3
DRX/DRX	1

2002년에 출판된 리모인 등(Rimoin D.I., Connor J.M., Pyeritz R.E., and Korf B.R.)의 저서에서 허가를 받아 인용함. 저서명: *Emery and Rimoin's principles and practice of medical genetics*, 4th edition. Churchill Livingstones, London; ⓒ Elsevier

1990년대 후반에 여러 연구팀들이 2명의 동기(형제, 자매, 남매)가 발병된 가족을 대상으로 광범위한 유전 조사를 실시한 결과, 어떤 염색체의 특정 부위와는 상관관계가 없는 것으로 밝혀졌다. 1997년, 국립보건원과 관절염재단은 류머티스성 관절염의 유전자 역할에 관해 세계에서 가장 큰 규모의 연구 수행을 선언하였다. 12개의 대형 종합병원 과학자들은 18세에서 60세 사이의 환자 중에서 둘 이상의 동기를 가진 1,000가계를 등록받아 연구를 수행하였다. 우연히 발병된 것으로 예상되는 빈도보다 더 높게 나타나는 유전적 부위를 찾아내기 위해 발병된 형

제자매의 DNA를 분석하는 것이었다. 과학자들은 계속하여 서로 다른 가족에서 질병의 증상을 나타내는 상이한 유전자를 발견할 것으로 예상하였다. 궁극적인 목표는 뚜렷하게 밝혀진 몇 가지 질병의 종류에 따라 치료할 수 있는 세밀한 방법을 찾아내는데 있다고 할 것이다.

지난 5년간 류머티스성 관절염 분야에서 가장 고무적인 발전은 심각한 증상을 가진 환자를 치료할 수 있는 새로운 약품의 출현이다. 이러한 신약 중 두 가지가 주목을 끌고 있는데, 모두 유전공학적 기술을 사용하여 개발되었다. 한 약품은 종양 괴사 인자(TNF)라는 단백질을 표적으로 삼고, 다른 하나는 인터류킨-1 수용체라는 단백질을 표적으로 삼고 있다. 이 두 가지 단백질 모두 류머티스성 관절염에서 중요한 역할을 하고 있다. 이 신약을 사용하는 데는 일 년에 1만 달러 이상의 비용이 들며, 대략 60% 이상의 환자가 높은 약효를 경험하고 있다. 그러나 나머지 환자에서는 약효가 덜하거나 아주 없는 것으로 나타났다.

최근 약리유전학의 발달에 힘입어 의사들은 류머티스성 관절염 환자에게 가장 적합한 약을 선택하는데 큰 도움을 받게 되었다. 사용 결과가 일단 좋은 편이어서 고무적이라 할 수 있다. 1999년, 아나킨라(anakinra)라는 IL-1 수용체의 길항제를 제조한 암젠(Amgen)의 과학자들은 다음과 같이 보고하였다. 즉 다른 환자보다 더 잘 반응하고, 약효를 더 많이 보이는 환자들은 IL-1 유전자의 유전적 변이를 가진 것처럼 보인다는 것이다. 2001년, 스웨덴의 과학자들은 TNF 차단제를 처리한 123명의 류머티스성 관절염 환자에 관한 연구를 보고하였는데, 인터류킨-10 유전자나 TNF-α 유전자의 두 가지 유전자의 다형현상 중 한 가지라도 가진 환자는 치료에 반응을 잘 보여주는 것으로 나타났다.

아직도 류머티스성 관절염에 관해서 명확한 치료법은 없고, 또 발병 원인이 되는 유전자를 정확히 규명하지 못하고 있다. 이 순간에도 동기간 혹은 가족간에 발병률이 증가되는 현상은 그저 임상적 관찰 결과일 뿐이다.

골관절염(Osteoarthritis)

나의 할머니와 아버지는 골관절염으로 고생하셨다. 그렇다면 나도 이와 같은 위험성이 있을까?

골관절염은 보통 퇴행성관절염으로 알려져 있고, 중년과 노년층에서 가장 흔하게 발병하는 질환 중 하나이다. 골관절염은 관절 부위를 구성하고 있는 연골조직이 점차적으로 파괴되어 발병한다. 그렇게 되면 관절을 구성하고 있는 뼈들이 서로 부딪치게 되어 통증을 수반하게 되고 부어오르게 된다. 골관절염은 체중을 받쳐주는 관절, 특히 발, 무릎, 엉덩이 등에 주로 영향을 미치지만, 손도 역시 영향을 받는다. 65세 이상 된 노인을 X-선으로 조사해 보면, 80% 정도는 몇 가지 특징을 보인다. 미국에서는 일년 동안에 수백만 명이 골관절염으로 병원을 찾으며, 이를 위한 의료보호에 상당한 경제적 희생이 따른다. 뿐만 아니라 500억 달러 이상의 직업 소득이 사라지고 있다.

골관절염의 현저한 특징은 관절의 통증인데, 연골의 가벼운 침식으로부터 실질적 뼈의 상실까지 여러 가지 단계가 있다. 또 다른 특징은 새로운 뼈의 생성, 아연골(subchondral bone)의 골밀도 증가, 염증 등이다. X-선 사진을 이용하여 좁아진 관절 부위의 공간을 측정하기 위해 1963년에 개발된 단순 척도를 아직도 사용하고 있다. 골관절염의 종류에는 일차성과 이차성이 있다. 일차성 골관절염은 진행과정에 명확한 원인이 없는 경우를 말한다. 반면에 이차성 골관절염은 외상성 증상처럼 예상되는 원인이 있는 경우이다. 일차성 골관절염에서 말하는 위험요인은 나이, 성별, 직업 경험, 인종, 비만, 가족력 등이다. 70대로 들어서면 나이가 증가하면서 서서히 그 위험률이 높아진다. 남성은 50세 전에 벌써 위험률이 높아지기 시작하고 여성은 60세쯤에 위험률이 높아진다. 이는 아마도 여성 호르몬인 에스트로겐의 저하가 위험 요인이 되는 것을 암시하는 것 같다. 육체노동자의 위험률이 높으며, 백인들보다 아시아인의 위험률이 낮은 것으로 나타난다.

골관절염의 발병이 대단히 일반적인 문제라는 사실에도 불구하고 나이가 들어감에 따른 필수적 결과라고 단정할 수는 없다. 골관절염의 상당수가 운동에 의한 부상이나 직업적 부상에서 출발하기 때문이다. 만성적 과체중 역시 이 질병에 대한 위험도를 증가시킨다. 더욱이 유전적 위험 요인에 대한 증거들이 속속 보고되고 있다. 이와 같은 문제를 밝히는 일은 가족 내에서 발병된 골관절염 환자를 다루는 류머티스 학자의 몫이다.

세대 간에 나타나는 영향에 관한 두 가지 대형 연구를 통해 골관절염의 위험성은 부모와 자식 간에 인상적인 관계가 있다는 결과를 얻어내었다. 1998년 런던에 있는 성 토마스 병원의 맥그리거 박사는 616쌍의 일란성 쌍둥이와 이란성 쌍둥이를 대상으로 X-선 사진상에서 골관절염의 특징을 비교하였는데, 일란성 쌍둥이가 3배 이상 연관성이 높다는 사실을 보고하였다. 맥그리거 박사는 엉덩이 골관절염의 50%가 유전적 위험 요인에 의한 것이라고 평가하였다.

2000년 영국 노팅검의 과학자들은 엉덩이 치환 수술을 받은 392명의 환자와 그의 형제자매 604명을 1,789명의 다른 환자를 대조군으로 하여 비교하는 연구를 수행하였다. 그 결과 형제자매 간의 엉덩이 골관절 발병 위험성이 대조군에 비해 5배 이상 높음을 발견하였다. 1999년 메릴랜드 대학의 과학자들은 일반적으로 여러 다른 관절에서 비교적 심한 형태로 발병된 일차성 골관절염을 가진 1,400가계를 대상으로 3년에 걸친 연구에 착수하였다. 이 연구는 임상 기록과 X-선 사진 결과를 DNA 시료의 정밀 조사와 비교하는 것으로, 골관절염 환자에서 예상되는 것보다 더 많이 발견되는 인간 유전체의 부위를 탐색하려는 목표를 가지고 진행되었다.

눈길을 모으는 한 가지 흥미로운 사실은, 네덜란드의 한 대가족에게서 발견되었는데, 골관절염이 우성 유전의 질병으로 표현된 것이다. 콜라겐 단백질을 암호화하는 대부분의 후보 유전자가 이 가족에서는 질병유발 원인에서 제외되었다. 300개 이상의 표지유전자에 대해 유전체 분석을 한 결과, 아직 미 발견된 골관절염 위험 유전자가 있을 것으로 추정되는 한 지점을 알게 되었다. 또 다른 연구진들, 특히 영국의 옥스퍼드 대학 연구자들과 아이슬랜드에 있는 회사인 디코드 지네틱스는, 둘 이상의 형제자매를 가진 골관절염 가족을 대상으로 대대적인 연구를 시작하였다. 2002년 옥스퍼드 연구진은 무릎 골관절염의 유전적 소인이 2번 염색체에, 또 엉덩이 골관절염의 유전자는 2번, 6번, 그리고 11번 염색체에 위치한다는 증거를 보고하였다.

2003년 디코드 지네틱스 연구진은 손의 관절에만 발생하는 골관절염의 한 형태와 밀접하게 연관된 변이유전자를 처음으로 발견하였다고 보고하였다. 그들은 유전체 분석을 통하여 골관절염의 유전자로 추정되는 3개 부위를 지정하였는데, 그 중 한 개는, 관절의 연골 형성에 중요한 단백질을 만드는 유전자인 마트릴린-3을 포함하는 것으로 알려진 부위와 중복되었다. 다음으로 이 연구진은 그 유전자의 염기순서를 결정하여 골관절염 환자에서 돌연변이를 발견하였다. 이것은 손 골관절염 환자의 2%에 불과한 것이지만, 질병을 상세히 관찰할 수 있는 실마리가 되며 새롭게 다룰 수 있는 계기가 될 것이다.

유전자를 추적하기 위해서 많은 연구가 필요하기는 하지만, 나는 다음 10년 동안에 골관절염의 유전적 위험 요인이 확인될 것을 의심치 않으며, 또 질병에 대한 특별한 위험성에 대해 경고 할 수 있는 위험분석 검사가 가능해질 것으로 생각한다. 이러한 검사는 대학이나 고등학교 운동선수들처럼 인생의 전성기에 있는 사람들에게는 대단히 중요한 의미를 갖는다. 왜냐하면, 이러한 소인을 미리 알아서 인생의 경로를 결정하는데 유용하게 사용할 수 있기 때문이다.

골관절염 이야기를 시작할 때에 던졌던 질문의 답은 "그렇다"이다.

골관절염의 위험성은 숫자적으로 정량화할 수 없다. 골관절염을 예방하는 최선의 방책은 적당한 체중을 유지하고 관절의 반복적인 외상을 피하는 것이다.

통풍(Gout)

통풍은 유전적으로 가족에게 이어져 나타나는가?

통풍은 몸이 요산의 수준 조절기능을 상실하는데 원인이 있다. 요산은 온 몸에 존재하는 물질로서 모든 세포에 존재하는 핵산을 구성하는 염기쌍의 성분이다. 통풍 환자는 만성적으로 요산의 수준이 높으며(요산과잉증), 결과적으로 요산염 결정이 형성되어 관절, 신장 기타 다른 장기에 침착되어 만성적으로 매우 고통스런 상태가 나타난다. 통풍의 첫번째 증상은 엄지발가락, 발목, 무릎, 혹은 팔꿈치 등에 갑작스런 통증이 나타나면서 시작된다. 엄지발가락의 고통스러움이 보편적인 증상으로 나타나기 때문에 발통풍(podagra)이라는 별명을 가질 정도이다.

통풍에 관해서는 수세기 전에 이미 의사들이 그 정체를 알고 있었고 쾌적한 삶에 탐닉하는 것과 관계가 있는 것으로 오랫동안 알려져 왔다. 통풍 환자의 고전적인 이미지는 18세기 영국으로부터 유래한다. 통풍 환자는 전형적으로 고등교육을 받았고, 부자이며, 치즈와 고기와 술을 풍부하게 먹고 마실 수 있는 여유를 가진 비만형의 사람들이었다. 술 중에서도 특히 포도와인을 즐겨 마신 것으로 기록되어 있다. 이는 포르투갈산의 적포도주로서 맛이 달콤한 포도주인데, 초기에는 납이 많이 함유되어 있었고 요산염이 침전된 것으로 알려져 있다. 현대에서도 통풍이 발병할 수 있는 소인으로서 비만, 당뇨, 술을 꼽고 있다. 이 병은 한두 개의 관절에 극심한 통증을 수반하는 일시적인 관절염이 섬광처럼 보이다가 점차적으로 심한 만성 관절염으로 발전해간다. 다행히

최근에 와서 여러 가지 치료약들이 개발되어 효과를 보이고 있는데, 항염증제, 콜히친, 그리고 요산염 분비를 증가시키는 약 등이 있다. 이러한 치료약들의 주종을 이루고 있는 것은 요산 생성 효소의 작용을 억제하는 약이다. 그러나 이러한 치료약은 대부분 잠재적으로 심한 부작용을 초래하기 때문에 그 사용에 주의를 기울여야 한다.

 미국의 경우 매년 성인 3,000명 중 한 명이 통풍으로 진단을 받고 있으며, 전체적으로 성인 1,000명 중 5명이 이 질병으로 고통을 받고 있다. 통상적으로 통풍은 40대 이상의 남자에서 발병된다. 유럽에서는 프랑스 노인 남자의 발병률이 제일 높으며, 세계적으로 가장 발병률이 높은 집단은 뉴질랜드의 마오리족으로, 성인 남자 1/25명 꼴로 발병된다.

 통풍은 오랫동안 가족성 질병으로 알려져 왔다. 1823년으로 거슬러 올라가 한 영국 의사의 보고에 의하면, 522명의 통풍 환자 중에서 60%가 부모 양쪽 혹은 한 쪽이 역시 통풍 환자였다는 것이다. 20세기 중반에 보고된 10여 가족의 사례에서도 역시 통풍에 가족적 소인이 있다는 확고한 증거를 제시하였다. 통풍이 단일유전자에 의한 유전이라는 연구 결과는 없지만, 통풍의 종류 중 어떤 것은 한 개의 유전자에 의해 조절될 가능성이 있을 것으로 추정된다. 통풍이 요산 대사작용의 이상에 의해 발병한다는 점에 착안하여, 몇몇 과학자들은 관련된 생리적 경로에 미치는 유전적 영향을 연구하였다. 가장 잘 맞는 모델은 여러 유전자가 각각 독립적으로 영향을 미친다는 것이다. 65명의 성인 통풍 환자를 대상으로 조사한 연구 결과, 42명의 친족에서 요산염의 수치가 상위 95%에 속하였다. 일차적 요산과잉증을 가진 성인 환자를 대상으로 한 여러 대형 연구에서, 통풍의 가족력은 확실히 관계가 있는 것으로 나타났다. 쌍둥이 연구에서도 시종일관 가족력에 관계가 있는 것으로 보고되고 있는데, 일란성 쌍둥이 사이에는 확실히 이란성 쌍둥이에 비해 통풍의 발병률이 높게 나타남을 보여주었다.

 통풍 환자는 가끔 비만, 높은 수치의 콜레스테롤, 고혈압, 그리고 관상동맥 질환과 함께 발병되기는 하지만, 이들 중 어느 것도 발병의 원인이 된다고 밝혀진 확실한 증거는 없다.

과량의 요산이 존재함으로 통풍이 발병된다는 사실 때문에, 혈청의 요산 측정 수치에 영향을 미치는 유전자 변이가 역시 통풍의 위험 요인이 될 것이라는 추정이 가능하다. 혈청 요산 수치를 연구한 일반 집단의 수많은 연구에서, 요산 수치를 증가시키는 단일 유전자가 존재한다는 어떠한 증거도 발견하지 못했다. 그러나 혈액에서 요산 수치가 높은 사람이나, 혹은 실제 통풍 환자의 가족을 연구한 결과, 예상보다도 요산 수치가 높은 인척이 상당수 발견되었다. 통풍 환자의 직계 가족에 관한 연구 결과 대부분은 늦은 발현, 성에 따른 발현과 관계가 있는 단일 우성 유전자와 일치하고 있다. 이것은 또한 통풍에 관한 소수의 쌍둥이 연구와 일치하고 있는데, 일란성 쌍둥이에서는 80%의 상관관계를 보이고 있다.

통풍은 가족력이 높다고 말할 수 있고 인척간, 특히 통풍 환자인 아버지와 아들 사이에는 연관성이 깊으며, 명확하게 증가된 위험률을 보여준다. 여성 인척의 경우도 인척이 아닌 경우보다는 위험률이 높다. 성인 통풍 환자의 직계 가족은 3~5년마다 혈청 요산 검사를 받아보아야 미리 점검해보는 덕을 보게 된다. 통풍 발병의 신호가 되는 요산과잉증의 전 단계 증상 덕분에 식이요법을 사용할 수도 있다. 특히 음주량을 줄이고 조절하는 신중함이 필요하다.

루푸스(Lupus, 낭창)

루푸스는 어느 정도 유전적인가?

루푸스(전신 홍반성 루푸스, SLE)는 다량의 '자기-항원'에 대한 내성 상실을 특징으로 하는 자기면역 및 감염성 질병이다. 이 병에 걸리게 되면 정상적인 세포를 공격하는 다양한 항체가 면역계로부터 만들어진다. 이 병은 증상과 발병 과정이 매우 다양하다. 표면상 나타나는 루푸스의 양상이 너무 다양하므로 미국 대학의 류머티스 학자들에 의해 합의된 진단 기준에 따르면 치료 과정에서 중복적으로 혹은 연속적으로 11개 증상 중 4개만 나타나면 루푸스로 간주한다. 11개 진단 기준은 피부, 구강, 관절, 신장, 뇌, 혈액과 관계가 있다. 가장 보편적인 의학적 증상은 얼굴의 붉은 발진이다.

역사적으로, 전신 홍반성 루푸스의 가장 공포스런 합병증은 신부전증으로 중요한 사망 원인이기도 했다. 그런데 더욱 가공스러운 것은 초기의 심한 심장병에 대한 높은 위험률이며, 이것은 아마도 대부분 관상동맥의 감염에 의한 것이다. 신부전증 치료에 대한 발전이 진일보함으로 현재는 심장병이 주요 사망 원인이 되었다. 40세 이하의 루푸스 환자에 있어서 관상동맥 질환의 위험성이 5배나 높다는 중요한 한 연구결과가 보고되었다.

루푸스는 흔한 질병은 아니지만, 그렇다고 희귀병도 아니다. 발병률과 이환율이 아주 다양해서 종족 간에 10배의 차이가 나기도 한다. 루푸스는 백인보다 아시아인과 아메리카 원주민에게서 3배 이상 흔하다. 아프리카인과 아프로카리비안인에서 가장 흔하여 1/500명꼴로 나타난다. 미국에서의 발병률 측정치는 대단히 범위가 넓어서 100만 명 이상에서 20만 명까지 그 수치가 일정하지가 않다. 역학조사 연구에 의하면, 아프리카계 미국인 여성의 발병률이 최고로 높아 백인 여성에 비해 5배 이상의 발병률을 보인다는 기록이 있다. 미국에서 전신 홍반성 루푸스를 가진 수 십 만 명의 환자 중 백인 남성은 수 천 명에 불과하다.

루푸스는 다인자성 질환이라고 믿어오고 있다. 루푸스는 가임기간 중의 여성에게서 나타나기 시작한다. 전형적인 루푸스 환자가 의사에게 호소하는 증상은 피로, 관절 통증, 그리고 얼굴의 발진이다. 성에 따른 위험 정도를 나이에 따라 구분해보면, 루푸스는 노년기와 폐경 여성에서 동일한 비율로 나타나는데, 이는 성호르몬의 역할이 중요함을 암시한다. 대부분의 루프스 환자는 항핵항체에 대해 양성반응을 나타낸다. 어떤 환자에게서는 다른 질병에서 실제로 나타나지 않는 순환하는 항체가 발견되기도 한다. 2003년, 미 국방부에서 1980년대 중간에 수집해 보관중인 혈청 시료를 연구한 결과, 전신 홍반성 루푸스를 가진 것으로 진단된 사람의 대략 90%가 질병의 임상적 특징이 나타나기 전에 평균 3년 이상 동안 질병과 관련된 자가항체를 가지고 있음이 발견되었다.

루푸스 환자의 가까운 인척에서 질병을 발견할 수 있는 기회는 비교적 높아서 10~15%로 보고되고 있다. 일란성 쌍둥이에서의 발병 일치도는 30~50%로, 이는 이란성 쌍둥이에서 환자로 진단될 발병 일치도의 10배가 넘는 수치이다. 한 부모로부터 태어난 동기가 모두 루푸스에 감염될 확률은 일반 집단에서 보여주는 기본 위험률의 40배 이상을 기록하고 있다.

전신 홍반성 루푸스에 관해 가족력을 조사한 연구는 극소수에 불과하다. 볼티모어 연구팀은 77환자의 가족 연구를 통해, 종족과 진단 나이는 이차적으로 감염된 가족을 발견하는 데 있어서 가장 중요한 요인이 된다는 사실을 발견하였다. 이러한 사실은 전신 홍반성 루푸스를 가진 직계 가족은 일반 개인의 기초 발병률의 10배라는 점을 가리키고 있다. 물론 일반인의 기초 발병률이 극히 낮기 때문에 루푸스 환자의 직계 가족의 발병률도 역시 낮다. 일란성 쌍둥이를 다룬 한 연구에서, 16쌍 중 11쌍에서 양쪽이 모두 발병되었다. 쌍둥이 연구를 모두 종합하여 보면, 일란성 쌍둥이의 발병 일치도는 34%이고, 이란성 쌍둥이의 발병 일치도는 3%에 불과하기 때문에 결국 유전적 위험 요인이 존재한다는 사실을 강력하게 뒷받침하고 있다.

최근에 과학자들은 인간 루푸스와 유사한 발병 형태를 가진 여러 가지 생쥐 모델을 개발하였다. 최근의 연구는 돌연변이가 일어나거나 유전자 결실이 발생하였을 때 생쥐에서 루푸스를 일으키는 것으로 알려진 유전자에 상응하는 사람 유전자에 초점을 맞추고 있다. 세 가지 유전적 가설이 있는데, 모두 생쥐에서 일어나는 루푸스의 원인에 대한 면역 감시 체계의 붕궤를 포함하고 있다.

1997년, 52명의 루푸스 환자의 형제자매를 조사한 연구에서 1번 염색체의 장완 원인유전자가 있다는 증거가 발견되었다. 이어서 3번에 걸친 대대적인 유전체 정밀 조사에서 동일한 원인유전자가 있다는 증거를 확보하였다. 원인유전자의 위치는 1q23으로 좁혀졌다. 증거가 빈약하기는 하지만, 이 외에도 대략 10개의 후보 부위를 더 알아내었다. 덧붙여, 새로운 연관 연구를 통해 루푸스 환자에게서 신장병 합병증을 일으키는 5번 염색체와 10번 염색체의 존재가 추정되었다. 아주 흥미로운 것은, 다른 단백질이 세포에 들어가는 것을 도와주는 수용체 단백질을 암호화하는 RUNX1이라는 유전자의 돌연변이가 가장 흔한 세 가지 자기면역 질환인 루푸스, 마른버짐, 그리고 류머티스성 관절염을 일으킬 수 있다는 것이다.

2003년 2월, 미네소타대학의 베렌스 연구진은 심한 루푸스를 앓고 있는 환자로부터 아주 중요한 점을 새로 발견하였다. 베렌스와 그의 동료들은, 증상이 심한 환자에서 높게 발현하는 유전자와 건강한 대조군 사람들의 유전자를 비교하여 차이점이 있는지 DNA 미세 분석법을 통하여 분석하였다. 수천 개의 유전자를 연구하였는데, 그 중 14개는 모두 인터페론 단백질의 합성의 유도에 관련된 것이었으며, 심하게 루푸스를 앓고 있는 환자에게서 이들 유전자의 발현이 증가하였다. 이 발견은 인터페론의 발현 경로를 저해하는 치료제가 이 무서운 질병을 극복할 수 있는 새로운 길을 제공할 가능성을 암시하고 있다.

오늘날까지도 전신 홍반성 루푸스에 대한 유전적, 환경적 위험성 및 위험요인에 대해서는 자세히 알고 있지 못하다. 실험적 자료를 기초로 우리가 알고 있기로는 종족 간에 차이가 있어, 루푸스 환자의 직계 가족은 평생 동안에 25~300명 중 한명 꼴로 위험성이 있다는 것이다.

위험률은 아프리카계 미국인 여성 환자의 여성 직계 가족에서 가장 높게 나타난다. 이 경우 일생동안 나타날 위험률은 4~5%가 된다. 남성 직계 가족에서의 위험률은 여성의 절반 이하로 떨어진다. 최근 발견된 바에 의하면, 항체는 전신 홍반성 루푸스가 발병되기 전에 가끔 혈액에 존재하는데, 이는 환자의 직계 가족을 조사하는데 생화학적 경고 신호로 작용하며 동시에 아주 유용한 검사방법이 된다.

표 23. 루푸스 : HLA 유전자에 의한 상대적 위험도

유전자	상대적 위험도
DRB1*1501/DQB1*0602	
이형접합체	1.5
동형접합체	3.5
DRB1*0301/DQB1*0201	
이형접합체	2.3
동형접합체	2.3
DRB1*0801/DQB1*0402	
이형접합체	1.9
동형접합체	1.0
위의 3개 중 하나가 이형접합체	1.3
혼성인 반수체	5.2
모두 동형접합체	3.0

2002년 그레함 등(Graham R.R., Ortmann W.A., langefeld C.D., Jawaheer D., Selby S.A., Rodine P.R., et al.)이 학회지에 발표한 결과를 허가받아 인용함. 학회지: Visualizing human leukocyte antigen class II risk haplotypes in human system lupus erythematosus. *American journal of human Genetics* 71:543-553: ⓒ University of Chicago.

섬유염 증후군(Fibromyalgia Syndrome)

어머니가 이십대 중반에 섬유염 증후군을 일으켰다. 나에게도 같은 병이 발병할 위험성이 있을까?

섬유염 증후군은 목, 등, 어깨, 엉덩이 등의 근육과 인대에 통증을 동반한 비정상적으로 부드러운 부위가 나타나는 만성질병이다. 이 질병은 남성보다는 여성에게 더 많이 발생한다. 주로 성인이 된 후에 많이 발병되지만, 종종 어린아이들과 십대 청소년에서도 나타난다. 적어도 2%의 성인 여성이 이 질병을 가지고 있어서, 미국에는 약 200만 명의 환자가 있을 것으로 추정된다. 해를 거듭함에 따라 이 발병률은 점차 증가하는 추세이다.

이 질병이 비교적 젊은 환자에서 나타나는 경우 비정상적인 관절의 유연성이 나타나는데, 아직 그 발병 기전에 대해서는 알려진 바가 없다. 어떤 보고에 의하면, 채찍에 맞은 상처와 같은 물리적인 외상에 의해 이 질병이 발병된다고 하는데, 대부분의 환자의 경우 이러한 외상은 중요하지 않은 것으로 밝혀졌다. 미국 류마티즘협회에서 발표한 섬유염의 진단 기준에 따르면, 광범위한 통증이 적어도 3개월 간 지속되어야 하고, 적어도 18개 중 11개의 신체 부위가 일정 압력으로 눌렀을 때 비정상적으로 부드럽게 느껴져야만 한다. 환자들은 위의 증상 외에도 수면 장애와 같은 다른 불편을 느낀다.

정상적인 혈액 검사로서는 이 병의 화학적 이상을 찾아낼 수 없다. 하지만 최근의 연구 결과에 따르면 섬유염 환자의 척수액에서 P물질이라 불리는 단백질의 농도가 정상 대조군에 비해 3배 정도 높은 것으로 관찰되었다. 말단 신경으로부터의 신경전달 과정에 P물질이 관여하므로 이것은 뇌가 말단 신경으로부터 통증을 인지하는 방법의 변화에 의해 발생되는 신경학적 장애로 인해 나타난다고 믿고 있다.

섬유염이 유전될 가능성에 대해 몇몇 공식적인 보고가 있었고, 어떤 가족에게서는 많은 섬유염 환자가 나타난 것으로 보아, 유전자가 관여할 것이라고 추정할 수 있었다. 현재 섬유염에 관여하는 유전자를 찾기 위한 연구가 진행 중이다. 섬유염 연구 컨소시움 팀은 '섬유염 가족력 연구'라는 연구계획을 수행하여 섬유염 환자 80 가족의 유전적 연관을 보고하였다. 이들은 상대적으로 젊은 나이에 섬유염이 발병하며, 비교적 통증이 적다. 장염 증상을 동반하지 않는 섬유염 환자들에게서는 세로토닌 수용체 2A라는 유전자와 섬유염 질환이 연관되어 있을 것이라고 보고하였다. 반면에 상대적으로 늦게 발병하는 섬유염은 HLA 유전자와 연관되어 있다고 보고되었다. 비록 통계적으로 단정하기는 어렵지만 어머니에게서 섬유염이 발병하였을 경우, 자식에게 나타날 가능성이 높다.

최근의 연구 동향은 섬유염과 연관된 신경학에 치중되고 있다. P물질의 생성을 저해하거나, 섬유염 환자에서 적은 양으로 검출되는 세로토닌 또는 노르에피네프린의 재흡수를 저해하는 물질을 찾기 위한 연구가 진행 중이다.

피부병(Skin Disorders)

아토피성 피부염(Atopic Dermatitis)

아버지와 나는 둘 다 아토피성 피부염이 있다. 내 집사람은 정상이다. 우리 아이들에게 아토피성 피부염이 생길 확률은 얼마나 되나?

아토피성 피부염은 피부에 발진이 돋아나는 비교적 흔한 피부 질환이다. 환부는 환자의 연령에 따라 달라지지만 항상 가려움을 동반한다.

과학자들에 의하면 면역글로블린 E라는 단백질의 체내 양의 증가가 대부분의 아토피성 피부염 환자에게서 발견된다고 한다. 아토피성 피부염은 건초열, 천식과 비슷한 계열의 질환이다.

표 24. 아토피성 피부염 환자의 자녀 위험도

	수	피부염에 걸린 자녀
피부염 감염 발단자, 정상 배우자	164	180/321(56%)
발단자, 피부염에 걸린 배우자	26	48/59(81%)
피부염 감염 발단자, 호흡기 질환이 있으며 피부염에 걸린 배우자	80	88/149(59%)
합계	270	316/529(59%)

1993년 우하라(Uehara M.)와 기무라(kimura C.)가 학회지에 발표한 결과를 허가받아 인용함. 학회지: Descendant family history of atopic dermatitis. *Acta Dermato-Venereologica* 73: 62-63.

아토피성 피부염의 유전 가능성에 대해서는 많은 연구가 이루어지지는 않았지만, 아토피성 피부염에 유전자가 유의적으로 관여하고 있다고 추측하고 있다. 환자들을 대상으로 한 설문 조사 결과, 20% 정도의 환자의 직계가족에게서 역시 아토피성 피부염이 나타났고, 20% 정도에게는 천식이 발병하였다. 부모 중 한 명이 아토피성 피부염 환자일 경우 자녀에게 아토피성 피부염이 나타날 확률은 50% 정도 되고, 부모가 모두 환자일 경우에는 80%의 확률로 나타났다. 이러한 결과들로 미루어 볼 때 우성 유전자가 관여하고 있다고 추측된다.

건선(Psoriasis)

내 여동생은 건선 환자이다. 나에게도 나타날까?

건선은 재발이 잘 되는 만성질환으로 백인에게서는 1% 정도의 확률로 발병한다. 이 질환의 특징적인 증상은 팔꿈치, 무릎, 두피 등의 아랫부분에 종종 나타나는 붉은 색의 딱지가 앉는 타원형의 소반이다. 딱지를 제거하게 되면 피가 조금 나게 되고, 이러한 외상은 상처 입은 곳에서 주로 발생하게 된다. 이 질환은 여러 강도로 발병하게 되는데 1/5명 정도는 일상생활에 지장을 받을 정도로 심한 증상을 나타낸다. 건선은 주로 젊은 사람에게 발병하지만, 중년 이상의 사람에게도 나타난다. 흑인보다 백인에게서 더 많이 나타나고 10% 정도의 환자는 관절염을 동반한다.

건선의 발병 이유는 아직 알려져 있지 않지만, 자가면역 질환이라는 실험적 증거가 보고되고 있다. 이전에는 건선에 걸리지 않았던 환자에게서 어느날 갑자기 많은 건선 외상이 나타난다면, 약물에 의한 것일 확률이 높다. 이 질병은 증상이 악화되고 호전되기를 종종 반복하는데, 이는 이런 종류의 질환에서 쉽게 볼 수 있는 현상이다. 연쇄상구균에 의한 감염이 이 질환을 유발하는 것으로 추정하고 있다. 현재 가장 인정받고 있는 가설은 바이러스나 박테리아와 같은 침입자가 체내의 T세포를 활성화시킴으로써 피부세포나 그 외의 세포들이 T세포에 의해 공격을 받고, 이로 인해 딱지 같은 작은 반점 형성을 촉진하는 단백질을 분비하게 된다는 것이다.

그 동안의 연구를 통해 건선에는 여러 종류가 있다는 사실이 알려졌다. 하지만 이런 임상적인 건선의 분류가 서로 다른 생화학적 발병 원인에 의해 나누어지는 것인지는 아직 확실하게 알려져 있지 않다. 건선은 아시아인, 에스키모, 아프리카인에게는 적게 나타나고 백인에서는 비교적 많이 발생하는 질환이다. 덴마크와 스웨덴, 특히 파로 섬의 주민에서는 특별히 많이 발생한다.

　가족력 연구와 쌍생아 연구를 통해 건선에 걸릴 확률이 유전적인 요인과 밀접히 연관되어 있다고 알려졌다. 부모 중 어느 한쪽이 건선 환자라면, 자녀에게 건선이 발병할 확률은 정상인 부모의 자식에 비해 2배나 높다. 한 스웨덴 학자의 보고에 의하면 건선 환자 자손에서는 16%의 확률로 건선이 발생하였다. 형제 중에 건선 환자가 있다면 그렇지 않은 경우보다 5배나 높은 확률로 건선이 발병하게 된다. 이미 30년 전에 6번 염색체 위에 존재하는 HLA 유전자의 특이한 변이가 건선 발병의 확률을 높인다는 것이 알려졌다. 그 이후의 연구에 의하여 HLA-Cw6이라는 대립 유전자를 가진 사람은 일반인에 비해 20배나 높은 확률로 건선을 앓게 된다고 밝혀졌다. 다른 직접적인 건선 발병에 관여하는 유전자는 아직 발견되지 않았다. 하지만 유전자 연관 연구를 통하여 6p21과 17q24-25에 있는 유전자들이 관여할지도 모른다는 통계적인 데이터를 유추하였다. 이 후보 유전자들을 각각 PSOR1과 PSOR2라 명명하였다. 가족력 분석을 통하여, 이들 후보 유전자들 중 약 절반 정도가 유전적인 건선 발병 위험성의 진단에 사용될 수 있다는 것을 알게 되었다. 국제 건선 유전 연구 컨소시움은 염색체 10q와 16q에 건선에 관여하는 유전자가 존재할 가능성에 대해 2003년도에 보고하였다.

　2003년 가을에 열린 미국 인체유전학회 연례 학회에서 워싱턴 대학의 보우콕 박사 연구팀은 건선 위험성을 증가시킬 수 있는 유전자를 17q24-25에서 발견했다. 건선 환자들에게서는 RUNX1 단백질이 결합하는 이 유전자부위에 돌연변이가 일어나 있음이 확인되었다. RUNX1 결합 부위의 돌연변이는 세 종류의 유전자에 의해 영향을 받는 자가면역 질환과 관련되어 있다. 이와 관련된 연구는 앞으로 이들 질환의 유발 기작을 유추하는데 도움을 줄 것이다.

　동 학회에서 보고 된 또 다른 중요한 사실은 염색체 3번에 존재하는 SLC12A8이라는 유전자의 변이가 건선성 관절염에 관여한다는 것이다. 이것은 이 질환과 관련된 첫 번째 민감성 유전자에 대한 보고이다.

우리는 건선이라 진단받은 환자의 가족이나 친척들에게 어떤 조언을 해주어야 할까? 최근 3,000명 이상의 환자를 대상으로 실시한 조사에 의하면, 부모 중 한쪽이 건선 환자일 때 자녀는 8% 정도의 확률로 건선을 앓게 된다고 한다. 부모 양쪽이 모두 건선을 가지고 있을 경우에는 확률이 35%로 증가하며, 형제 중 환자가 있을 경우 10%의 확률로 건선이 발병하게 된다.

탈모(Baldness)

나의 아버지는 대머리이다. 나도 대머리가 될까?

사실 아무도 심각한 '질병'이라고 부르지는 않지만 60세 이후 남성의 절반에게서 발견되는 남성형 탈모는 수백만의 사람들에게 심각한 고민의 원인이 된다. 미국의 남성형 탈모증 환자들은 탈모예방 관련 화장품, 탈모 진행을 늦추기 위한 약품, 외과수술 등에 연간 20억 달러를 지출한다. 남성형 탈모증은 또 아직 원인을 알 수 없는 탈모증의 일종인 원형탈모증과는 근본적으로 다른 질환이다.

남성형 탈모증은 인종에 따라 다양한 발생 빈도를 보인다. 중국인에게는 가장 적게 나타나고 백인에게는 가장 빈번하게 발생한다. 1968년 119명의 남성형 탈모증 환자를 대상으로 조사해 본 결과, 103명에게서 가족력이 보고되었다. 1998년에 3,000명을 대상으로 조사한 결과에 의하면 정확한 유전 성향은 나타나지 않았다. 입양 케이스 조사나 충분한 모집단을 이용한 쌍생아에 대한 연구 결과는 아직 없는 상황이다. 현재 가장 유력한 가설은 몇몇의 우성 유전자가 관여한다는 것이다. 남성 호르몬이 높은 남자에게서 남성형 탈모가 일어난다는 설은 아직 검증되지 않았다.
　1998년 컬럼비아 대학의 크리스티노 박사 연구팀은 인간에게서 탈모를 일으키는 유전자를 처음으로 발견했다고 보고하였다. 이들이 연구한 탈모증은 사촌간의 결혼이 많이 이루어지고 있는 파키스탄의 한 종족을 대상으로 연구한 알로페시아 유니버살리스(alopecia universalis)라고 불리는 특별한 케이스의 탈모증으로, 이 병을 앓는 환자에서는 몸에 털이 전혀 발견되지 않는다.
　2003년, 텔 아비브 대학, 안트베르프 대학을 비롯한 몇몇 다른 대학의 연구자들로 구성된 연구팀은 빈모증 심플렉스(hypotrichosis simplex)라는 희귀한 상염색체 우성의 탈모증을 보고하였다. 이 질환에 걸린 환자들은 남녀를 불문하고 어린시절부터 탈모가 진행되어, 30세가 되기 전에 완전히 100%의 탈모가 진행된다. 이 질환은 CDSN이라는 유전자의 돌연변이에 의해 발생한다. 이 유전자는 코니오데스모신이라는 분자량이 큰 단백질을 만드는데, 이 단백질은 피부 외피를 이루는 각질세포의 결합을 촉진하는 접착제와 같은 역할을 담당한다. 코니오데스모신에 대한 연구를 통하여 앞으로 다른 종류의 탈모증에 대한 해결 방법을 얻을 수 있을지도 모른다.
　남성형 탈모증이 심장마비와 연관되어 있다는 연구 결과가 2000년에 발표되었다. 2만 2,000명을 대상으로 한 연구에서 역학자들은 정수리에 심한 탈모가 진행된 남성들은 정상 그룹보다 36% 정도 더 많이 심장마비를 일으킬 확률이 높다고 발표하였다. 약한 정도의 탈모 환자들은 32%, 앞머리에 탈모가 진행된 남성은 8% 더 심장마비 확률이 높았다. 이러한 심장마비 위험도는 탈모 환자가 혈압이 높거나 혈중 콜레스테롤 농도가 높을 경우에는 좀더 높아지는 것으로 보고되었다. 물론 이러한 결과들이 탈모와 심장마비의 인과관계 때문에 나타나는 것은 아니지만, 아마도 탈모와 심장마비는 같은 원인에 의해 일어나는 것일지도 모른다.

사실 우리는 남성형 탈모증의 원인과 유전에 대해 너무나 모르고 있다. 자신에게 남성형 탈모가 일어날 가능성에 대해 궁금하다면 유전학자에게 물어보거나 자신의 할머니에게 물어보아도 아마 같은 대답을 얻게 될 것이다. 남성형 탈모를 억제하는 유일한 방법은 고환을 제거하는 것이지만, 아무도 그렇게 하고 싶지는 않을 것이다. 하지만 우리는 앞으로 멀지 않은 장래에 탈모증을 유발하는 유전자의 발견과 효과적인 치료법을 개발할 수 있을 것이라고 기대하고 있다. 이 분야를 연구하는 한 과학자는 앞으로는 인간의 모발색깔조차 유전공학적인 방법으로 조작할 수 있으리라고 말하였다.

암(Cancer)

유방암(Breast Cancer)

어머니와 할머니가 모두 유방암으로 사망했다. 나에게 유방암이 발병할 확률은 얼마나 될까?

피부암을 제외하면 유방암* 은 미국과 유럽에서 여성에게 가장 높은 확률로 발병하는 암이다. 현재 미국에서 약 100만 명의 여성이 유방암으로 진단받았고, 100만 명의 여성이 유방암이 발병하였으나 자신은 아직 모르고 있는 것으로 추정된다. 2000년 1년 동안, 22만 5,000건의 새로운 유방암 환자가 발생하였고 이중 4만 명 정도가 유방암으로 사망하였다. 모든 암을 통틀어서 오직 폐암에 의해 사망하는 여성이 유방암에 의해 사망하는 여성보다 많은 현실이다. 미국 여성들 중 9명 중 1명은 유방암으로 진단받게 된다. 유방암에 걸릴 확률은 나이와 관련되어

---

* 한국유전학회 총서 제4권 『유전자 : 생명의 원천』, 1996. 전파과학사, 서울.

있다. 예를 들면 40세 여성이 유방암으로 진단받을 확률은 1/100이지만 70세 여성이 유방암으로 진단받을 확률은 1/10 이다.

유방암은 그 원인이 되는 암세포의 기원에 따라 여러 가지 종류로 나눌 수 있다. 대부분의 유방암은 유방의 상피세포에서 발병한다. 이들 상피세포에는 젖을 만드는 소엽세포와 젖이 통과하는 관을 이루는 세포가 속한다. 유방암의 가장 흔한 종류는 내관 종양(intraductal carcinoma) 으로 약 80%의 유방암이 이 종류에 해당한다. 침투성 소엽세포 종양이 10% 정도 되고 나머지는 다른 종류의 유방암이다.

유방암이 발병할 위험성은 나라마다 서로 다르다. 몇 십년 전에 수행된 연구에 의하면, 미국의 도시 여성에게는 일본 오사카의 여성보다 6배나 높은 확률로 유방암이 발병한다고 했다. 이러한 차이점은 각 인종간의 유전적인 차이 때문에 생기는 것 같지는 않다. 미국에 살고 있는 폴란드계, 이탈리아계, 일본계 여성들을 비교하여 보면, 이들은 모두 미국의 여성과 동일한 유방암 발병 위험성을 지니고 있다.

유방암은 몇 년 동안 축적된 돌연변이에 의해 발생하여 세포의 이상 분열을 일으킨다. 이러한 돌연변이를 일으키는 요인에 대해서는 몇 가지가 알려져 있다. 지난 몇 십년 간 이러한 요인들을 밝혀내려는 많은 연구가 시도되었다. 이들 중 가장 중요한 것은 나이, 가족력, 출산 여부, 식생활, 복사선에 대한 노출, 그리고 첫번째 진단 받은 유방암의 병력 등이다.

나이는 가장 중요한 위험 요인이다. 나이가 많으면 많을수록 위험성이 더 증가한다. 백인과 흑인 여성에게는 아시아 여성보다 더 높은 위험성이 있다. 고학력에 생활수준이 높은 여성에게는 그렇지 않은 여성보다 2~3배 높은 위험성이 있다. 어머니나 자매 중 한 명이 유방암 환자일 경우 위험성이 증가한다. 하지만 이러한 결과가 유전자 때문이라고 확정해서 말할 수는 없다. 왜냐하면 가까운 친척은 서로 비슷한 환경에서 생활하기 때문이다. 빠른 초경 연령과 늦은 폐경 연령도 위험성을 증가시킨다. 한 번도 임신하지 않은 여성과 아주 늦은 나이에 첫 임신을 하게 된 여성에게도 위험성은 증가한다. 이러한 사실은 자기 자신의 호르몬에 노출되는 시간이 위험 요인으로 작용할 수 있다는 것을 의미한다. 복사선에 대한 노출과 유방암 병력 또한 위험성을 증가시킨다. 하지만 아직 음식이나 술, 비만이 유방암의 위험성에 관여하는지는 확실히 밝혀져 있지 않다. 경구 피임약의 사용이 위험성을 증가시키는 것 같지는 않다.

물론 유방암으로 진단받을 확률이 부분적으로는 개인의 경제적 수준과 건강보험 내용과도 관련되어 있다. 미국에서 DCIS(ductal carcinoma in situ)라는 초기 유방암이 1983~1995년 사이에 갑자기 증가하게 된 것은, 유방 뢴트겐조영법의 활용 빈도가 급격히 증가했기 때문이다. 유방암이 진단의 급격한 증가로 발견되었다면, 그 전에는 발견되지 못하였던 초기 종양이 새로운 기술의 개발로 발견되었음을 감안해야만 한다.

연구자들은 여성의 나이별 유방암 위험성을 예견할 수 있는 방법을 개발하였다. 가장 잘 알려진 것은 게일(Gail) 모델인데, 정기적으로 유방조영술을 받는 여성들을 대상으로 개발된 방법이다. 이 방법은 현재 나이, 초경 때의 나이, 첫 출산 때의 나이, 유방암으로 진단받은 가족의 수, 그리고 유방암 생검 횟수 등의 요인을 이용하여 수식으로 계산하는 방법이다. 하지만 게일 모델은 유전적으로 연관되어 있는 기타 요인, 예를 들면 난소암으로 진단받은 가족의 수와 같은 것들을 모두 감안하지는 않는다. 최근의 연구에 의하면, 게일 모델은 유전적인 요인을 상대적으로 과소평가하는 경향이 있다고 증명되었다. 클라우스(Claus) 모델은 5,000명 정도의 여성들을 대상으로 한 자료로부터 개발된 모델로서, 가족력에 좀더 비중을 두어 만들어진 방법이다. 하지만 이 방법 역시 질환 관련 유전자가 세대를 따라 계속 유전되어온 가족의 유방암 발병 위험성에 대해서는 위험 요소를 상대적으로 과소평가하게 된다. 그다지 심각하지 않은 가족력을 가지고 있는 가족들에게는 이 두 가지 모델이 모두 사용될 수 있다. 예를 들면 클라우스 모델을 예로 들면, 한 명의 직계 가족이 43살에 유방암으로 진단받은 가족력이 있는 39살의 여성의 경우, 현재 유방암을 가지고 있을 확률은 1%이고, 79살에는 13%로 증가하게 된다. 다른 두 모델인 카우치(Couch) 모델과 프랭크(Frank) 모델은 BRCA1과 BRCA2 유전자의 돌연변이를 가지고 있는 가족의 위험도를 계산하기 위해 특이적으로 사용된다.

표 25. 유방암의 가계 위험도

유병률	유방암에 걸린 여성의 약 10~20%는 양성의 가계력이 있다. 그 중 약 50%는 고위험 가계에 속한다.
고위험 가계의 특성	초기 발병은 50세 이전에 시작되고, 유방암에 걸린 친척이 일부 있으며, 양측성 그리고/또는 다병소성 암이며, 유방암에 걸린 남성이 있다.
위험도	유방암에 걸린 1촌 가족이 있으면 위험률은 약 2.5배 높아진다(아쉬케나지계의 경우엔 더 높다). 양측 모두 유방암인 환자가 1촌 가족 중에 있으면 위험률은 3배로 높아진다. 전립선암, 자궁내막암 또는 난소암의 가계력이 있으면 그 1촌 가족이 유방암에 걸릴 위험도는 더욱 높아진다.

2002년에 출판된 리모인 등(Rimoin D.I., Connor J.M., Pyeritz R.E., and Korf B.R.)의 저서에서 허가를 받아 인용함. 저서명: *Emery and Rimoin's principles and practice of medical genetics*, 4th edition. Churchill Livingstones, London; ⓒ Elsevier

이미 120년 전부터 의사들은 유방암이 많이 발병한 가족들에 관한 연구 논문들을 발표하였으나, 소인성(素因性) 유전자들을 중요한 위험 요소로 인지하게 된 것은 불과 25년 전부터이다. 그간의 역학 조사를 통하여 10~20%의 유방암 환자들의 직계가족 또는 2차 친척 중 유방암으로 진단받은 환자가 있다는 것이 알려졌다. 그러한 가족들은 평균 유방암 발병 연령이 10년 정도 빠르고, 양쪽 유방에 모두 유방암이 발생할 확률이 높다고 한다. 예를 들면, 40세 이전에 양쪽 유방에 모두 유방암이 발생한 여성의 자매는, 동일한 나이의 다른 여성에 비해 유방암이 발생할 확률이 10배 정도 높다는 보고가 있었다. 일란성 쌍생아의 자매 중 한 여성이 유방암으로 진단받을 경우, 쌍생아의 나머지 한 자매는 평생 동안 30~35%의 확률로 유방암이 발병하게 되는데, 이것은 일반인보다 3배 이상 높은 확률이다. 이란성 쌍생아의 경우도 자매 중 한 명이 유방암으로 진단받으면, 나머지 여성도 유방암이 걸릴 확률이 높기는 하지만, 일란성 쌍생아의 경우처럼 그렇게 아주 높지는 않다.

　1990년대의 획기적인 발견들에 의하여 유방암에서의 유전자들의 역할에 대한 이해가 넓어지게 되었다. 최근에는 10% 정도의 유방암은 여성이 태어날 때부터 가지고 있던 유전자의 돌연변이에 의해 발생하게 된다는 사실이 일반적으로 받아들여지고 있다. 유방암 원인유전자들이 유방암을 발병시키는 역할에 대해 알아보는 간편한 방법은, 그 유전자들을 세 가지의 그룹으로 나누어 분석하는 것이다. 첫번째 그룹은 여성이 일생동안 유방암에 걸릴 위험성을 극적으로 높이는 유전자로서, 불충분 침투성 상염색체 우성 유전질환을 유발하는 유전자들이다. 불충분 침투성 유전 질환이라 명명한 이유는 이들 유전자에 돌연변이를 가지고 있는 여성들에서 모두 유방암이 발병하는 것은 아니기 때문이다. 두번째 그룹은, 많은 종류의 유전자를 포함하고 있는 그룹으로, 유방암 발병 위험성을 높이는 유전자들이지만 '낮은 침투성'을 보이는 유전자들이다. 이 유전자 돌연변이를 가지고 있는 가족들을 '유방암 가족'이라고 부를 정도로 심각성은 없는 유전자들을 일컫는다. 세번째 그룹은 아주 드문 단일 유전자에 의한 질환 유발 유전자들로, 유방암은 그들이 일으키는 여러 가지 질환 중에 하나의 현상으로 보고되는 그룹이다. 이러한 유전자들에 의해 유발되는 유방암은 전체의 1% 정도에 불과하다.

　1990년대 중반 유타대학의 스콜닉 박사 연구팀은 17번 염색체의 장완에 존재하는 BRCA1 유전자를 발견하였다. 2년 후, 영국의 한 연구 그룹과 스콜닉 그룹은 BRCA2 유전자를 13번 염색체에서 발견하였다. BRCA1과 BRCA2 유전자의 돌연변이는 여성에게 평생동안 높게 나타나는 유방암 발병 위험성과 관련되어 있다. 이 두 유전자 중 한 쪽에 돌연변이를 가지고 있는 사람은 상대적으로 젊은 나이에 유방암이 발병하게 되며, 하나 이상의 종양을 가질 위험성도 높은 것으로 밝혀졌다.

BRCA1 유전자에 돌연변이를 가지고 있는 여성은 50세에는 30%의 확률로 유방암이 발병하고, 70세에는 65%의 확률로 유방암에 걸리게 된다. 70세의 나이에 BRCA2 유전자의 돌연변이를 가지고 있는 여성은 45%의 확률로 유방암이 발병한다. 이 두 유전자가 '유방암 가족'에게서 발생하는 유방암의 80~90% 정도에 관여한다고 알려져 있다.

현재 이 두 유전자의 돌연변이를 알아보기 위한 DNA 염기순서 분석 검사가 스콜닉 박사가 공동 설립한 미리아드 제네틱스라는 회사를 통하여 서비스되고 있다. 많은 유방암 가족력을 가지고 있는 가족들을 분석한 결과를 바탕으로, 이 회사는 특정 환자가 BRCA1 유전자에 돌연변이를 가지고 있을 확률을 계산할 수 있는 프로그램을 개발하였다. 유방암 위험 요소를 가진 여성과 그의 담당 의사가 이 프로그램을 사용하여 분석한다면, 1/6의 확률로 실험 대상 여성이 BRCA1 유전자의 돌연변이를 가진 것으로 나타나게 되는데, 이는 병원에서 수행하는 다른 종류의 선별검사에 비해 높은 확률이다.

이 검사는 의료보험에 의해 지원되지만 2,500달러가 소요되므로 처음 몇 년간 이 검사의 실제적 가치에 대해 많은 논란이 있었다. 이 검사가 불필요하다고 생각하는 의사들의 견해는 모든 여성들이 자신을 위험도가 높은 그룹에 속한다고 가정하여 매월 자체 유방암 촉진 검사, 정기 유방 조영술 등을 실시하여 유방암을 조기에 진단할 수 있도록 하는 것이 더 유리하다는 것이다. 하지만 자신의 가족력에 의거하여 자신에게 발병할 유방암의 위험성이 큰 것으로 알고 있는 여성들이 이 검사를 수행하여 BRCA1이나 BRCA2 유전자의 돌연변이를 가지고 있지 않다는 사실을 알게 된다면, 환자 개인에게는 좋은 소식이 될 것이다. 이 검사는 이미 다른 유전자의 돌연변이가 발견된 가족에게는 아주 유용한 검사이다.

    CHEK2라는 유전자는 높은 유방암 발병 위험성에는 관여하지 않지만 중간 정도의 유방암 위험성에 관여한다. 이 유전자는 세포 주기 조절에 관여하여 세포분열에 영향을 미친다. 두 명 이상의 여성이 60세 이전에 유방암을 앓았으며 BRCA1과 BRCA2 유전자의 돌연변이가 관찰되지 않은 718가계를 대상으로 연구한 결과, 4%의 여성이 110delC라고 하는 CHECK2 유전자의 돌연변이를 가지고 있는 것으로 밝혀졌다. 이 돌연변이 확률은 유방암이 발병하지 않은 대조군 그룹에 비해 4배 정도 높은 확률이다.

    여성들이 검사를 통하여 자신에게 BRCA1 혹은 BRCA2 유전자에 높은 위험성을 일으키는 돌연변이가 있다는 사실을 알게 되었다면, 그들이 취해야 할 중요한 행동이 있다. 이들 유전자의 돌연변이는 난소암과도 깊은 관련성이 있으므로, 많은 여성들은 출산을 끝내고 난소 절제 수술을 실시하게 된다. 몇몇의 여성은 양쪽 유방을 모두 절제하는 수술을 실시하지만, 대부분의 여성들은 유방 조영술 등을 통한 유방암 초기 발견에 더 많은 신경을 써야 한다. 유방암을 효과적으로 치료하기 위해서는 초기 발견이 중요하기 때문이다.

    BRCA1과 BRCA2 유전자 클로닝 된 이후, 역학조사를 통해 아쉬케나지계 유태인들은 일반적인 백인에 비해 3배 정도 높은 1/40의 확률로 이들 유전자의 돌연변이를 지니고 있다는 것이 밝혀졌다. 42세 이전에 유방암으로 진단받은 아쉬케나지계 여성의 3명 중 1명은 BRCA1 유전자에 돌연변이를 가지고 있는데, 이것은 유태인에게 유방암이 발병하는 확률이 높다는 사실에 대한 이론적인 설명이 될 수 있다.

    BRCA1이나 BRCA2 정도로 깊은 연관성을 가지고 있는 것은 아니지만, 몇몇 다른 유전자들이 유방암 유발과 관련이 있다고 보고되었다. 가장 흥미를 끄는 유전자는 양쪽 대립 유전자에 모두 돌연변이가 일어났을 때 병을 일으키는 유전자로서, 아주 희귀한 질병인 모세혈관 확장성 조화운동 불능(ataxia telangiectasia, A-T)과 관련된다. 여성 1/100명 꼴로 한쪽 대립 유전자에 이 돌연변이를 가지고 있다. 이 여성들 모두가 이 희귀질환이 발병하지는 않지만 유방암에 걸릴 위험성이 굉장히 높다. 또 다른 연구결과에 의하면 A-T 유전자에 일어나는 돌연변이는 약 4% 정도의 유방암과 연관성이 있다고 한다. 이 연구 결과는 아직 확실하게 받아들여지지 않았고, A-T 돌연변이를 유방암 조기 발견을 위해 선별하려는 시도는 아직 진행되고 있지 않다.

일부 연구자들은 인체 내로 유입되는 외부 독성물질의 해독작용을 담당하는 유전자들과 유방암의 연관성에 대하여 연구하였다. 시토크롬 p450 유전자와 두 종류의 N-아세틸기 전달 효소, 글루타치온 S-전달 효소를 만드는 유전자들이 이의 연구 대상이 되었다. 하지만 지금까지의 역학 연구 결과는 뒤죽박죽이다. 현재 상황에서 이들 유전자의 변이가 유방암 위험 요소와 연관되어 있다고 단정지어 이야기할 수는 없다. 그러나 이들 유전자를 일반 집단에서 중요하지 않은 위험 요인으로 치부해 버릴 수도 없고, 작은 특수집단에서 중요한 위험 요인 중 하나에 속하지 않는다고 단정지을 수도 없는 현실이다.

아직은 의사들 사이에서 비싼 BRCA1과 BRCA2 유전자 염기순서 분석을 정당화시킬 만큼의 의견 일치가 이루어지고 있지는 않다. 다음 표에 나열되어 있는 유방암 위험 요인들을 읽어보고, 자신이 높은 위험성 집단에 속한다고 생각되는 여성들은 높은 위험성 가족을 전담하는 의사에게 상담을 받는 것이 좋을 것이다. 직계가족 중 유방암 환자가 있는 여성이 일생에 거쳐서 유방암이 발병할 위험성은 최근 들어서 감소하고 있는데, 그 이유는 유전에 의한 유방암이 다른 유방암에 비해 조기에 발견되고 있기 때문이다.

표 26. 유방암 : 고위험성 가족 상담용 가이드라인

- 어머니나 자매가 40세 이전에 발병하였음.
- 어머니나 자매가 50세 이전에 발병하였고 가까운 친척이 유방암, 난소암, 대장암, 자궁내막암, 혹은 육종 진단을 65세 이전에 받았음.
- 어머니나 자매가 50세 이상 65세 미만의 나이에 유방암으로 진단 받았고 한 명의 가까운 친척이 유방암, 난소암, 자궁내막암, 대장암, 또는 육종의 진단을 50세 이전에 받았음 : 적어도 하나의 종양은 50세 이전에 발생하였고 유방암은 65세 이전에 발생하였음.
- 유방암에 대한 우성 가족력(4건의 유방암 혹은 난소암, 혹은 두 가지 모두가 모계 혹은 부계에서 발생함. 나이는 상관없음.)
- 유사한 악성 종양이 어머니나 아버지에게서 발견됨(대장암, 난소암, 자궁내막암, 육종이 50세 이전에 발생함.) 그리고 적어도 한 명의 가까운 친척이 50세 이전에 유방암으로 진단 받음.
- 두 종류 이상이 관련된 암(유방암, 난소암, 대장암, 자궁내막암 또는 육종)이 부계 가족에서 발생함. 꼭 아버지일 필요는 없으나 한 명은 50세 이전에 암으로 진단받음.

2002년에 출판된 리모인 등(Rimoin D.I., Connor J.M., Pyeritz R.E., and Korf B.R.)의 저서에서 허가를 받아 인용함. 저서명 : Emery and Rimoin's principles and practice of medical genetics, 4th edition. Churchill Livingstones, London; ⓒ Elsevier

    두 명 혹은 그 이상의 친척에게 유방암이 불특정 연령에 발병하였거나, 두 명의 친척에게 유방암이 발병하고 한 명 혹은 그 이상의 친척에게서 난소암이 발병하였거나, 또는 한 명 이상이 40세 이전에 유방암이 발병한 경우에는 자신이 유방암 위험성과 관련된 유전자를 가지고 있는 그룹에 속해 있다고 생각해야 한다. 이 단원을 시작할 때 인용한 질문에 대해서는, 어머니와 할머니가 모두 유방암 환자인 여성의 경우, 유방암 진단 시의 나이가 가장 중요한 정보이다. 만약 어머니와 할머니가 모두 60세 이전에 발병하였다면, BRCA1이나 BRCA2 돌연변이를 가지고 있을 확률은 15%이다. 어머니와 할머니 중 한 명만 60세 이전에 발병하였더라도 유전적 위험성이 있는가의 여부를 의사에게 상의하여야 할 것이다.

난소암(Ovarian Cancer)

내 직계가족 중 2명이 난소암에 걸렸다면 내가 난소암에 걸릴 위험은 얼마나 되나?

난소암은 여성암 사망 원인 중 상위 다섯 번째에 해당한다. 미국 암학회에 의하면 2001년 약 2만 3,000명의 미국 여성이 난소암에 걸렸고, 그 중 약 1만 4,000명이 목숨을 잃었다. 일반 여성이 난소암에 걸릴 확률은 약 1% 정도인데, 불운하게도 난소암은 초기단계 증상이 거의 나타나지 않는 잠행성 질환이다. 따라서 난소암이 진단되었을 때는 환자 중 75% 정도는 이미 암이 난소에서 복부까지 퍼진 뒤이며, 이 중 단지 약 25%만이 5년 정도 더 생존한다.

대부분의 난소암은 난소의 장막 조직 층에서 발생하는데, 난소 외에도 골반 벽을 덮고 있는 세포에서도 발생할 수 있다. 난소암에는 세 종류가 있는데, 이는 상피세포성, 생식세포성, 간질세포성 종양이다. 그러나 대부분의 난소암은 상피세포성 난소암(epithelial ovarian carcinomas, EOCs)이므로, 본 저자는 이 유형에 대해 논의하고자 한다.

난소암의 원인에 대해서 알려진 바는 거의 없다. 고령은 분명히 위험 요소의 하나로, 가장 높은 난소암 발병률(10만 명당 57명)이 70세 후반의 여성에서 나타난다. 유방암과 마찬가지로 난소암 발병률은 나라에 따라 뚜렷한 차이를 보이는데, 스웨덴이 일본보다 5배 정도 높으며, 유럽이나 미국으로 이주한 일본인 여성에게서는 그 위험도가 증가함을 보여준다. 난소암의 위험은 배란과 연관된 생리학적 외상의 양에 따라 증가하는데, 예로 임신을 한번도 하지 않은 여성이 여러 번 임신한 여성보다 위험률이 약 2배 정도 높다. 또한 몇몇 연구에서는 경구피임약을 복용한 여성이 그렇지 않은 여성에 비해 난소암 발병 위험률이 적음을 보여준다.

가족 중 2명의 직계가족이 난소암에 걸렸다면 세 종류의 유전적인 증세, 즉 가족성 유방-난소암(BRCA1이나 BRCA2 유전자의 돌연변이에 의함), 가족성 난소암, 가족성 비폴립증 결장직장암(HNPCC) 중 적어도 하나의 증세를 보인다. 그러나 대부분의 난소암 환자 가계는 이 경우에 해당되지 않는다. 만약 세 명의 직계 가족이 난소암으로 진단받았다면, 그 가계는 위 유전자 중 하나의 유전자가 돌연변이되었을 확률이 훨씬 크다.

상피성 난소암의 5~10% 정도는 유전적 요소에 의한 것인데, 이는 주로 유방암의 원인이 되기도 하는 BRCA1과 BRCA2 유전자의 돌연변이 때문이다. 가족성 난소암의 발병위험도는 관련된 유전자에 따라 다른데, BRAC1에 돌연변이가 일어난 경우 발병률은 40% 정도이며, BRAC2에 돌연변이가 일어난 경우에는 약 10~20% 정도이다. 따라서 일반 여성의 난소암 발병률이 1~2%라는 점을 감안할 때, BRCA1 돌연변이를 가진 여성은 일반여성보다 20배, 그리고 BRAC2 돌연변이를 가진 여성은 적어도 5배 이상 발병률이 높다. 게다가 BRCA2 유전자의 엑손 11번에 돌연변이가 일어나면, 이 유전자의 다른 부위에 돌연변이가 일어난 경우보다 난소암 발병 위험률이 높아진다.

몇몇 가계에서는 난소암이 유방암과 독립적으로 발생하기도 하지만, 대부분의 난소암 발병은 여전히 BRCA1와 BRCA2 유전자의 돌연변이 때문인 것으로 알려졌다. 또한 가족성 대장암의 발병 위험을 가지고 있는 가계에 난소암이 많다는 것도 보고되었다.

가족성 대장암에 관련된 유전자가 돌연변이된 여성은 나이 70까지 난소암에 걸릴 확률이 약 10%이다. 난소암 집안내력이 있는 여성은 난소암 발병위험률이 더 높은데, 일촌 간에 난소암 가족이 있는 여성은 그렇지 않은 여성보다 약 3배 높고, 일촌관계에 두 명의 난소암 가족이 있는 여성은 난소암 발병 위험률이 거의 30%에 이른다. 이런 누적 발병 위험도는 중부 유럽에 거주하는 유대인들 사이에서는 더 높다.

표 27. 난소암의 가계위험도

유병률	난소암에 걸린 여성의 약 5%는 양성의 가족력이 있다. 이러한 가계의 약 20%는 유전성일 확률이 높다.
고위험 가계의 특징	혈족 내에 2~3명의 난소암 환자가 있으면 유전성일 확률이 높다. 고위험 유전성 난소암은 병소 특이적 난소암, 유방-난소 증후군, 유전성 비폴립성 대장암으로 분류할 수 있으며, 이들은 각각 1/3씩 난소암의 위험도를 증가시킨다.
위험도	난소암에 걸린 여성의 1촌 가족이 난소암이나 유방암에 걸릴 상대적 위험도는 약 1.6~2.8배 높다. 유방암에 걸린 여성의 1촌 가족이 난소암에 걸릴 상대적 위험도는 1.7배 높다. 난소암에 걸린 1촌 가족이 있는 유대인 여성이 난소암에 걸릴 상대적 위험도는 8.8배 높다.

2002년에 출판된 리모인 등(Rimoin D.I., Connor J.M., Pyeritz R.E., and Korf B.R.)의 저서에서 허가를 받아 인용함. 저서명: *Emery and Rimoin's principles and practice of medical genetics*, 4th edition. Churchill Livingstones, London; ⓒ Elsevier

    난소암 집안내력이 있는 여성은 BRCA1과 BRCA2의 돌연변이 검사를 고려해 봄직하다. 50세 이전에 난소암에 걸린 일촌 관계의 환자가 한 명이라도 있다면, 이는 상당한 발병 위험 요소가 존재함을 의미한다. 불행하게도, 아직까지 BRCA1과 BRCA2의 돌연변이를 검사할 좋은 기술이 개발되지 않았다. 현재 시행하는 난소암 위험 판별 방법으로 매년 골반 초음파검사와 혈액검사로 CA-125의 기질을 알아보는데, 두 방법 모두 규모가 큰 집단의 판별방법으로는 적당하지 않다. 그러나 난소암 발병 위험도가 높은 그룹 연구에 의하면, 이 방법들은 암을 치료할 가능한 시기를 찾아내는데 도움이 된다.

2002년 코렐로직 회사의 연구자들은 단백질체학이라는 기술을 이용하여 난소암을 진단하는 방법을 선보였다. 이 새로운 진단법으로 113명의 난소암 조직과 대조군을 분석하였다. 그 결과 모든 암 환자를 정확하게 판별하였으며, 단지 정상 집단에서 3명의 여성이 오진을 받았다. 현재 이 진단법은 임상실험 중이다.

1995년 미국 국립보건원 난소암 통계자료에 의하면 유전적으로 난소암의 위험을 가진 여성은 아이를 낳은 후 또는 35세에 난소를 제거하는 수술을 받는 것이 유익하다. 많은 여성이 실제 이 시술을 받고자 하며, 이 수술은 난소암 발병 위험률을 90% 정도 감소시킨다. 그러나 이 시술이 발병 위험률을 완전히 제거하지는 못한다. 그 이유는 배아발생 중에 난소에서 발생한 조직층이 골반의 안쪽 벽층을 이루는데, 이 조직층을 제거하는 것은 불가능하기 때문이다. 최근의 한 연구에서는 BRCA1/2 돌연변이 여성의 난소를 제거할 경우, 난소암과 유방암의 발병 위험률을 감소시키는 것으로 나타났다. 타목시펜(Tamoxifen-유방암 치료 여성에게 널리 사용되는 항에스트로젠 제재)이라는 약이 BRCA1/2 돌연변이 여성에서도 유방암이나 난소암의 발병 위험률을 감소시켜 주는지는 아직 알려지지 않았다.

자궁암(Endometrial Cancer)

자궁암은 가계유전하지 않는다고 들었는데, 이에 대한 증거가 있는가?

자궁암은 가장 흔한 여성 생식계통의 암이며, 네번째로 흔한 여성

암이다. 2002년, 3만 9,000명 이상의 미국 여성들이 자궁암 진단을 받았으며, 6,000명 이상이 이 암으로 사망했다. 자궁암의 주요 위험인자들은 비만, 무임신, 그리고 에스트로젠 사용이다. 이 세 위험요인들은 모두 다 프로게스테론보다 과잉의 에스트로젠을 생성하게 하고, 그 결과 암의 전단계인 비전형적인 과잉증식을 초래한다. 다행스럽게도 자궁암 환자의 75% 정도는 암 진단을 받을 당시에 암이 자궁 밖으로 전이되지 않은 상태이다. 이런 이유로 백인 여성 자궁암 환자들에서 5년 생존율이 85%나 된다. 아프리카계 미국여성 자궁암 환자들의 장기생존율은 이보다 낮은데, 이는 부분적으로 저조한 의료 혜택 때문이다. 현재까지 알려진 가장 흔한 자궁암 유형은 자궁내막형 선암(adenocarcinoma)인데, 다행히도 빠르게 전이되지 않는다.

역사적으로 자궁암은 유전적 소인에 크게 영향받지 않는 것으로 간주되어 왔으나, 이런 견해는 빠르게 위축되고 있다. 2003년 5월, 미국 쎄인트루이스에 있는 워싱톤대학교의 분자유전학자 굿펠로는 집안내력에 따라 자궁암에 걸릴 확률이 높을 것으로 추정되었던 30명의 자궁암 환자들 중 7명이 MSH6 유전자에 돌연변이를 갖고 태어났다고 보고했다. 특히 흥미로운 점은, 이 돌연변이 유전자를 가진 환자들은 다른 환자들보다 평균 10세 연하였다. 이 유전자는 DNA 복제 결함을 교정하는 단백질을 암호화하는 유전자로, 이 유전자의 돌연변이는 직장암과 밀접하게 연관되어 있음이 이미 알려졌다. 비록 MSH6 유전자 돌연변이가 직접적으로 전체 자궁암 중 아주 일부만 초래할지라도, 굿펠로의 발견으로 위험 요소의 확인뿐만 아니라 새로운 치료법도 고려해 볼 수 있다. 또한 그들은 자궁암 조직이 미소부수체(microsatellite)의 불안정 현상과 메틸화 결손 현상을 모두 보이는 세포들을 포함하고 있을 때에는 다른 암에 걸릴 위험도가 매우 높아진다고 보고했다.

표 28. 자궁암의 가계위험도

유병률	자궁내막암에 걸린 여성의 약 15%는 양성 가계력이 있다.
	이러한 가계의 반은 유전성 비폴립성 대장암 증후군이 있다.
고위험 가계의 특징	폐경 전에 자궁내막암에 걸린 2~3명의 가까운 친척이 있다.
	고위험 가계의 다수에서 유전성 비폴립성 대장암 증후군 환자를 볼 수 있다.
위험도	자궁내막암의 가계력이 있으면 위험도는 3배 증가한다.

2002년에 출판된 리모인 등(Rimoin D.I., Connor J.M., Pyeritz R.E., and Korf B.R.)의 저서에서 허가를 받아 인용함. 저서명: Emery and Rimoin's principles and practice of medical genetics, 4th edition. Churchill Livingstones, London; ⓒ Elsevier

지난 10년 동안, 몇몇 연구팀들은 자궁암조직의 유전적 프로필을 집중적으로 연구해 왔다. 이들은 돌연변이가 일어나면 세포가 암으로 진행되는데 결정적 역할을 하는 특이한 유전자들이나 이들의 조합이 존재하는가를 알고 싶어 했다. 1997년 메릴랜드대학교 연구팀은 전체 자궁암의 50%에서 PTEN 유전자의 돌연변이를 확인했고, 1999년에 이르러선 스페인의 한 연구팀이 K-ras, c-erbB2/neu, 그리고 p53 유전자들도 자궁암에서 종종 변이되어 있는 사실을 확인했다. 한편 자궁암에서 확인된 돌연변이 유전자의 수는 계속 증가하고 있다.

자궁암에 있어 MSH6 유전자의 역할에 대한 새로운 이해는 직장암 집안내력이 있는 여성들에서 자궁암 위험도에 대한 경각심을 불러일으키도록 한다. 또한 집안에 55세 이전의 나이에 자궁암이 생긴 가족이 있는 여성이나, 표준화된 위험도가 확립되지 못한 여성들에게는 자궁암의 유전적 위험지표가 상당히 높다. 현재까지 밝혀진 바에 의하면, 적어도 모든 자궁암의 5%가 유전적 위험 요인에 의하여 발생된다고 보아도 무방하며, 이런 이유로 집안내력을 중요시해야 한다.

대장암(Colon Cancer)

몇몇 나이 많은 나의 친척이 대장암에 걸렸었는데, 이는 나에게 무엇을 의미하나?

대장암은 비상피암 중 가장 흔한 암으로, 미국에서 매년 약 15만 명이 대장암으로 진단되고 매년 약 7만 명이 죽는다. 대장암의 대부분은 선암이며 대장의 어느 부분에서나 생길 수 있다. 대부분의 대장암은 초기에는 암 성격이 없는 작은 용종으로부터 발생되며, 이는 외과적 수술로 쉽게 제거될 수 있기 때문에 의사들은 적극적으로 초기 암검진에 주력해 왔다. 용종들은 대장내시경 시술 때 쉽게 발견되기 때문에, 이는 대장암 검진을 위한 최적의 검사법으로 통한다.

대장암의 발생 비율은 나라마다 매우 다른데, 미국과 유럽에서는 매년 10만 명 당 44명으로 발병하여 가장 높고, 사하라사막 부근의 아프리카 지역이 미국의 약 1/5로 가장 낮다. 연구자들은 대장암 발생률이 낮은 지역에서 높은 지역으로 이주한 사람들은 높은 지역의 발생 위험률을 따른다는 것을 알았다. 또한 대장암 발생 위험률 분석에 의하면 고섬유질, 저지방 음식을 먹는 사람들이 그렇지 않은 사람들보다 위험도가 낮으며, 남성은 여성보다 약 50% 정도 대장암에 걸릴 위험도가 높다.

지난 15년 동안 많은 연구 집단의 노력 덕분으로, 특히 존스홉킨스 의과대학의 보겔스타인(Bert Vogelstein) 박사팀의 노력으로, 대장에서 정상세포가 암세포로 어떻게 전환되는지 분자수준에서 많은 것이 알려졌다. 보겔스타인 박사와 그의 동료인 페론(Eric Fearon) 박사는 대장암이 여러 단계를 거쳐 발생한다고 주장했다. 그들은 정상 대장세포가 전이 암세포로 변화하려면, 그 조직이 과잉증식 세포에서 초기 선종, 후기 선종, 그리고 암으로 진행될 때 5~7개의 서로 다른 돌연변이가 딸세포에 축적되어야 한다는 것을 보여주었다. 1990년대 초에 다른 연구자들은 APC라는 유전자의 돌연변이가 우성질환 성격을 갖는 희귀한 형태의 대장암을 유발한다고 밝혔다. APC 돌연변이는 비가족성 산발성 대장암에서도 암을 유발하는 가장 중요한 단계로 생각된다.

표 29. 대장암의 가계위험도

유병률	대장암 환자의 약 20~25%는 대장암 가계력을 갖고 있다. 대장암 가계력이 있는 가계의 약 1%는 용종증 증후군의 위험도가 높다. 대장암 가계력이 있는 가계의 약 25~50%는 유전성 비폴립성 대장암 증후군을 보인다.
고위험 가계의 특징	대장암의 초기 발병을 보이며, 다수의 원발성 종양의 위험도가 높다. 대장암과 다른 악성 종양의 가계력이 있다.
위험도	대장암 환자의 1촌 가족에게서 결장 직장암이 발생하거나 이 때문에 죽을 확률이 약 3.5배 증가한다.

2002년에 출판된 리모인 등(Rimoin D.I., Connor J.M., Pyeritz R.E., and Korf B.R.)의 저서에서 허가를 받아 인용함. 저서명: *Emery and Rimoin's principles and practice of medical genetics*, 4th edition. Churchill Livingstones, London; ⓒ Elsevier

유전성 대장암은 세 가지 범주로 구분될 수 있는데, 이는 가족성 선종폴립증(familial adenomatous polyposis, FAP), 유전성 비폴립증 결장직장암(hereditary nonpolyposis colorectal cancer, HNPCC), 그리고 그 외 가족성 대장암(familial colon cancer)이다. FAP는 흔하지 않은 체염색체 우성질환으로, 그 환자는 성인이 되기 전에 암의 전 단계인 수 백에서 수 천개의 군집성 용종들이 발생한다. 대장을 제거하는 치료를 받지 않으면 모든 FAP는 대장암으로 진행된다. FAP는 대장암의 1% 미만을 차지하기 때문에 더 이상 여기에서 논의하지 않을 것이다.

한 세기 이상 의사들이 많은 대장암의 가계들을 보아 왔지만, 대장암의 발병 위험을 지닌 가계에는 공통점이 있고 의학적으로 이를 찾아 사망률을 줄일 수 있음을 확인시킨 사람은 네브라스카의 크레이톤 의과대학의 임상유전학자인 린취(Henry Lynch) 박사이다. 오늘날까지 린취 증후군 또는 HNPCC로 알려진 이 유전병은 1991년 암스테르담 회의에서 의결된 일련의 임상 기준에 의해 정의되었다. 암스테르담 기준은 (1) 가계에 대장암에 걸린 사람이 적어도 3명이 있어야 하고, (2) 2세대에 걸쳐 나타나야 하며, (3) 한 명은 50세 이전에 대장암으로 진단되어야 한다.

HNPCC는 높은 유전율을 보이는 우성 유전병으로, 대장암 관련 유전자를 지니는 남성의 70%와 여성의 30%에서 대장암이 발병한다. 대체로 40~45세에 발병하고 다수의 대장암이 발병할 위험을 지닌다. 또한 자궁, 난소, 위, 신장 등에 암이 발생할 가능성이 높다.

현재 적어도 5개의 유전자(MLH1, MSH2, MSH6, PMS1, PMS2)가 돌연변이되면 HNPCC를 일으키는 것으로 알려져 있는데, 대장암의 약 90%가 MLH1, MSH2와 MSH6의 돌연변이로 발병된다. 최근 49건의 HNPCC 가계에 대한 연구에 의하면, 모든 가계에서 유전자 돌연변이를 확인했는데, 세 가계를 제외하고는 모두 MSH2나 MLH1 유전자에 돌연변이가 일어났다. 전형적인 HNPCC 가계의 대장암은 전체 대장암의 약 3%를 차지한다.

암스테르담 기준에는 맞지 않지만, 대장암에 대한 위험도가 뚜렷하게 높은 가계가 많이 존재한다. 부모가 대장암인 HNPCC 가계의 구성원은 대장암 원인 돌연변이를 가지고 있을 가능성이 50% 정도인 반면, 대장암 집안내력이 덜 심한 사람은 5~50% 정도이다.

표 30. 가계력 조사로 대장암을 검진하는데 도움이 되는 사항들

1촌 가족 중에 1명의 환자가 있을 때	40세 이후로 표준 검사[a]
1촌 가족 중에 2명의 환자가 있을 때	40세 이후로 매 5년마다 결장경 검사
1촌 가족 중에 50세 이전에 대장암에 걸린 환자가 있을 때	최소 연령의 환자보다 10년 일찍 결장경 검사를 시작하여 매 5년마다 검사함
2촌 가족 중에 1명의 환자가 있을 때	40세 이후로 표준 검사
2촌 가족 중에 2명의 환자가 있을 때	40세 이후로 표준 검사
1촌 가족 중에 1명의 용종환자가 있을 때	40세 이후로 표준 검사
유전성 비폴립성 결장 직장암 돌연변이 보유자가 있는 경우	25세 이후로 1~2년마다 결장경 검사

2002년에 출판된 킹 등(King. R. A., Rotter J. I., and Motulsky A.G.)의 저서에서 허가를 받아 인용함. 저서명: The genetic basis of common diseases, 2nd edition. Oxford Univ press, U.K.
[a]표준 검사 = 대변잠혈검사

    50세 이전에 대장암을 진단받은 가까운 친척이 있거나, 2명 이상 대장암 환자가 존재하는 집안의 사람은 담당의사에게 알려서 대장암 검사를 받아야 한다. 전문가들은 HNPCC 가계 일원은 40세부터 매년 대장내시경 검사를 받을 것을 권장한다. 암스테르담 기준에는 맞지 않지만 대장암 집안내력이 있는 사람들을 위한 공식적 가이드라인은 없다. 그러나 이런 사람은 가계 내에 대장암이 발병된 최소 나이보다 적어도 3년은 빨리 대장내시경 검사를 시작하고, 그 이후로는 적어도 2년마다 대장내시경 검사를 받는 것이 좋다. 또한 유전적 검사도 고려해야 한다. 대장암은 초기에 진단된다면 완전히 치료될 수 있는 병이다.

전립선암(Prostate Cancer)

나의 아버지는 68세에 전립선암으로 진단되었으며, 나의 삼촌은 72세에 전립선암이 발병했다. 그렇다면 내가 전립선암에 걸릴 가능성은?

전립선암은 남성의 암 가운데 두 번째로 발병률이 높으며, 미국에서는 한 해에 거의 20만 명이 전립선암으로 진단되고 연 4만 명이 전립선암으로 죽는다. 연령이 발병의 중요한 요인으로, 남성의 연령이 증가할수록 점진적으로 암이 생길 위험성이 높아진다. 전체 전립선암 사례 중 대략 75%가 65세 이상의 남성에게서 발견된다. 널리 보급된 전립선 특이항원(PSA) 검진검사 덕택에 작고 국소적인 전립선암이 진단되어 전립선암 사례가 많이 증가하였다. 하지만 그와 같이 작은 종양을, 특히 75세 이상의 환자에게서 얼마나 적극적으로 치료할 것인지에 대해서는 확실하지 않다. 부검을 통한 조사에 의하면, 많은 남성이 임상적 징후가 나타나지 않은 미 진단 전립선암을 가지고 죽음에 이르러 있었다.

전립선암의 원인에 대해서는 거의 알려진 것이 없지만, 환경적 그리고 유전적 요인 둘 다 관련이 있다는 증거들이 있다. 식단, 비타민, 체중, 그리고 여러 다양한 요인들에 대한 연구는 항상 일치하는 결과를 보여주지 못하였다. 흑인 남성의 경우 백인보다 2배 정도 전립선암 때문에 죽을 확률이 높지만, 이것은 흑인이 빈곤하고 정기적인 의료혜택을 받지 못했기 때문일 수 있다. 중국에 사는 중국인들은 백인보다 전립선암 발생률이 훨씬 낮은데, 미국으로 이주해온 중국인에 대한 연구에 의하면, 이들이 서구생활을 오래 하면 할수록 미국에서 자란 백인만큼 암에 걸릴 위험성이 높아진다.

전립선암의 집안내력은 확실한 위험요소로 작용한다. 1980년대의 모르몬 가계 연구에 의하면, 유방암이나 대장암보다 전립선암이 유전적인 영향을 더 많이 받는다. 현재 유전자 돌연변이에 의한 전립선암 발병이 전체 사례의 15% 정도 되는 것으로 추산된다. 전립선암에 걸린 두 명의 일촌이 있는 남성은 전립선암 집안내력이 없는 남성에 비해 전립선암에 걸릴 위험이 5배 정도 높다. 암에 걸린 가족의 수가 늘어날수록 발병위험도도 높아진다. 45~50세 사이에서 전립선암이 발생한 일촌을 가진 남성의 경우, 5년 내에 암의 발병 위험률이 보통 사람보다 15배 정도 높다. 유전되는 요인에 의한 발병은 55세 전에 발생하는 전립선암의 50% 정도를 차지한다.

표 31. 전립선암의 가계위험도

유병률	전립선암의 약 15%는 가계력이 있음. 가계력이 있는 가계의 30%는 위험도가 높다.
고위험 가계의 특징	친척 중에서 전립선암 환자가 2~3명이 있으면 대체로 이른 나이에 발병함.
위험도	아버지나 형제가 전립선암이 있으면 위험도는 2배 높다. 1촌 가족 중에서 전립선암 환자가 2명 있으면 위험도는 5배 높다. 1촌 가족 중에서 전립선암 환자가 3명 있으면 위험도는 11배 높다.

전립선암을 유발하는 유전자의 위치를 찾기 위한 첫번째 성공적인 시도는 1990년대 중반에 미국 국립보건원, 존스홉킨스대학, 스웨덴대학 연구자들에 의해 이루어졌는데, 이는 전립선암에 걸린 구성원이 3명 이상 존재하는 91가계의 DNA 연구를 통해서이다. 2000년 그들은 염색체 1번의 좁은 지역에 전립선암 원인유전자가 위치한다고 보고하고, 그 유전자를 HPC1(hereditary prostate cancer 1, 유전성 전립선암1)이라고 명명하였다. 그 후로 이들은 인간의 유전체에서 또 다른 전립선암 유발 유전자를 포함하고 있는 5개의 부위들을 찾아냈다. 특히 흥미로운 것은

전립선암이 걸린 어떤 환자들은 안드로젠 핵수용체의 유전자에 돌연변이를 가지고 태어난다는 것이다.

2002년 1월에 이 연구자들 중 몇몇은 전립선암 환자들에서 돌연변이가 일어나 있는 RNASEL(ribonuclease L, 핵산분해효소 L)이라는 유전자를 발견했는데, 이 유전자의 돌연변이는 오직 소수의 비유전성 돌발성 전립선암 환자에서만 나타났다. 하지만 이렇게 발견된 소수의 돌연변이들은 확실히 조기에 발병하는 전립선암 환자에서 나타났기 때문에, RNASEL 유전자의 돌연변이가 남성에서 전립선암의 조기 발생 가능성을 높일 것으로 여겨진다.

전립선암 환자를 치료하는데 있어서 가장 큰 문제가 되는 임상적 딜레마 중 하나는 일부 전립선암은 매우 공격적이지만, 대부분의 전립선암은 진행이 느리고 통증이 없는 것이다. 이러한 딜레마는 환자와 의사가 전립선암을 꼭 치료해야 하는지에 대해 결정하는 것을 어렵게 만든다.

표 32. 전립선암 민감성 유전자들

유전자	염색체상의 위치	기능
RNASEL	1q24-25	RNA 분해
ELSC2	17p11	모름
MSR1	8p22	세포막 수용체
AR	Xq11-12	안드로젠 호르몬 수용체
CYP17	10q24	성 호르몬 생합성에 필요한 효소
SRD5A2	2p23	테스토스테론을 디하이드로테스토스테론으로 변환시키는 효소

현재 가장 주목받고 있는 연구는 DNA 마이크로어레이 방법을 사

용하여 전립선 종양의 전모를 이해하는 것이다. 이 기술은 각기 다른 조직들 사이에서 유전자 발현 양상의 차이를 검출하는데 사용된다. 예를 들면, 종양에서 어떤 유전자들의 발현 여부에 따라 종양의 공격성 여부가 결정될 수 있을 것이며, 이것은 질병의 예후와 치료의 선택에 대해 식견을 갖게 해줄 것이다. 염색체 7q32 위치에 존재하는 PODXL이라 불리는 유전자의 발현 변화가 공격적인 종양 생성과 깊이 관련되어 있다는 것을 보여주는 최근 연구는, 환자들로 하여금 곧 유전자 발현 양상을 검사함으로써 외과수술을 하지 않고서도 전이가 적은 암치료를 받을 수 있다는 희망을 가지게 한다.

전립선암은 매우 흔한 병이기 때문에 많은 가계에 적어도 한 명 이상의 환자가 있다. 70세 정도의 두 남성에게서 전립선암이 진단된 경우, 그 가계는 유전적 발병 위험성을 가진다는 것을 나타내지만, 그것이 어린 친족에게 발병되는 조기전립선암의 발병 위험성을 포함하지는 않는다. 유전적 발병 위험성이 증가되었다는 경고성 징후는 간단한데, 이는 2명 이상의 친족 또는 1명의 일촌이 55세 이전에 전립선암으로 진단되는 것이다. 이와 같은 가계의 남성 구성원은 40세쯤부터는 해마다 전립선 특이항원(PSA) 검진과 정기적인 건강진단을 받아야 한다. 이와 같은 진단은 효율은 낮지만 할 가치가 충분히 있다. 임상적인 딜레마에도 불구하고, 전립선암은 조기에 진단되면 훨씬 성공적으로 치료할 수 있다. 유전적인 위험요소가 있는지 조사하기 위한 통상적 유전적 검진이 아직 임상적으로 유용하지 않지만, 곧 제한적으로나마 사용될 것 같다.

신장암(Kidney cancer)

나의 어머니가 신장암에 걸렸다. 내가 이 병에 걸릴 위험은 얼마나 되는가?

매년 3만 명의 미국인이 신장암으로 진단받고, 약 1만 1,000명이 사망한다. 이 병은 남자들에게 있어 8번째로 흔한 암 중에 하나이며, 여자들의 경우 10번째로 흔한 암이다. 보통 의사들이 신세포암(腎細胞癌)이라고 부르는 RCC(Renal cell carcinoma)에는 4가지 주요 유형이 있다. 세부적인 분류는 암세포의 생김새를 기준으로 나눈다. 그 유형들은 명세포(clear-cell), 과립세포(granular cell), 혼합세포(mixed-granular) 그리고 방추형세포(spindle cell)형 암이다. 전체 성인들에서 보이는 RCC의 85%가 명세포암이다. 예를 들어 어린이에게 나타나는 윌름종양과 같은 드물게 나타나는 다른 간암 형태도 있지만, 여기서는 논의하지 않겠다.

  대부분의 신세포암들은 성인에게서 발견되며, 간에서 염분과 수분의 조절에 관여하는 신장의 일부인 근위세관(proximal tubule)에서 발생하는 선암이다. 다른 많은 고형종양처럼 신세포암의 발병은 숨어 있다가 나타나는 잠행성이다. 이것은 소변검사시 갑자기 많은 양의 적혈구들이 보이면서 발견된다. 약 25%의 환자들이 진단받을 당시에 이미 전이성 암을 가진다. 이런 사실은 RCC가 초기에 발견되었다면 거의 치료가 가능하기 때문에 불행한 일이라고 볼 수 있다. 전이성 신장암 환자들을 위한 중요한 새 치료법 중의 하나로 알데스루킨(aldesleukin), 또는 프로루킨(proleukin)이라고 불리는 약이 있는데, 인터류킨-2라는 단백질을 유전공학을 이용해 만든 것이다. 비록 소수의 환자들만이 이 치료에 잘 반응한다 하더라도, 이 약은 치명적인 병으로부터 때때로 장기간 더 살 수 있게 해준다.

  많지는 않아도 신세포암 발생을 증가시키는 환경적 요인들도 알려져 있다. 이것은 나이와 성별에도 차이가 나타난다. 신세포암은 남성이 여성보다 2배나 높으며, 지속적인 흡연습관도 신세포암에 걸릴 위험을 2배나 높이기 때문에 나이든 남자들의 흡연은 더 큰 위험을 초래할 수 있다. 몇몇 연구에서 장기간 페나세틴(phenacetin)이 함유된 약을 복용한 사람들이 신세포암에 더 잘 걸린다는 보고가 있었으나, 이런 연관성이 증명되지는 않았다. 지속적인 중금속 노출, 특히 납과 카드뮴의 경우도 위험 요소로 작용할 수 있다.

신세포암에서 유전적인 요소는 작은 비율을 차지하는데, 대략 모든 경우에서 2% 정도이다. 그러나 신세포암의 가장 큰 특징은 대부분 갑자기 발병한다는 점이기 때문에, 2명의 환자를 가진 가계에서는 유전적 요인을 고려해 보아야 한다. 더욱이 50살 이전에 신장암으로 발병한 사람이 있다면 가족력이 있는지도 주의해서 살펴봐야 한다.

유전적으로 신세포암이 발병한 사람의 대부분은 VHL(Von Hippel-Lindau)을 일으키는 암유전자를 우성적으로 물려받았을 수도 있다. 이 병은 1904년에 2명의 VHL 환자를 발견한 독일인 의사와 이 조직세포를 연구한 1920년대 스웨덴 병리학자들에 의해 명명되었다. 약 1만 명의 미국인들이 이 사례에 해당되며, 약 2만 명은 가족력이 있기 때문에 위험하다. 이 증후의 특징은 혈관모세포종(hemangio blastomas)을 갖는 것인데, 이것은 초기 성인 단계에 발병되어 망막, 척추, 소뇌에 영향을 주게 된다. 약 10%의 환자들이 부신에 크롬 친화 세포종 혹은 갈색세포종이라고 불리는 종양을 가지고 있다. 이러한 환자의 10% 정도에서 제일 먼저 나타나는 병명이 RCC이다. 그들이 60세에 도달하면, VHL병을 가진 환자들의 반 이상이 신세포암으로 진단을 받는다. 이 병은 드물게 발생하기 때문에 1994년에야 원인유전자가 밝혀졌으며, 진단검사는 돌연변이를 가지고 태어나는 사람 2명 중 1명을 알아내는 정도로 쓰이고 있다.

신세포암 환자들을 많이 가진 가족들을 연구한 몇몇 논문에서 VHL병과 무관하다는 결과도 있다. 따라서, 유전성 신세포암에 걸리는 경우라면 RCC를 일으키는 상염색체 우성 유전자가 적어도 하나는 있어야만 한다. 이런 병은 염색체 3번에 위치한 유전자가 원인이 된다는 다양한 증거들도 있다.

대부분의 사례들에서 선암 세포종양은 자발적으로 일어나며, 다른 가족들에게 위험을 주는 것은 아니라고 본다. 이러한 사실에 예외적인 경우로는 신세포암을 가진 환자가 VHL병으로 진단 받거나, 2세대 이상의 신세포암 가족력을 가질 경우, 그리고 처음 발병한 사람이 50세 전일 경우이다.

방광암(Bladder Cancer)

방광암 발병률이 과거보다 낮아지고 있다. 이것은 이 병이 대부분 환경적 요인에 의해 일어난다는 의미일까?

비록 방광암의 발생빈도가 현재는 유럽과 미국에서 비교적 낮다 하더라도, 대부분의 사람들이 아는 것보다는 좀더 흔하게 나타난다. 방광암은 남자들이 4번째로 흔하게 걸리는 암이며, 영국 여성들에게서는 9번째로 흔한 암이다. 이 병을 가진 많은 환자들이 수십 년을 살고 있기 때문에, 방광암은 이런 나라에서는 전반적으로 두번째로 흔하다. 방광암은 암이 발견되어도 높은 생존율을 가진다. 매년 5만 5,000건이 넘는 새로운 사례들이 미국에서 보고되며, 1년에 약 1만 2,000명의 사람들이 사망한다.

방광암의 약 90%는 전이세포 암이다. 처음 암이 사람에게 생기면 해가 지날수록 더 많은 암이 방광벽의 여러 다른 지역에 생길 수 있는 가능성이 높다. 또한 비뇨생식기관 내 어느 곳으로도 새로운 암이 번질 위험성이 있다. 방광암은 처음 치료를 받고나면 암이 재발 혹은 전이되고 있는지 자주 검진해야 한다.

방광암은 여자보다 남자들에서 3배 정도 더 자주 발생한다. 발생빈도는 나라와 시대별로 매우 다양하다. 예를 들어, 스코틀랜드에서는 1960년대 이후로 3배 증가된 발생빈도를 보였다. 역학자들은 흡연이나 아닐린 염료와 같은 특정 화학물질에 대한 노출이 방광암에 대한 중요한 위험 요소들이라고 제안하였다. 방광암에서 나타나는 종양세포의 유전적인 변화는 지속적으로 연구되어 왔다. 가장 일관되게 발견된 점은 종양세포의 발생과정동안 방광암세포의 염색체 9번의 일부가 소실된다는 점이었다. 많은 연구자들이 방광암을 억제하는 유전자가 염색체 9번에 위치한다는 사실과 함께 후보 유전자를 제시하였다. 만약 이러한 가정이 사실이라면, 치료제 연구를 위한 새로운 길이 열릴 것이다. 종양억제 유전자인 p53의 돌연변이는 방광암에서 매우 흔하게 보이는 유전자이다.

방광암에 대한 일부 가족력이 보고된 바 있지만, 일반적으로 유전성 방광암은 매우 드문 편이다. 두 가지 예외가 있는데, 가족 중 2명 이상이 직업상 방광암에 걸릴 상황이 아닌데도 불구하고 발병된 사례가 있거나, 유전성 폴립증 대장암(hereditary nonpolyposis colon cancer, HNPCC)에 대한 유전자 중 하나를 포함한 염색체를 가진 가계인 경우이다. 이런 돌연변이 중에 하나를 가진 사람이라면 방광암 또는 다른 암으로 진행될 위험이 있다.

생식세포의 돌연변이가 소수의 방광암의 원인이 된다는 증거는 아직까지 많지 않다. 그럼에도 불구하고 한 명 이상 병에 걸린 사례가 있거나 또는 병에 걸린 사람이 50세 전이라면, 가족 중 일촌이 되는 사람은 병에 걸릴 확률을 가지고 있다는 것을 고려해야 하며 의사들에게도 가족력을 알려야 한다.

위암(Stomach Cancer)

나는 위암이 미국보다 우리나라에서 더 많이 발병한다고 들었는데, 이것은 일부 유전적 요인에 의한 것일까?

위암(gastric lymphoma and sarcoma)에 대해 몇몇 드문 형태가 있

기는 해도, 90%는 대부분 선암(adenocarcinoma)이다. 위암은 점막상피세포라는 특정 세포에서부터 형성된다. 지난 세기를 거쳐 위암이 보이는 가장 흥미로운 현상은 매년 대다수의 사례들이 흥미로운 변화를 보인다는 것이다. 1930년대 미국에서 위암은 남자들이 진단받는 아주 흔한 질병이고, 1947년까지 남자들이 사망하는 주원인이었다. 그 후 위암은 남성들의 경우 75%로 떨어졌고, 여성은 85%에 가까워졌다. 현재 미국에서 위암은 매년 새롭게 보고되는 약 2만 개의 새로운 암들 중에서 12번째이다. 이와 유사한 현상이 다른 나라에서도 보고되었는데, 특히 일본의 경우 매우 높은 발생빈도를 보여주고 있다.

위암의 발생빈도가 개발도상국가들에서 현저히 높지만, 아직까지도 전 세계에서 3번째로 흔한 암이다. 위암은 아시아에서도 특히 중국에서 많이 나타난다. 어떤 나라에서는 현저하게 발생빈도가 감소되고 또 다른 나라에서는 10배 이상 발생빈도가 증가된다는 것은, 위암의 주요 인자가 환경적인 요인이라는 사실을 제시한다. 자주 부각되는 견해로 미국에서 위암의 감소는 음식의 보존성이 좋아져서, 이것이 위 안의 박테리아의 수를 많이 감소시켰다고 보는 것이다. 또 다른 가능성으로 음식을 보존하는 특정 방식이 현재 서구에서는 많이 사용되지 않지만, 중국에서는 절임이나 가염이 아직 보편적이기 때문에 이것이 질병과 관련될 것이라 생각하고 있다.

위암의 위험성은 위에서 나타나는 가벼운 증상들과 연관되어 있는데, 특히 위축성위염(atrophic gastritis)이 있다. 최근 한 연구 그룹은 이것이 유전적 원인의 근원이 된다고 제안했다. 인간의 위 안에 흔히 존재하는 박테리아로 헬리코박터 파이로리가 있다. 위암을 가진 사람의 가족에서 헬리코박터균의 감염이 더 흔하게 나타난다. 이것은 급성과 만성 상해에 대한 신체의 면역작용을 형성하는 인터류킨-1 유전자 변이를 가지고 태어나는 사람에게서 더 높이 발병한다. 어떤 사람은 헬리코박터균을 더 많이 제거할 수 있는 유전자 변이를 가지지만, 이것은 창자 안의 염화이온을 현저하게 감소시켜 때때로 무염산증을 유발한다. 다시 말해 이것이 위축성 위염의 원인이 되며, 암으로 발전할 수 있는 위험요소가 된다.

여러 해 동안, 의사들은 간헐적으로 위암의 가족력을 보고했다. 가장 오래되고 많이 알려진 유전적인 사례로서 A형의 혈액형을 가진 사람은 다른 사람보다 위암에 걸릴 위험이 평균 20% 높다는 연구가 50건 이상 보고되어 있다.

최근 위암에 대한 연구는 위암에서 유전자의 역할에 대해 두 가지 학설을 주장한다. 첫째, 유방암의 경우처럼, 위암 발병의 10% 정도는 하나 또는 그 이상의 유전자가 발병의 주원인이라는 확실한 증거가 제시되었다. 두번째는, 위암 유발에 영향을 덜 주는 다른 유전자들도 존재한다고 생각한다. 위암의 발병 유전자를 찾는데 주목을 끌만한 발견이 산마리노공화국에서 나왔는데, 이곳은 위암이 사망 원인의 10%를 차지한다.

1980년대 말, 이탈리아 북부에서 154명의 위암환자들을 가진 가족들을 조사했는데, 이 가족의 형제들을 다른 정상 그룹의 형제들과 비교했을 때 위암에 걸릴 위험이 매우 높다는 것을 발견하였다. 같은 시기에 핀란드 사람에게서는 정상인 친척을 가진 그룹보다 환자들을 가진 가족들이 더 많이 위암에 걸린다는 연구가 발표되었다. 1992년 이탈리아 북부의 위암환자들을 대상으로 한 방대한 연구에서는 628명의 위암환자들이 포함된 가족 중 일촌이 되는 사람들은 위암에 걸릴 확률이 2.6배 정도 더 높았다.

1998년 뉴질랜드의 연구팀은 위암에 걸릴 확률이 높은 가족들을 대규모로 연구하여 E-캐더헤린 유전자의 생식세포 돌연변이가 산재성-위암을 확산시키는 원인 유전자임을 발견하였다. E-캐더헤린은 상피세포의 접착분자로서 조직의 분화를 조절하는데 중요한 역할을 담당한다. 연구자들은 이 유전자의 돌연변이를 다른 가족들에서도 조사해 보고 찾아내었다. 현재는 E-캐더헤린의 돌연변이가 위암의 주요 위험요인이라고 확신하고 있다. 이 돌연변이를 지닌 사람은 위암에 걸릴 위험이 60~80% 정도 더 높다. 그러나 E-캐더헤린의 돌연변이는 위암이 확산된 가족력에서 30%만이 발견되었기 때문에, 여기엔 하나 또는 그 이상 병에 걸리기 쉬운 요인이 더 존재할 것으로 생각된다.

2003년 컬럼비아대학의 연구자들은 위암이 가장 주된 암 중의 하나이며, 글루타티온 S-전이효소라고 불리는 효소의 결핍이 위암의 유발과 깊은 연관성이 있다고 보고하였다. 이 효소는 환경적인 암 유발인자들의 해독 작용에 중요한 역할을 담당하는데, 이것이 없으면 특정 암을 유발한다는 가설이 있다.

무엇이 위암을 결정짓는 가장 중요한 인자일까? 사실상 모든 위암 가족은 산재성 형태의 암을 가지기 때문에 가족 내에 유전되는 암에 대한 타입을 아는 것이 중요하다. 그 다음으로, 대부분의 위암이 유전적이지 않다는 사실을 기억해야 한다. 암이 유전적으로 확산된 HDGC(hereditary diffuse gastric cancer) 가족으로 분류되기 위해서는 다음의 둘 중 하나의 항목을 만족시켜야 한다. (1) 50세 이전에 위암에 걸린 일촌이나 이촌이 두 명 이상 서류상으로 기록된 경우. (2) 나이에 관계없이 병에 걸린 일촌이나 이촌들이 세 명일 때이다. 위암이 단일 유전자에 의해 드물게 발생하는 몇몇 유전성 암 증후군의 부류에 속하지 않는다는 점은 매우 확실하다.

불행히도 위의 항목에 의해서 위암 가족으로 분류된 사람은 많은 어려움이 있다. E-캐더헤린 검사는 연구 단계에 있을 뿐 아직 실용화되지 않았다. 더욱이 고 위험도 사람이 E-캐더헤린 검사에서 돌연변이가 발견되지 않았다 할지라도, 환자들의 친척이나 가족에서 돌연변이의 원인이 밝혀지지 않았다면 안심할 수 없다. 즉 돌연변이가 없다는 검사 결과가 나오더라도, 이 결과가 병과 관련된 돌연변이인지 알 수 없을 수도 있다. 가장 어려운 부분은 위암의 초기증세를 쉽게 알 수 있는 방법이 없다는 것이다. 현재로서는 6~12개월마다 내시경을 받는 것을 권장한다. 더욱이 치료제가 거의 없다. 위암은 보통 위의 대부분을 제거하는 것으로 치료한다. 위암 가족력이 있는 환자들이 위암으로 진단받는 평균 연령이 38세이기 때문에, 보통 환자들은 수십 년간 위 제거술과 관련된 여러 문제들에 직면하게 될 것이다. 물론 대부분의 위암환자가 HDGC 가족의 구성원은 아니다. 위암에 걸린 친척들이 특별히 젊지 않으면, 대부분의 의사들은 내시경 사용을 추천하지 않는다.

췌장암(Cancer of the Pancreas)

동생이 췌장암으로 59세에 사망했다. 나의 위험 정도는?

매년 3만 명의 미국인들이 췌장암으로 진단받는다. 췌장암은 두 번째로 흔한 위장암(gastrointestinal cancer)이며, 암에 의한 사망 원인 5위이다. 췌장암은 여성보다 남성이 걸릴 위험이 좀더 높은데, 평균적으로 여성들은 70세에 발병하는 반면 남성들은 보통 65세로 다소 이른 편이다. 췌장암은 잠행성이다. 췌장암은 전형적으로 설명할 수 없는 체중의 감소와, 복통과 함께 때때로 황달 증세를 나타내기도 한다. 췌장암은 보통 치료를 기대하기에는 병이 너무 진행되었을 때 발견된다. 췌장암으로 진단을 받은 환자들은 절반도 안 되는 수가 1년 정도만 생존한다.

우리는 췌장암의 원인에 대해 조금만 알고 있다. 흡연이 대부분 동의하고 있는 위험요소이다. 대학 내에서 흡연하는 부류와 비흡연 부류를 비교한 연구에서, 흡연자들이 2.6배 정도 췌장암에 걸릴 위험이 높다는 것이 밝혀졌다. 몇몇 연구들은 고지방의 식습관이 위험을 높인다고 보고했으나, 이에 대한 증거는 불충분하다. 우리는 췌장암의 발생이 증가되고 있다는 사실을 알아야 하며, 이 사실은 췌장암의 발생에는 아직 밝혀지지 않은 중요한 환경적인 위험 요소들이 존재한다는 것을 의미한다.

　모든 암들은 보통 체세포 돌연변이라고 하는 DNA 안의 일련의 변화 때문에 발생하고 진행된다. 지난 십년 간, 과학자들은 췌장암 조직에서 Ras 원종양 유전자(RAS proto-oncogenes)라고 불리는 종양 유전자의 돌연변이가 중요하다고 보고하였다. 이러한 돌연변이들이 암 발생의 시발점이 된다고 생각한다. 덧붙여, 췌장암은 보통 p53 또는 p16 유전자의 돌연변이들도 가지고 있는데, 두 유전자는 모두 다른 형태의 암에도 흔히 돌연변이 되어 있다. 특히 p16 유전자의 돌연변이는 전이성 암은 물론 심각한 예후와 연관되어 있다.

　의사들은 오랫동안 췌장암이 가족력이 높은 것으로 알고 있다. 가족력에 대한 연구에서, 가족력이 있는 사람은 정상 집단보다 3배 정도 췌장암에 걸릴 위험이 높다고 보고하였다. 다른 한편으로는, 스칸디나비아에서 1,000쌍의 쌍둥이들을 대상으로 한 연구에서 췌장암에 걸린 쌍둥이들은 의미있는 일치율을 보였다. 최근에는 모든 췌장암 사례에서 10% 정도가 유전적인 경향을 나타낸다고 추정한다. 유전적 경향을 띠는 췌장암의 대부분은 우성으로 유전되는 BRCA2, HNPCC, Li-fraumeni 증후군에 관련된 암들과 관련되어 있다. 그러나 소수의 가족에서는 특이적으로 췌장에만 나타나는 암도 있다. 이러한 가족에서는 높은 침투력을 갖는 단일 우성유전자의 영향으로 암이 생기는 것처럼 나타난다. 이러한 유전자를 가진 가장 잘 알려진 가족은 지미카터 대통령 일가이다. 그는 형제인 빌리를 포함하여 가까운 친척 몇몇이 모두 췌장암으로 사망했다.

　1988년 미국 국립보건원에서는 국립가족췌장암등록(National Familial Pancreas Tumor Registry, NFPTR) 시스템을 구축했다. 가족력의 위험을 더 잘 이해하기 위한 노력으로 NFPTR은 5,199명의 췌장암 환자들의 가족력을 조사했다. NFPTR은 췌장암이 가족들 사이에서 위험도가 높다는 것을 밝혀냈다. 이 위험도는 세 명의 환자들을 가진 가족들에서는 현저히 증가되지만, 두 명의 환자를 가진 가족들도 여전히 높았으며, 비록 한 명의 환자를 가진 경우라도 위험이 약간은 증가되었다.

표 33. 유전성 췌장암과 관련된 유전자

유전자 이름	염색체	기능
PRSS1	7	유전성 췌장염
P16 증후군	9	가족성 비정형 모반-악성 흑색종
BRCA2	13	가족성 유방/난소암
STK11	19	포이츠-예거 증후군
ATM	11	모세혈관 확장성 운동실조증
MEN1	11	복합 내분비 종양 증후군

*포이츠-예거 증후군(Peutz-Jeghers syndrome): 피부와 점막에 색소가 침착되면서 입술이나 구강점막에 작은 암갈색 또는 흑색 구진이 나타나거나, 손발에도 유사한 병변이 나타나기도 하는 희귀병이다.

췌장암의 원인 유전자 또는 유전자들을 발견한다면, 새로운 치료제를 개발하는데 도움이 될 것이며, 현재 몇몇 연구팀들은 이들을 찾고 있다. 최초의 주요한 성과가 2002년 4월 워싱턴대학의 크루글락(Leonid Kruglyak) 교수가 이끄는 연구팀에서 나왔는데, 우성 유전자가 원인이 되어 췌장암이 생길 것으로 생각되는 가족력이 있는 대다수의 가족을 대상으로 오랜 시간 힘들게 유전체 탐색을 한 결과를 보고한 것이다. 이러한 가족들의 환자는 보통 40대 초반에 발병하는데, 연구팀은 원인 유전자가 염색체 4번의 장완(4q32-34)에 위치한다는 것을 알아내었다. 이 유전자가 클로닝되면, 이 병에 새로운 치료법을 적용할 수 있을 것으로 생각된다. 왜냐하면 암의 원인이 되는 배아 단계의 돌연변이를 가진 유전자들이 환경적인 요소에 의해 손상을 입는 유전자들과 때때로 동일하기 때문에, 이들을 밝혀내는 것은 치료법을 개발하는데 필수적이다.

췌장암으로 사망한 일촌가족이 있는 사람은 위험이 갑작스럽게 올 수도 있지만 천천히 나타날 수도 있다. 췌장암에 대한 방대한 사례들에서, 가장 많이 알려진 지식은 돌발적이라는 것이다. 하지만 가족력도 이 병에 걸릴 수 있다는 충분한 근거를 제시해준다.

백혈병(Leukemia)

고모님이 만성 골수성 백혈병에 걸렸다. 이런 사실은 나의 아버지도 위험이 높다는 의미인가?

이 부분에서는 성인 백혈병의 가장 흔한 두 가지 형태인 만성 골수성 백혈병(chronic myeloid leukemia, CML)과 만성 림프성 백혈병(chronic lympocytic leukemia, CLL)에 대해 간략히 논의하고자 한다. 백혈병은 매년 미국에서 새롭게 알려지는 암들의 2.5%를 차지하며, 암에 의한 사망 원인 3.5%를 차지한다. 만성 골수성 백혈병은 유전학자들 사이에서 잘 알려진 암인데, 그 이유는 암세포에 특이한 염색체 이상이 있다는 사실을 처음으로 발견한 암이기 때문이다. 90% 이상의 환자들이 암세포 속의 염색체 9번과 22번이 전좌되어 있다. 사실상 CML에 대해 효과적인 치료법은 없으나 2003년에 세포 내 프로테아좀이라고 불리는 부분을 공격하는 특이적인 활성 기작을 가진 새로운 약물인 벨케이드가 미국식품의약청 승인을 받았다. 이러한 약물이 이 병의 생존율을 높이는데 기여할 것으로 보인다.

CML로 고통받는 가족력이 있더라도 CML이 일어날 확률은 꽤 드물다. 앞서 시작한 질문의 답으로 가족력이 발견된 사람에게서 가족력 때문에 병에 걸릴 위험을 증가시킨다는 명확한 증거는 없다.

만성 림프성 백혈병(CLL)은 가장 흔한 백혈병이며, 유럽과 북미에서 모든 백혈병의 약 1/3을 차지한다. 매년 70세가 넘은 2,000명의 백인들 중 한 명이 만성 림프성 백혈병이다. 본질적으로 이 병은 외부감염에 대해 방어하는 림프구, 즉 백혈구가 몸 안에 많이 만들어지기 때문에 일어난다. 이 병은 보통 수십 년에 걸쳐 천천히 진행된다. 과도한 백혈구가 간과 비장에 생기면서 적혈구를 만들어내는 골수세포들도 해를 입게 된다.

CLL은 어린이들과 젊은 사람들에게는 드물게 나타나는 병이지만, 나이가 들수록 흔해지는 병이다. 이것은 흑인이나 아시아인들보다 백인들에게 더 많이 발병하는데, 이러한 양상은 이민자들에서도 동일하다. 이것은 백인들이 유전적 인자를 가지고 있을 수도 있다는 것을 의미한다. 두 부모와 자식까지 환자인 가족에게서 자식이 부모보다 병에 걸리는 시기가 10~20년 정도 빨리 일어난다. 이런 현상을 유전학자들은 전구증상(anticipation)이라고 하며, 이것이 이 병에 대한 징후라고 볼 수 있다. 모든 CLL환자들의 절반은 염색체 13번의 장완 부분이 유전자 소실 또는 전좌되어 있는데, 이 부분에 있는 유전자들이 백혈병의 유발과 관련성이 있다고 생각된다.

CLL환자들의 가족에서 CLL 위험이 증가될 수 있다는 연구가 스웨덴과 덴마크에서 증명되었다. 이 연구에서 CLL환자의 일촌들은 정상인에 비해 CLL의 발현이 7배 정도 높은 것으로 나타났으며, 호지킨 임파종(Hodgkin's lymphoma)과 다른 임파종에 둘 다 걸릴 위험이 약간은 증가되었다. 물론 이러한 병들이 흔하지 않기 때문에, 각 일촌들의 절대적 위험도는 낮다. 따라서 이와 같은 사실에 대해 과잉반응하지 않는 것이 중요하다. 60살이 넘어 발병된 환자들에서 가족력으로 재현될 위험과 관련된 특이한 원인이 발견되지 않았다. 만일 가족 중 두 명이 발병되었다거나 50세 이전에 발병된 환자들이 있다면, 이 사실은 의사들의 주목을 받을 것이다. 그러나 이러한 가족력에 대한 예방책으로 적절한 것은 아직 없다.

CLL에 대한 DNA 연구 결과, 몇몇 환자들의 종양세포 안에 면역 글로블린 유전자의 돌연변이가 있다는 것이 발견되었다. 이러한 돌연변이를 가진 사람들은 양성종양이 서서히 발달하는 임상적인 경과과정을 거친다. 마이크로어레이 분석에서 연구자들은 두 개의 유사유형의 CLL에서 다르게 발현하는 약 160개의 유전자들을 찾아내었다. 특이하게도 ZAP-70이라는 유전자인데, 두 개의 유사유형을 구분하는데 약 93%의 정확성을 보였다. 이러한 유전자 검사가 가까운 미래에는 예방 진단도구로 사용될 것이다.

CLL에 대해 우리가 가장 많이 알고 있는 지식은 진단적으로 종양세포의 염색체 안에 때때로 특이한 변화가 일어난다는 것이다. 예를 들어, 12번 염색체에 의한 암은 더 심각한 증상을 보이는 경향을 나타내었고, 염색체 17번 단완의 특정 부위가 소실되면 화학요법이 듣지 않아 낮은 생존율을 나타낸다.

백혈병을 극복하려는 노력에서 중요한 유전학적 발전이 이루어졌는데, 이는 DNA 마이크로어레이 분석 결과를 이용하여 미래에는 치료방법을 쉽게 선택할 수 있을 것이라는 점이다. HOX11이라는 유전자가 과다 발현되어 나타나는 백혈병 환자는 그렇지 않은 환자보다 임상적으로 더 유리하다.

임파종(Lymphoma)

할아버지께서 52세에 임파종으로 판명되었는데, 나도 임파종에 걸릴 가능성이 높을까?

임파종은 적어도 20여 종 이상의 다양한 암에 붙여진 이름으로, 주로 현미경으로 임파구를 관찰할 수 있을 때 붙인다. 수십 년 동안 임파종은 두 가지 종류로 구분되어 왔다. 호지킨병(Hodgkin's disease)과 비호지킨병(NHL)이 그것이다. 이들은 미국 내에서 5번째로 그 빈도수가 높은 암 종류이며, 매년 약 6만 명의 환자가 새로 발생한다. 아마도 가장 문제가 되는 것은 호지킨병의 경우 지난 20여 년 간 약 50%가 증가하여 아마도 환경이 지대한 위험 요인으로 작용했을 것이라는 점이다.

호지킨병(Hodgkin's Disease)

매년 미국에서는 약 7,500명이 호지킨병으로 판명되고 있다. 이 병은 비교적 젊은 성인층과 노인층에서 잘 발병한다. 전자의 경우 평균 나이가 28세 정도에 해당한다. 이 질병은 세계 각 지역마다 발병 세대가 다양하다. 즉 저개발국일수록 주로 어른보다 어린이에게서 더 잘 발병한다.

호지킨병의 진단은 암조직의 생체검사법을 통해 이루어진다. 그런데 다른 암과 달리 호지킨병에 있어서는 대부분의 세포가 암으로 발전되지는 않는다. 그러나 병리학자들은 리드-스턴버그(Reed-Sternberg)세포라는, 마치 부엉이 얼굴 모습의 이상한 세포를 찾아낼 수 있고, 일반적으로 이 세포가 많을수록 병의 예후가 좋지 않다.

아직 호지킨병의 정확한 원인은 밝혀지지 않았지만, 어떤 특정한 종류의 감염이 이 병의 발병과 상관관계가 있는 것 같다. 증상으로서는 보통 발열, 발한 및 임파선이 비대해지는 것 등이 있다. 아마도 엡스타인바(Epstein-Barr) 바이러스와 최근에 밝혀진 사람 허피스바이러스-6 감염이 원인으로 작용하는 것 같다. 엡스타인바 바이러스는 감염성의 단핵 백혈구 증가증(mono nucleosis)을 야기시키고, 이러한 바이러스에 감염된 환자는 5년 내에 호지킨병을 발병시킬 가능성이 높아진다.

오랫동안 호지킨병의 약 5% 정도에서는 유전적인 요인이 작용할 것으로 생각되어 왔다. 예를 들어, 1970년대 보스턴에서는 형제자매들이 이 병에 걸린 것이 5건 확인되었고, 이는 우연이라기에는 너무 높은 확률이다. 그런데 특이한 것은 형제면 형제, 자매면 자매별로 같은 성에서 발생한다는 것이다. 이에 대한 설명으로, 호치킨병은 1986년도에 특정한 종류의 HLA유전자를 가지는 형제자매들에서 발생한다는 것이 밝혀졌고, 적어도 드문 열성인자에 기인하는 것으로 추정되었다.

2003년에 스웨덴과 덴마크의 과학자들이 약 5만 2,000명의 호치킨병을 포함한 다양한 암환자들의 일촌 친척들의 병력을 조사해본 결과, 환자 1차 가족에서 호지킨병도 높게 나타났다. 이 병에 가장 잘 걸릴 단은 남자형제, 그 중에서도 40세 이전에 발병한 사람의 형제들이 해당된다. 그렇지만 이러한 사실이 예방차원에서는 아무런 도움이 되지 못하고, 다만 형제 중에 이 병이 발병하면 자신의 건강에 신경을 쓰는 게 좋을 것 같다.

최근에는 리드-스턴버그세포에서 유전자의 발현양상을 조사하여 2,666개의 유전자가 이 암세포에서 발현이 증가하는 것을 밝힘으로써 새로운 치료법을 개발할 초석을 마련하였다.

비호지킨병(Non Hodgkin's Lymphoma)

미국에서는 매년 약 5만 3,000명의 새로운 비호지킨병 환자가 발생한다. 한국만 예외이고, 거의 모든 집단에서 여자보다 남자의 발병률이 높다. 미국에서는 특히 70대 이상에서 남자의 발병이 여자의 2배에 달한다. 또한 나이에 비례하여 점차적으로 증가하고, 흑인, 아시아인보다는 백인에서 더 많이 나타난다.

이 임파종은 별반 증상이 없는 덩어리로 존재하여 생체검사시에 암세포로 판명되기도 한다. 임파종은 복잡한 질병으로서 다양한 쪽으로 진행될 수 있고, 따라서 치료방법도 다양할 수 있다. 85% 가량에서는 B면역세포에서 발병하고, 14%에서는 T세포에서 발생한다.

아직도 정확한 원인이 밝혀지지 않았고, 다만 특정한 종류의 바이러스 감염에 의해 발병률이 높아지는 것으로 과학자들은 추측하고 있다. 최근 쥐를 모델로 하여 특정한 유전자에 돌연변이가 일어났을 때 임파종 발생이 증가하는 것을 관찰한 바 있다.

최근의 치료요법에 대해 확산성 대형 B세포(diffuse large B-cell)라 불리는 유형의 임파종을 가진 환자들의 약 40%가 화학요법에 잘 반응하는 것으로 나타났다. 치료에 반응을 잘 하는 집단과 그렇지 않은 집단의 유전자의 발현 양상을 조사해본 결과, 배원(germinal center)이라 불리는 지역에 임파종이 발생한 환자가 화학요법 치료 후 5년 뒤에 생존율이 더 높았다.

최근에는 가족 중에 2명 이상의 환자가 없는 한, 가까운 친척 중에 임파종 환자가 있다 하더라도 개인의 발병률에 크게 영향을 미치는 것 같지는 않다는 게 중론이다.

흑색종(Melanoma)

언니가 흑색종이다. 이 사실이 나에게 어떤 영향을 미칠까?

흑색종은 피부암중 가장 치명적인 종류이다. 흑색종은 표피세포 기저층의 멜라닌 분비세포에서 발생한다. 피부에 자주 나타나는 작고 동그란 갈색점은 보통 아무런 해가 없다. 반면 흑색종은 형태, 색깔 등이 다양하며 일반적으로 갈색점보다 크다. 일단 흑색종은 전이하고 나면 치료하기가 힘들고, 주요 원인은 햇볕에 오래 노출될 때 발생한다. 부유한 나라에서 점점 여가가 늘어남에 따라 햇볕에 많이 노출되고, 구릿빛 피부가 각광을 받는데 따라 흑색종의 발생도 증가하고 있다. 실제 지난 10년간 발생률이 2배로 증가하였고, 특히 백인여자들 중에서는 매년 새롭게 증가하여 폐암 바로 다음을 차지할 정도이다. 온대지방보다는 적도지방에서 많이 발생하고, 흑인과 아시아인보다 백인이 10배 가량 많다. 미국에서만 한 해에 약 4만 5,000명의 새로운 환자가 발생할 것으로 예상된다.

다른 종류의 피부암과는 달리 흑색종은 지속적으로 태양에 노출되는 것보다는 정기적으로 또는 강한 노출에 의해 더 잘 발생한다. 한 두 번의 심한 태양노출이 발생률을 증가시키고, 기타 가족력, 연한 피부색, 주근깨, 많은 수의 점, 커다랗고 불규칙한 형태의 점, 강한 태양볕에서의 유년시절 등이 발병 요인이 된다. 보통 피부과 의사들은 모양에 따라 4가지 종류로 세분화하나, DNA에 있어 어떤 변화가 일어났는지에 따라 나누지는 못한다.

    흑색종의 발병을 막는 가장 좋은 방법은 태양광선을 피하는 것이다. 즉 챙이 넓은 모자 착용, 긴팔 착용, 자외선 차단 크림의 사용 등이다.

    흑색종 환자 중 약 10%는 일촌 내에서 같은 환자를 발견할 수 있고, 대조군에 비해 약 2~4배로 발병률이 높다. 2명 이상의 환자가 발생한 가족에서는 20여년 가량 빨리 병이 나타나는 경향이 있다. 표면확장성(表面擴張性) 흑색종이 가장 빈번히 일어난다.

    15년쯤 전에 환자의 염색체를 조사한 결과, 9번 염색체가 사라진 것을 발견했고, 1992년에는 여러 유형의 흑색종을 지닌 여자환자를 조사한 결과, 역시 9번 염색체에 이상이 일어난 것을 확인했다. 그 뒤 흑색종 환자의 약 20~25%에서 CDKN2A(혹은 p16)라 불리는 유전자에 돌연변이가 일어난 것을 확인하였는데, 이는 암억제 유전자의 일종이다. 이 유전자가 작동을 못하면 흑색종뿐만 아니라 기타, 췌장, 뼈, 혈액, 방광 등에도 암 발생이 높아지는 것으로 알려졌다.

    2003년 8월에는 흑색종 감수성과의 연관을 찾기 위한 국제적인 유전체 검사가 실시되어 염색체 1번 상에 p22라는 새로운 후보유전자를 찾아내었다. 특히 아주 어린 나이에 흑색종이 발병하는 가족에서 연관관계가 가장 높았다. 이 지역에는 약 60여개의 유전자가 존재하며, 이 중에 어떤 유전자가 관련되어 있는지를 찾아내고자하는 방향으로 연구가 진행될 것이다.

    2002년에는 흑색종 세포 내에서의 유전적 변화도 관찰되었는데, 2/3가량의 환자에서 BRAF라 불리는 유전자에 이상이 생긴 것을 발견하였다. 이 경우는 유전자가 지속적으로 발현하고 있었다. 흑색종 환자에게서 이 유전자의 체세포돌연변이가 많이 발견된다는 사실에 착안하여, 이 유전자를 발현하지 못하는 상태로 바꾸어 치료하고자 하는 시도들이 이루어지고 있다.

유전적으로 흑색종의 병력이 있는 가족들을 위해 CDKN2A 돌연변이를 알아내는 방법이 상용화되었고, 여러 가지로 논란은 있으나 적어도 50%는 돌연변이가 안 일어난 것을 알면 상대적으로 안심할 수 있고, 돌연변이가 일어난 것을 알게 되면 햇볕 노출에 대하여 더 조심할 수 있어 도움이 된다고 할 수 있다.

모든 사람이 흑색종의 가능성에 대해 주의해야 한다. 가능하면 햇볕에 타는 것을 방지하고, 피부의 갈색반점의 변화를 예의 주시하여야 한다. 또한 일촌 내에 흑색종 환자가 있는 경우 의사와 상의하여 발생 가능성을 염두에 두고 꾸준히 관찰하여야 한다.

폐암(Lung Cancer)

폐암의 발생에는 어떤 유전적 소인이 작용하는지, 아니면 완전히 흡연에만 기인하는지?

폐암은 보통 2가지로 분류된다. 하나는 소세포폐암(small-cell lung cancer, SCLC)이고 다른 하나는 비소세포폐암(non-small-cell lung cancer, NSCLC)이다. 후자가 70%의 빈도로 더 빈번히 발생하고, 대부분의 경우 3가지 세포 종류에 국한된다. 즉 비늘모양세포암(squamous cell cancer), 분비선조직암(adenocarcinoma), 대세포암(large=cell cancer)이 이에 해당한다. 이 중 비늘모양세포암이 흡연과 가장 연관관계가 높고, 분비선조직암은 가족력과 관련이 높다. 미국 내에서 폐암은 남녀 관계없이 암에 의한 사망의 주요 요인으로 작용한다. 2000년에만 15만 명의 사람이 폐암으로 사망하고, 20만 명이 새로 폐암 판정을 받았다.

말할 나위도 없이 폐암의 가장 위험한 요인은 흡연이다. 즉 흡연자는 비흡연자에 비해 폐암 발생률이 무려 10배에 달한다. 다른 원인들로는 석면, 라돈, 간접흡연들을 들 수 있다.

흡연의 영향은 너무나 커 사실 유전적인 소인을 논하는 것이 의미 없을지 모르지만, 다음과 같은 3가지 이유로 유전자의 역할을 논하는 것이 중요하다. 즉 어떤 가족에는 폐암이 빈번히 발생하고, 또 폐암은 폐세포에 체세포돌연변이가 축적되어 일어나는 것이며, 그리고 담배를 많이 피운다고 해서 모두 폐암에 걸리는 것은 아니라는 점이다.

몇 년 전 루이지애나주에서 행해진 연구에 의하면, 폐암환자의 가까운 친척 중에 흡연 및 음주를 조절하였음에도 불구하고 폐암발병률이 2~3배 높은 것을 발견하였다. 또한 다른 연구에서는 40~59세 집단에서 폐암환자의 가까운 친척 중 비흡연자임에도 무려 7배 발병률이 증가했다는 보고도 있었다. 최근에는 혈액응고와 관련이 있는 프로트롬빈 유전자와 폐암과의 밀접한 관계도 보고된 바 있다.

분비선조직암은 흡연과 연관성이 적다. 336명의 여자 환자들을 조사해본 결과, 4배나 가족력과 관련이 높은 것으로 나타났다. 최근 아이슬란드에서 행해진 대규모의 실험은 이를 더욱 뒷받침해 주었는데, 1995~2002년 사이에 폐암으로 진단받은 총 2,756명의 환자를 조사한 결과, 흡연으로는 설명할 수 없이 1촌 친척 가운데 뚜렷하게 폐암발생률이 증가하였음을 밝혔다.

폐암의 위험을 염려하고 있다면 충고는 매우 간단하다. 즉 금연하라는 것이다. 그리고 비흡연자이면서 폐암의 가족력이 있는 드문 경우에는 유전적인 상담을 받는 것이 좋을 것 같다.

뇌질환(Brain Disorders)

뇌졸중(Stroke)-뇌출혈

두 분의 할아버지가 모두 뇌졸중으로 돌아가셨다. 내가 병에 걸릴 가능성은 높은가?

뇌졸중은 뇌의 혈관이 갑자기 터지거나 막히는 증상에 의해서 생기는 증상을 일컫는 광범위한 개념의 용어이다. 뇌졸중에는 3가지 종류가 있다. 첫번째는 뇌졸중의 75~80%를 차지하는 국소빈혈에 의한 뇌졸중으로, 이 경우에는 특정 부위의 뇌혈관이 막히거나 이러한 혈관의 세포가 죽기 때문에 생긴다. 두번째 출혈성 뇌출혈은 뇌졸중의 약 10~15%에 해당하며, 혈관이 터져 그 결과 생기는 출혈로 인해서 뇌의 일부 조직이 손상되는 증상을 말한다. 세번째는 전체 뇌졸중의 10~15%에 해당하는 지주막 아래의 출혈이다. 국소빈혈에 의한 뇌졸중은 뇌의 안쪽에 위치한 중요한 혈관이 점점 좁아지거나 혈관 벽의 혈전이 떨어져 나와 혈액의 흐름을 막음으로 유발된다. 부분 마비, 언어 구사와 이해의 장애와 같은 뇌졸중의 증상은 환자에 따라 다르며, 뇌의 어느 부분에서 세포가 죽었는지에 따라서 달라진다. 이런 다양한 병의 증상 때문에 종종 의대 학생들이 뇌졸중을 통해서 뇌를 배워간다고도 한다. 숙련된 뇌의학자들은 환자의 증세를 검사하여 뇌의 어느 부분이 손상되었는지를 파악할 수 있다.

고혈압과 고콜레스테롤병의 치료가 용이해짐으로써 1950년과 1960년 이후로 뇌졸중을 가진 환자의 수가 현저히 줄어들었으나, 근래에 들어서는 다시 환자 수가 증가하고 있다. 이것은 실제 환자 수가 증가한 것이 아니라, CT와 MRI 검사를 통해 예전에는 알아챌 수 없었던 뇌의 작은 손상도 검진할 수 있는 기술이 개발되어 진단이 용이해졌기 때문이다. 미국에서 사망의 3번째 원인인 뇌졸중은 올해에도 약 50만 명의 사람들이 앓고 있는 질병이며, 약 17만 5,000명이 이로 인해 사망한다. 뇌졸중은 백인보다 흑인에게서 흔히 발견되는 병인데, 고혈압 치료를 받을 수 있는 의료 서비스의 기회가 적기 때문이라고 여겨진다.

뇌졸중을 유발시킬 수 있는 위험 요인은 심장마비와 유사하다. 고혈압, 높은 콜레스테롤 수치, 비정상적인 심장박동은 색전을 이동시켜 혈관을 막아 뇌졸중을 유발시키며, 동맥 질환을 유도하는 당뇨병이 위험 요인으로 알려져 있다. 각각의 위험요인은 환경적인 요인과 유전적인 요인의 조합으로 결정된다.

뇌졸중과 같이 단일 유전자의 이상에 의해 발생할 수 있는 질병은 많으나, 그 수가 드물고 모든 병들의 일부분일 뿐이다. 가족 중에서 뇌졸중을 겪었던 사람들의 대다수가 가지고 있는 유전적인 위험에 대한 설명은 대답하기 어려운 문제이지만, 사람들이 알아야 할 것들은 있다.

이란성과 일란성 쌍둥이 사이의 뇌졸중의 발병률을 비교했을 때, 뇌졸중에 걸리기 쉬운 유전자가 존재하고 있다는 사실이 비록 간접적이지만 유력하게 나타났다. 유전학자들은 뇌졸중의 위험이 일란성 쌍둥이의 경우가 이란성 쌍둥이보다 4배 가량 높다는 사실을 밝혔다. 일란성 쌍둥이의 18%는 결국 뇌졸중을 겪게 되나 이란성 쌍둥이의 경우 단지 3~4%의 경우만 병을 가진다. 뇌졸중에 걸린 가족들의 사례를 연구한 결과 병을 일으키는 유전적인 경향이 있다는 것을 알 수 있었다. 그 중 1만 4,000명 이상의 남녀를 대상으로 한 연구사례에서는 부모 중 어느 1명이 뇌졸중을 가졌던 가족의 자녀는 거의 2배 가까이 병에 걸릴 확률이 높다. 즉 병에 걸린 부모의 다음 세대의 아이들은 그들의 나이가 50세가 되기 전에 같은 질환을 가질 유전적인 가능성이 매우 높은 것으로 나타났다.

많은 유전학자들은 뇌졸중에 영향을 주는 유전자를 찾고 있다. 일반적으로 그들은 직접적이라기보다는 병과 관련되는 연구들을 수행하고, 병에 걸리지 않은 일반 집단과 병에 걸린 집단을 비교하면서 공통적으로 발견되는 DNA 표지자에 대한 조사를 하고 있다. 그 외에도 유전자들의 기능에 대한 추측을 바탕으로 병을 유발시킬 수 있는 유력한 후보가 되는 유전자의 변이 조사를 통해서 위험 요인을 찾아내고 있다.

아이슬란드의 디코드 제네틱스사 연구팀은 정부로부터 국민 건강 자료를 이용할 수 있는 권한을 받아 뇌졸중의 일반적인 증상을 보이는 사람들에서 전체 유전체 탐색을 한 결과를 2002년에 발표했다. 창립자인 스테판슨 박사는 연구를 실시한 그의 고향이 질병을 유발시키는 다양한 유전자를 연구할 수 있는 적합한 장소라는 것을 알았다. 아이슬란드의 인구 중 27만 5,000명으로 이루어진 작은 집단은 약 900년 전에 이곳으로 이주해온 놀스와 셀틱의 후손들로 이루어져 있었다. 이곳에 거주하는 주민들의 특정 질병에 대한 위험률이 증가하였으며, 이러한 질병을 가지고 있는 주민들을 검사한 결과, 발견되는 유전자의 변형이 다른 주민들에서도 발견되었다. 그렇기 때문에 국가에서는 국민들의 가족을 기준으로 건강기록을 만들어 유전자의 변형에 대한 연구를 할 수 있는 기반을 만들었다.

디코드 연구팀은 1993~1997년 지주막하 출혈(subarachnoid hemorrhages) 뇌졸중을 제외한 국소빈혈증으로 인한 뇌졸중이나 출혈로 발병된 뇌졸중을 가진 2,000명의 환자를 식별하였다. 그리고 국가 가계 자료를 이용하여 뇌졸중을 가진 환자들의 가족관계를 바탕으로 환자들을 분류하였다. 예를 들어, 가족의 선별은 아버지를 제외한 가족의 관계에서부터 6촌 사이의 친인척에게서 뇌졸중이 발견된 사람이 있는 가족을 포함하였다. 그 결과 분류된 그룹은 전부 179가계이었고, 환자의 수는 476명이었다. 과학자들은 1,000개의 DNA 표지자들을 이용해 환자와 438명의 친척들을 대상으로 전체 유전체를 탐색했다. 그들은 5번 염색체의 장완에서 표지자를 발견했으며, 이것은 환자들에게서 예상보다 더 많이 관찰할 수 있었다. 이 획기적인 연구는 5번 염색체에 위치하는 유전자에 변형이 일어나 뇌졸중을 일으켜 결국엔 서구에서 세 번째로 많이 일어나는 사망 원인이 된다고 발표하였다.

    2003년 9월 디코드의 연구팀은 2002년의 연구를 바탕으로 뇌졸중을 일으키는 경향을 보이는 유전자를 처음으로 발견하였다. 이 연구는 아이슬란드인 중에서 유전자에 적은 변이를 가지고 있는 사람들을 대상으로 이루어졌다. 그들이 가지고 있는 유전자 변이는 인산디에스테르 가수분해효소 4D 효소를 만드는 유전자에서 일어났는데, 이런 변이를 가지고 있는 아이슬란드 사람들은 3~5배 가량 높은 뇌졸중의 위험을 보인다. 이 유전자 이외의 새로운 발병 원인을 분석하면서, 연구팀은 병을 예방하거나 치료할 수 있는 가능성이 높은 새로운 방법을 발견하였다. 스위스의 대 제약회사이며 디코드 연구팀에도 자금을 투자하는 로슈사는 이미 이 새로운 연구 결과를 이용한 치료법 연구를 수행하고 있는 중이다.

    유럽에 흔한 아이슬란드 사람들의 혈통과 미국의 백인을 대상으로 이루어진 이번 연구는 중요하다고 판명되었다. "두 분의 할아버지가 뇌졸중을 가지고 있는 대부분의 가족은 유전적인 위험에 대해서 걱정해야 하는가?"라는 처음 질문으로 돌아가보면, 아직은 뇌졸중의 유전적인 요인이 다른 환경적인 위험요소보다 2배 가량 높다는 것 이외에는 대답할 수 있는 내용이 거의 없다. 흡연을 피하고, 혈압을 적절히 유지하여 전반적으로 건강을 잘 유지한다면 뇌졸중을 피하는 예방책이 될 것이다. 그리고 불규칙한 심장박동은 위험을 높인다는 사실을 유념해야 한다.

    지주막하 출혈(subarachnoid hemorrhage, SAH)이란 뇌의 아래 부분에 느슨하게 연결되어 있는 얇은 망사조직의 세포에 의해 만들어진 공간에 출혈이 생겨 나타나는 증상을 일컫는 말이다. 비록 약 10%의 뇌졸중이 SAH가 원인이 되어 증상이 나타나지만, 이 증상은 뇌졸중과 연관된 전체 사망의 25%를 차지한다. 대부분의 SAH는 뇌 아래 부분의 윌리스환에서 혈관이 파열되어 일어난다. 이러한 출혈은 '딸기 동맥류'라고 불리는 현상에 의해서 동맥류가 몇 년 동안 천천히 자라기 시작하여 직경이 수 cm 혹은 그 이상이 되어 터지는 것을 말한다.

표 34. 뇌질환의 가계위험도

유병률	뇌졸중 환자의 약 40%는 1촌 가족 중에 뇌졸중 환자가 있다.
	뇌졸중 환자의 약 50~70%는 1촌 가족 중에 관상동맥 질환자가 있다.
고위험 가계의 특징	60세 이전에 발병
위험도	1촌 가족 중에 뇌졸중 환자가 있으면 위험도는 2배 높다.

유전적인 요소들은 SAH의 원인이 될 수도 있다. 여러 조사 연구에 의하면 SAH를 가진 사람들의 친척중 7~20%는 두개강 내 동맥류를 가지고 있다고 한다. 반면 시체해부를 통한 연구의 결과, 딸기 동맥류는 희귀 병이 아니고 다른 사인에 의해 사망한 많은 사람들이 동맥류를 가지고 있었으나, 터지지 않았다는 사실이 밝혀졌다. 일반 사람들의 최소 1%는 동맥류를 가지고 있기 때문에 가족 중 한 사람 이상이 그 영향을 받을 수 있다.

만일 뇌 동맥류의 출혈로 진단받은 적이 있는 2명 이상의 친척을 가진 사람이라면 전문가의 조언을 구해야 할 것이다. 뇌 영상 기법은 동맥류를 확인하는데 도움을 줄 수 있으며, 약물치료를 통해서 뇌혈관의 파열 가능성을 줄일 수 있다. 더욱이 동맥류가 걱정되는 크기라고 여겨진다면 수술을 통해서 치료할 수 있다.

알츠하이머병(Alzheimer's Disease)

어머니(74)가 알츠하이머병을 앓고 있으면, 나는 이 병에 걸릴 가능성이 얼마나 높은가?

지난 100년간 인간의 평균수명은 급격하게 증가하였고, 나이가 들어가며 퇴보하는 정신적인 기능은 막대한 의료 문제와 사회 문제가 되었다. 1907년부터 알츠하이머(Alois Alzheimer) 박사는 그가 수 년 간 치료하였던 여성이 죽은 뒤에 그 뇌를 가지고 연구하기 시작하였다. 1960년까지는 노인의 알츠하이머병(치매)에 대한 관심이 비교적 적었다. 그러나 그 후 40년 동안 한때 노화에 의한 당연한 결과로 여겨졌던 비교적 중요하지 않았던 병인 알츠하이머병은 나이든 환자들 사이에 가장 심각한 의료문제로 대두되었다.

알츠하이머병의 가장 중요한 특징은 최근의 일상생활에서 겪은 일에서부터 점차적으로 기억을 잃기 시작하여, 결국에는 거의 모든 기억을 잃게 된다는 점이다. 병이 깊어짐에 따라 말하는 능력이 감소하며, 사용하는 단어의 범위도 줄어든다. 환자들은 자신에 대한 질문을 반복하는 경향을 보이며, 간단한 지시를 따라 하기도 어렵게 된다. 그리고 평소에 자주 가던 장소에서 길을 잃기도 한다. 심지어 성격이 변하고, 사회생활을 하는 능력을 상실하여 편집증 환자가 된다. 점차 혼자서 걷는 행동도 힘들어 한다. 즉 알츠하이머병에 고통받는 사람들은 매일 점점 작아지는 세계에서 살다가, 막바지에 이르러서는 움직이지도 못하고 누워서 지내며, 다른 사람의 도움이 필요한 생활을 하게 된다. 그리고 이들은 주로 폐렴으로 생을 마친다.

특히 초기 단계의 알츠하이머병은 혈액검사나 X-선을 통해서 임상적으로 확인할 수 없기 때문에 정확한 진단이 매우 어렵다. 심지어 오늘날 알츠하이머라고 진단받는 경우는 직접적으로 병을 알아냈다기보다는, 의사가 다른 병의 가능성을 모두 제외한 후에 알츠하이머병이라고 진단한다. 숙련된 의사는 90% 이상 정확한 진단이 가능하나, 오직 사후에 뇌의 검시를 통해서 확실한 증거를 얻을 수 있다. 알츠하이머병의 발병률은 나이가 증가함에 따라 높아진다. 발병은 비록 60세 전에는 자주 나타나지 않으나, 65세의 사람들에서는 1% 정도 진단되고 75세 이상의 사람들에게서는 비교적 흔히 나타나는 병이다. 어떤 연구에서는 85세 이상의 사람 중 거의 반 이상이 알츠하이머로 의심되는 증상들을 가지고 있다고 발표했다. 비록 치매는 다양한 원인으로 인해서 발병되지만 알츠하이머가 그 주된 원인으로 추측된다. 현재 이 병에 걸린 미국인들의 수는 400만 명에 달하며, 미국 이외의 다른 나라에서도 공통된 질병으로 보인다. 많은 신경학자들은 오래 살수록 알츠하이머병에 걸리기 쉽다고 생각한다.

　알츠하이머의 정확한 원인이 무엇인지 아직은 알지 못한다. 오랫동안 믿을만한 이론들이 제안되긴 했으나, 그 어느 것도 증명되지 못했으며 받아들여지지 못했다. 예를 들어 특정 시기에 몇몇 과학자들이 이 병의 원인이 독성을 띤 알루미늄의 축적 때문이라고 생각했다. 그러나 오늘날 대부분의 사람들이 추정하는 병의 원인은 'β-아밀로이드'라고 불리는 뇌 단백질의 비정상적인 침전이다. 그러나 이 분야의 연구자들은 다른 가능성을 계속 탐구하고 있다. 그 중 매사추세츠 종합병원의 내쉬(John Nash) 박사는 과도한 양의 구리와 아연이 병의 원인이라고 주장했다. 그는 아밀로이드 단백질이 스펀지와 같은 역할을 하여 아연과 구리와 같은 중금속을 흡수하는 역할을 한다고 추측하였다. 알츠하이머 환자에게 이러한 중금속의 축적을 억제하는 약을 처방하는 임상적인 치료를 시행한 결과, 병의 진행속도가 감소되는 것을 관찰할 수 있었다.

　의사들은 예전부터 알츠하이머병에 대해서 종종 병력을 가지고 있는 가족들을 연구해 왔고, 그 중 몇 가족들에게서는 40~50대에 심각한 형태의 병이 발달하기 시작한다는 사실을 알았다. 새로운 DNA 분석 기술을 통해서, 1980년대 후반~1990대에 과학자들은 알츠하이머를 유발시킬 것으로 추정되는 유전자를 연구하고 그 역할에 관해서 중요한 발견을 하였다. 오늘날 우리는 유전자가 변이되었을 때 알츠하이머병의 발병을 야기하는 몇 개의 유전자에 대해서 알고 있다. 또한 과학자들은 사람 유전체의 다른 부분에서 발병률이 훨씬 높고 늦은 나이에 발병하는 알츠하이머병(late onset Alzheimer's disease: loAD)을 유도하는 유전자를 찾아냈다.

젊은 나이에 발병하는 알츠하이머병(early-onset Alzheimer's disease: eoAD)과 연관된 유전자에 대한 보고는 다운증후군을 가지고 태어난 환자들을 관찰하면서 이루어졌다. 다운증후군 환자들은 21번 염색체를 한 개 더 가지는데, 만약 50세 이상까지 생존한다면 알츠하이머병이 발병한다.

알츠하이머 환자의 뇌에서 과량으로 발견되는 염색체 21번에 위치한 APP(amyloid precursor protein) 유전자는 아밀로이드의 유전정보를 갖고 있다. 과학자들은 빨리 발병하는 알츠하이머병(eoAD)의 형태를 가지고 있는 가족을 검사하여, 결과적으로 APP의 변이가 병을 야기시킨다는 사실을 발견했다.

다른 연구자들은 더욱 드문 형태의 증상을 가지고 있는 가족들을 연구하여 병의 초기 증상을 설명해 주는 염색체 1번과 14번에 있는 유전자의 변이를 발견할 수 있었다. 염색체 14번에 있는 유전자는 PS1(perseilin 1)이고, 염색체 1번에 있는 유전자는 PS2라고 한다. PS1은 eoAD병의 조기 발병에 반 이상의 사례에 영향을 미치며, 50개 이상의 가계 돌연변이가 발견되었다. PS2 유전자의 변이는 볼가-게르만계 가족들의 eoAD병과 연관되어 있다. 발병 사례 중 몇몇 사례에서 발견된 변이는 어떻게 병이 발병했는지를 연구하는데 도움이 된다. 물론 전 세계의 1천만 명 이상이 고통받고 있는 노년기 발병의 eoAD 유전자의 역할을 파악하는 것이 연구의 궁극적인 목표이다. 염색체 19번에 위치한 APOE 유전자가 중점 연구 대상이다.

　1991년에 이뤄진 연구에 의하면, 한 명 이상이 알츠하이머병에 걸린 가족에서 19번 염색체가 유사하게 배열되어 있다는 것을 알게 되었다. 듀크대학 연구팀에서는 APOE 유전자가 알츠하이머병의 원인으로 대두되기 이전, 1993년까지 APOE 유전자를 콜레스테롤 전달 단백질을 암호화하는 유전자로 파악하고 이에 대해서 이미 연구하고 있었다. 많은 가족집단을 연구한 결과, 공통된 3개의 유전자 변종 E2, E3, E4를 밝혀냈으며, E4는 알츠하이머병과 깊은 관계를 가지고 있다는 사실을 발견하였다. E2, E3, E4는 백인의 염색체에서 각각 7%, 78%, 15%씩 발견된다.

　이 연구에서 가장 중요한 발견은 두 쌍의 APOE4를 가지고 있는 사람은(2~3%) 이 두 쌍의 유전자를 가지고 있지 않은 같은 나이의 사람들에 비해 알츠하이머병을 가질 경향이 더 높다는 것이다. 다른 연구에서는 E2가 알츠하이머병으로부터 보호해주는 역할을 하고, E2 대립유전자 두 쌍을 가진 사람은 병에 걸릴 확률이 낮으며, 만일 하나의 E2 대립유전자를 가지고 있다면 나이가 든 후에 병의 증상이 악화될 수 있다고 보고했다.

　비록 APOE의 양상이 현재 알츠하이머병의 위험 요인으로 가장 중요하게 알려지긴 했으나, 이것 하나로 진단을 하기에 충분하지 않다. 이것은 알츠하이머병을 가진 많은 사람들이 E4 대립유전자를 가지고 있지 않으며, 알츠하이머병을 앓지 않은 사람들도 E4 대립유전자를 가지고 있기 때문이다. 현재 측정으로는 APOE가 loAD의 유전적인 영향의 50% 정도를 설명해 준다고 판단된다. 이에 따라 APOE 이외의 하나 또는 두 개 정도의 유전적인 요소를 발견하면 비교적 정확하게 병의 위험도 진단 방법을 확립할 가능성이 높아졌다. 알칸사스대학에서 신체의 염증 반응에 중요한 역할을 하는 단백질을 암호화하는 IL-1유전자를 대상으로 한 예비 연구에 의하면, IL-1 유전자에서 발견되는 공통적인 변이가 알츠하이머병의 또 다른 위험 요소로 지목되었다.

표 35. 알츠하이머병의 가계위험도

- 3개의 우성 유전자는 아주 희귀한 알츠하이머병의 조기발병을 유발한다.
- APOE4 대립인자는 흔한 알츠하이머병의 유전적 위험도의 55%를 차지한다.
- APOE4 대립인자 2개를 갖고 태어난 사람(북유럽인의 3%)에게서 알츠하이머병이 발병하는 시기는 이런 대립인자가 없는 사람의 발병 시기보다 10년 이르다.
- APOE4 검사만으로 위험도를 예견할 수 없다. APOE4 대립인자가 있더라도 발병하지 않는 경우도 많다.

2002년 미국 국립노화연구소에서는 알츠하이머병을 일으킬 경향이 있는 다른 유전자를 탐색할 야심찬 계획을 추진했다. 콜럼비아대학의 신경학자인 메이유스(Richard Mayeux) 박사의 주도하에 연구원들은 가족의 병력에 알츠하이머병이 있는 1,000가족을 모집하였다. 유전자를 찾는 고도의 기술을 보유한 이 연구팀은 많은 수의 환자들은 대상으로 알츠하이머병에 영향을 주는 새로운 유전자를 발견할 것이다.

노년에 알츠하이머병이 발병한 loAD 환자의 가족은 APOE4 검사를 받아야 할까? 대부분의 의사들은 그렇지 않다고 생각한다. 그러나 임상적인 상황에서 의사가 환자에 대해 알츠하이머병이라고 의심하는 경우에 APOE4 검사는 매우 유용할 수 있다. 만일 환자가 두 쌍의 E4 대립유전자를 가지고 있다는 사실이 검사를 통해 밝혀진다면, 의사가 가지는 의심이 입증된다. APOE 검사는 병에 걸린 환자가 E4 대립유전자를 가지고 있는지를 확인하는데 도움이 된다. E4를 하나 가졌다고 알려줌으로써 환자를 안심시킬 수 있다.

알츠하이머병에 걸린 70세 이상의 부모님은 늘어나지만 병의 원인은 매우 복잡하다. 자손들에게 병에 대해서 말해줄 수 있는 것은 병력을 가지지 않은 가족의 경우에는 위험이 적다는 정도에 불과하다. 근래에 APOE4 검사는 병력을 가진 가족의 자녀들에게는 거의 도움이 되지 않는다. 그러나 알츠하이머병의 유전적인 위험을 평가할 수 있는 믿을 만한 검사는 향후 5년 이내에 나타날 것이다. 하지만 치료하기 어려운 병이기 때문에, 만일 이러한 검사방법을 개발한다면 윤리문제에 휘말리게 될 것이다. 아마도 이러한 검사는 인생을 계획하는 용도보다는 임상적 용도로만 사용하게 될 가능성이 클 것이다.

편두통(Migraine Headaches)

우리가족은 대부분 편두통을 가지고 있다. 유전일까?

편두통은 일반적으로 머리의 한쪽이 쑤시는 두통으로 종종 멀미나 구토와 함께 생긴다. 병세의 정도에 따라 다양하며, 심각한 경우에는 약물을 복용하는 것 이외에도 환자들은 종종 어두운 방에서 조용히 누워서 휴식을 취한다. 편두통은 가끔 자고 나면 가라앉는다.

편두통은 전조가 없는 보통의 편두통(MO)과 전조를 수반한 편두통(MA)으로 크게 두 종류로 나뉜다. 전조를 수반한 편두통의 경우에 환자들은 대개 시야에서 파도처럼 굽이치는 선을 보는 것 같은 이상한 시각적인 장애를 경험하면서 두통의 조짐 현상을 겪는다. 그러한 전조는 일반적으로 5분에서 1시간 가량 지속되며, 편두통의 70%는 이러한 전조를 나타낸다. 편두통은 흔히 나타나는 병으로써 남성의 약 4%, 여성의 약 8%가 편두통을 가지고 있으며, 여성의 경우 임신가능 시기에 우세하게 나타나고, 그 중 15%는 편두통에 걸린다. 편두통은 흑인이나 동양인보다 백인에게 흔히 나타나는 질병이다. 병의 원인은 불확실하며, 무엇이 특정한 발병을 일으키는지 알지 못하나, 특정 신경에 혈액을 공급하는 작은 동맥류의 팽창으로 생긴 경련으로 편두통이 일어난다고 설명하는 이론이 유력하다.

편두통은 가족성 반신불수와 운동실조증 같은 몇 가지 희귀한 단일 유전자가 원인이 되는 경우도 있으나, 이는 장애 중의 일부에 해당하므로 더 이상 언급하지 않을 것이다.

전통적인 전조를 보이는 편두통은 오랫동안 가족 특유의 증상으로 알았으나, 많은 신경학자들은 유전적으로 유발된 질병이라고 주장한다. 최소한 5건의 유전병 연구에서 30~60% 정도로 발병률이 일치하는 것을 발견하였다. 발병 시기, 진단의 불확실성, 다른 여러 요인으로 인해서 정확한 유전적인 요소들은 알기 어려우나, 근래에 들어서 핀란드에서 1번 염색체에서 원인이 되는 유전자를 찾았다고 보고했다. 핀란드의 뛰어난 임상학적 기록, 계통기록, 그리고 핀란드 인구의 상대적인 동종성으로 인해 이와 같은 연구를 할 수 있었다.

연구는 50가계를 대상으로 이루어졌으며, 그 중 45가계는 2세대에 걸쳐 편두통 환자가 있었다. 연구의 대상이 되는 가족들의 최소 3명 이상이 병이 있어야 하며, 증상으로 전조를 보이는 가족을 선택함으로써 연구원들이 잘못 진단할 가능성을 줄였다. 그들은 350개의 DNA 표지자를 이용하여 430명의 가족 구성원의 유전자를 조사하였다. 연구원들은 4번 염색체 장완 부위에 위치한 표지자를 발견하였는데, 이는 편두통을 가지고 있는 가족 구성원들에게 예상되는 것보다 더 많이 존재하였다. 이는 인접해 있는 유전자가 질병의 유발에 중요한 역할을 한다는 것을 의미한다. 이 유전자를 밝히는 것은 DNA를 이용한 새로운 유전적 위험 검사방법, 장애를 일으킨 원인에 대한 새로운 고찰, 그리고 궁극적으로는 새로운 치료법 개발로 이어질 수 있을 것이다.

편두통은 거의 확실히 유전병이라고 여겨진다. 그러나 이러한 사실은 현재 편두통으로 고통받는 사람들의 치료에 도움을 주지 못한다.

다발성경화증(Multiple Sclerosis)

37세의 여동생이 최근 다발성경화증 진단을 받았다. 내가 이 병에 걸릴 위험도는 어느 정도인가?

다발성경화증은 신경세포를 둘러싸고 있는 미엘린수초의 손상에 의해 신경기능에 결함이 생겨 발생하는 뇌질환이다. 이 병은 뇌의 여러 부위에 다양하게 영향을 주며, 이 손상으로 신경수초 주변에 경화현상을 야기시키기 때문에 다발성경화증이라는 이름을 얻었다. 미국의 경우 약 40만 명이 다발성경화증으로 고생하고 있으며, 해마다 약 1만 명이 새로이 다발성경화증 진단을 받고 있다.

다발성경화증은 손상된 중추신경계 부위의 기능에 따라 다양한 증상을 보이며, 일반적으로 갑자기 팔의 힘이 약해지거나 시력의 급격한 저하 또는 어지러운 증상이 나타나면서 병이 시작된다. 이 병은 성별이나 인종에 관계없이 발생하지만, 가장 많은 환자는 백인 중년 여성이다. 대개 첫번째 발병은 거의 회복되며, 이후 병은 몇 가지 유형으로 진행된다. 드물게 매우 빠르게 진행되는 급성다발성경화증도 있지만, 80% 이상의 환자는 20년 이상에 걸쳐 재발과 완화를 반복하면서 서서히 장애가 커지는 재발성다발성경화증 환자이다. 최근의 논문에 따르면 다발성경화증 환자의 반은 진단을 받은 지 15년 이내에 보행 시 보조를 필요로 하게 된다.

오랜 기간 동안의 연구에도 불구하고 다발성경화증의 원인은 밝혀지지 않았다. 가장 주목받고 있는 관점은 인종에 따라 10만 명당 5~30명까지 다르게 발병한다는 것이다. 흥미로운 점은 적도에서 더 멀리 떨어진 국가일수록 발생률이 높다는 것이다. 일부 연구자들은 아동기에 자가면역질환을 유발할 수 있는 바이러스 감염이 이차적인 원인이 될 수 있다고 제안한다. 다발성경화증은 북유럽에서 가장 빈번하게 발생하며 아프리카에서는 거의 발생하지 않는다. 환경이 이 질환의 한 원인이 될 수 있다는 증거는 적도에서 가장 멀리 떨어져 있는 작은 섬인 파로에 살고 있는 사람들이 수 십 년 동안 다발성경화증의 발병률이 아주 높았다는 것을 들 수 있다.

유전적인 소인이 다발성경화증의 발병 원인이 된다는 충분한 증거도 많이 있다. 일란성 쌍둥이 중 한 명이 병에 걸렸을 경우 다른 한 명도 병에 걸릴 확률은 약 30%로, 일반적인 사람이 걸릴 확률보다 약 200배 높다. 어떤 사람이 양친 중 한 명이나 자녀가 병에 걸렸을 경우, 이 사람이 병에 걸릴 확률은 3~5%로 보통사람보다 15~20배 높은 확률이다.

가족 구성원들은 같은 환경에서 지내기 때문에 바이러스와 같이 알려지지 않은 환경적인 요인에 노출될 확률 또한 일반적인 사람에게 노출될 확률보다 높다. 다년간 노출될 수 있는 한 예는 개 디스템퍼 바이러스로, 실제 개와 같이 집에서 생활하는 사람의 경우 다발성경화증의 발병률이 약간 높다. 그러나 다발성경화증에 걸린 부모에게 입양된 자녀의 발병률이 높지 않은 점으로 볼 때, 환경적인 요인이 그다지 중요하지는 않다고 생각할 수도 있다.

어떤 유전자가 원인일까? 우리도 모른다. 그러나 몇 가지 가능성이 있는 보고들이 있다. 다발성경화증은 오랫동안 자가면역질환의 하나로 알려져 왔다. 지난 30년 동안 과학자들은 HLA-DW2라는 유전자의 변이체가 다발성경화증 환자로 추정되는 사람에게서 자주 발견된다는 것을 알아내었다. 최근 5년 동안 새로운 DNA 분석기술을 이용하여 수백 명의 다발성경화증 환자의 유전자를 분석하였으며, 최근에 작은 성공을 거두었다.

2002년 다발성경화증 유전자 연구팀은 염색체 19번에 있는 APOE 유전자의 변이체가 다발성경화증 증상의 진전 속도와 관계가 있다는 것을 보고하였다. 이 결과는 398명의 환자를 대상으로 얻은 것이다. 또한 이들은 SNP 연구를 통하여 APOE4를 가진 환자의 경우 증상의 정도가 심하고, APOE2를 가진 환자의 경우 증상이 경미하다는 것을 밝혀냈다. 이상한 점은 APOE 유전자는 알츠하이머병의 위험 유전자로 알려져 있던 유전자라는 점이다. 아직까지 다발성경화증의 발병에서 APOE의 역할에 대해서 알려진 바는 없다.

표 36. 다발성 경화증의 가계 위험도에 대한 증거
-일란성 쌍둥이 중 한 명이 병에 걸렸을 경우, 다른 한 명도 병에 걸릴 확률은 일반인의 경우보다 약 200배 높다.
-1촌 가족 중에 환자가 있으면, 이 병에 걸릴 확률은 일반인보다 15배 높다.
-이종사촌보다 사촌 중에 환자가 있을 경우, 나이에 따른 다발성 경화증의 발병률은 2배 높다.

유전상담자는 다발성경화증 환자의 가족에게 어떤 이야기를 할 수 있을까? 관련 보고에 의하면 다발성경화증으로 새로 진단받은 환자의 형제 또는 자매에 대한 발병 위험도는 두 가지 요소, 즉 질병이 발병한 환자의 나이, 양친의 발병여부와 관련되어 있다. 환자의 발병 나이가 젊을수록 형제에게 발병할 위험도는 높아진다. 부모가 다발성경화증에 걸리지 않았을 경우 환자의 형제자매가 발병할 위험도는 낮아진다. 예를 들어, 20대 중반에 발병한 여자 동기가 있는 남자의 발병 위험도는 1~2%이다. 같은 나이의 남자형제가 발병한 여자의 경우 발병 위험도는 3~4%이다. 병에 걸린 환자보다 나이가 많은 형제일수록 병에 걸릴 위험도는 낮다. 서두에 제기한 질문으로 돌아가면, 질문을 한 사람이 35세의 남자형제라면 위험도는 1% 미만이다.

다발성경화증에 있어 가장 어려운 점 중의 하나는 예측할 수 없는 진행이다. 2003년 과학자들은 MR 스펙트로스코피라는 뇌영상 측정을 통하여 N-아세틸아스팔레이트라는 뇌의 특정 화학성분의 감소가 병의 증상 정도를 예측하게 해준다는 것을 보고하였다.
 확실한 것은 다발성경화증의 발병 위험도를 증가시키는 일련의 유전자 변이체가 있다는 것이다. 시간이 지나면 우리는 이 유전자들을 찾아내게 될 것이고, 그 결과는 다발성경화증의 치료방안 연구 및 환자 가족들의 발병 위험도를 예측하는데 새로운 장을 열어줄 것이다.

파킨슨 질환(Parkinson's Disease)

 아버지가 파킨슨 환자이다. 내가 이 병에 걸릴 위험도는 어느 정도인가?

 파킨슨병은 1871년 파킨슨 박사에 의해 처음 보고된 퇴행성 뇌질환으로, 알츠하이머에 이어 두 번째로 많은 퇴행성 질환이다. 파킨슨병에 걸린 환자는 몸의 움직임이 느려지는 서동, 떨림, 무표정한 얼굴, 자세의 불안정을 보인다. 이 병은 성인기 전반에 걸쳐 발병하지만, 진단을 받는 평균 나이는 약 60세이다. 미국의 경우 약 30~50만 명의 환자가 있다.
 파킨슨병은 뇌의 흑색질이라고 불리는 작은 부위에 있는 신경의 세포가 죽어서 발생하는 병으로, 그 결과 흑색질에서 만들어내는 도파민이라는 중요한 뇌화학물질의 결핍이 발생한다. 해부학적 연구결과 파킨슨병 환자는 같은 나이에 비해 흑색질의 신경세포가 손상되어 있다는 것을 보여준다. 파킨슨병 환자의 경우 같은 나이의 정상군보다 적은 신경세포를 갖고 있기 때문에 나이에 비해 조기노화가 일어나는 것으로 추정된다. 80세 이상의 반 정도는 약하긴 하지만 파킨슨병과 비슷한 증상을 갖고 있다. 이 병을 완치할 수 있는 방안은 없지만, L-도파를 투여하면 증상을 서서히 진행시키는데 도움이 된다.
 뇌세포가 죽는 원인이 무엇인지 아직까지 알려져 있지는 않지만, 가능성이 있는 몇 가지 결과들을 제시하였다. 1차 세계대전 직후, 바이러스성 뇌염이 유럽 전역과 미국을 휩쓸고 지나갔으며, 이 병에 걸렸다가 회복된 수천 명의 사람들이 파킨슨병과 비슷한 질환을 갖게 되었다. 이러한 사실은 특정 바이러스의 감염이 주된 발병 요인이 된다는 것을 말해준다. 그 이후로 바이러스성 뇌염과 연관된 파킨슨병의 발병은 아주 드물게 보고되었다. 아마도 가장 의외의 발견은 일부 연구에서 흡연이 파킨슨병의 발병을 줄여준다는 것이다.

현재, 파킨슨병을 유발하는 유전자에 관한 연구보고들은 많지 않다. 최근 파킨슨병이 발병된 2~3가계에 대한 연구를 수행하였으나, 유전적인 소인을 입증할만한 점을 찾지 못했다. 첫 번째 쌍둥이 연구에서는 파킨슨병과의 연관을 찾지 못했다. 얼마 후, 일란성 쌍둥이가 50세 이전에 같이 발병할 확률이 이란성 쌍둥이 보다 매우 높다는 것이 보고되었다. 최근의 연구들은 특정 뇌영상 촬영법을 이용하여 조기에 발견할 경우, 일란성 쌍둥이의 파킨슨병 발병률이 상당히 높다는 것을 보여주고 있다. 환자 동기간의 발병률과 배우자 동기간의 발병률을 비교한 연구결과에 의하면, 파킨슨 환자와 혈연관계에 있는 사람의 발병률이 4%인데 비해, 배우자와 혈연관계에 있는 사람의 발병률은 2.5%였다.

파킨슨병이 이른 나이에 발병한 몇 가계에 대한 연구는 주요한 발전의 계기가 되었다. 1980년대 후반, 파킨슨병 내력을 가진 이탈리아의 두 가계에 대한 연구가 이루어졌다. 이 가계는 파킨슨병을 가진 부모의 자녀중 반이 파킨슨병에 걸린 우성유전을 보이며, 평균 발병 연령이 46세였고, 발병 후 사망에 이르는 기간도 보통에 비해 매우 짧은 10년이었다.

1990년대, 과학자들은 염색체 4번에 있는 α-시뉴클레인(PARK1)과 유비퀴틴 카르복시 말단 가수분해 효소(PARK5)의 돌연변이가 파킨슨병에 대한 상염색체 우성유전을 야기한다는 것을 입증하였다. 1998년 다른 연구진들이 6번 염색체에 있는 PARK2라는 유전자가 파킨슨병의 조기 발병을 유발한다는 것을 보고하였다.

표 37. 파킨슨병의 소인 유전자들

위치	유전자	염색체위치	유전
PARK1	α-Synuclein	4q21	우성
PARK2	Parkin	6q25-7	열성
PARK3	미상	2q13	우성
PARK4	미상	4q15	우성
PARK5	Ubiquitin C-termina hydrolase	4q14	우성(?)
PARK6	미상	1p35	열성
PARK7	DJ-1	1p36	열성
PARK8	미상	12p11.2-q13.1	우성
PARK9	미상	1p36	열성
PARK10	미상	1p32	민감성유전자
NA	NR4A2	2q22-23	민감성유전자
NA	Syphilin1	5q23.1-23.3	민감성유전자
NA	tau	17q21	민감성유전자

2003년에 도슨 등(Dawson T.M and Dawson V.L.)이 학회지에 발표한 내용을 허락받고 인용함. 학회지: *Molecular pathways of neurodegeneration in Parkinson's disease. Science* 302: 819-822. ⓒ AAAS.

이 유전자들은 모두 뇌세포에서 활성화되는 단백질을 만들어낸다. PARK1은 특정 생화학적 환경에서 뭉쳐지는 단백질을 만들며, PARK5는 세포의 찌꺼기를 제거하는 역할을 하는 단백질을 만든다. 각 경우에 돌연변이가 생겼을 때 유해할 것이라는 것을 쉽게 생각할 수 있다.

1990년대 후반에 몇 연구 그룹들은 파킨슨 유전자가 위치한 4개의 염색체 부위를 밝혀내었으며, 이 유전자들은 PARK3, 4, 6, 7이다. 2003년 특정 일본 파킨슨병 가계에 대한 연구에서 파킨슨병에 대한 우성유전자로 PARK8이 보고되었다. 여러 나라에서 보고된 PARK8 이외의 PARK 유전자들은 특정 인종에서 나타나는 파킨슨병 병인 유전자이다. 이 유전자들이 클론되고 이에 대한 연구가 진행되면, 파킨슨병에 대한 새로운 치료 방안을 제시할 수 있을 것으로 보인다.

체내의 특정 화학물질을 청소하는 데 중요한 단백질을 만드는 CYPD6에 돌연변이가 생겼을 때도 파킨슨병에 걸릴 가능성이 있다는 보고가 있다. 이 연구결과는 환경에서 발생하는 화학물질에 만성적으로 노출되어 있는 사람이 유전적으로 이를 제거할 능력이 적을 경우 파킨슨병에 걸릴 수 있다는 것을 말해준다.

2002년 보스턴대학의 스테파노 박사가 이끄는 연구팀은 적어도 2명 이상의 파킨슨병 환자가 있는 103가계에 대해 파킨슨병의 발병 연령에 초점을 맞추어 연구를 수행하였다. 그 결과 발병 시기에 영향을 주는 4곳의 유전체 위치를 밝혀내었다. 같은 연구에서 염색체 2번의 단완에 있는 유전자가 또한 이와 관련되어 있다는 것도 알아내었다.

최근 미토콘드리아 유전자의 돌연변이가 파킨슨병의 발병에 중요한 원인이 된다는 데 많은 관심이 쏠리고 있다. 우리 모두는 세포의 세포질에 수백 개의 작은 원형 미토콘드리아 유전자를 갖고 있다. 이 미토콘드리아 DNA는 세포 대사를 조절하는 단백질들을 만들어내며, 여기에 돌연변이가 생기는 것은 세포에 치명적이다. 이러한 돌연변이는 몇몇 가계에서 파킨슨병을 발병시키는 것으로 밝혀졌다. 그러나 이것이 주요 원인으로 나타나는 것 같지는 않다.

파킨슨 진단을 받은 환자의 아들과 같은 직계 가족에게 같은 병에 걸릴 위험도를 어떻게 말해줄 수 있을까? 우성 상염색체 유전을 보이는 드문 경우에 아들이 파킨슨병에 걸릴 위험도는 50%이다. 보통의 경우에 일어날 수 있는 위험도는 실험적 결과로 예측할 수 있다. 보통 파킨슨병 환자의 자녀가 병에 걸릴 확률은 3~4%이다. 노년기에 발병하는 파킨슨병 유형에 걸린 형제를 둔 사람의 경우 같은 병에 걸릴 확률은 약 5%이다. 파킨슨병이 45세 이하에서 발병하였거나, 2명 이상의 가까운 가족이 파킨슨병에 걸렸을 경우, 또는 치매의 정도가 심할 경우, 그 위험도는 크게 증가한다. 먼 친척이 파킨슨병에 걸렸을 경우, 그 위험도는 일반인에게 발병할 확률과 다르지 않다. 어쨌든, 우리는 파킨슨병을 발병시키는 유전자를 계속 찾아야 하며, 그 결과는 파킨슨병의 중요한 요인이 무엇인지 확실하게 알려줄 것이다.

근위축성측색경화증 ; 루게릭병(Amyotrophic Lateral Sclerosis; Lou Gehrig's Disease)

어머니가 근위축성측색경화증 환자이다. 내가 이 병에 걸릴 확률은 어느 정도인가?

다발성경화증이나 파킨슨병처럼 많은 환자가 있는 것은 아니지만, 근위축성측색경화증은 다음과 같은 두 가지 이유로 많이 알려진 병이다. 이 병을 보통 루게릭병이라고 부르는데, 이 병명은 미국의 유명한 야구선수인 루 게릭의 이름에서 따온 것이다. 루 게릭은 '철의 인간'이라는 별명을 갖고 있던 뉴욕 양키팀의 1루수로 이 병에 걸려 사망했다. 양키 경기장에서의 그의 작별인사를 담은 필름을 본 사람은 누구나 그 뭉클한 장면을 기억할 것이다. 두 번째 이유는 괌이나 서뉴기니아와 같은 서태평양 섬에서 발생하는 기이한 형태의 근위축성측색경화증 때문이다. 제2차 세계대전에 참전했던 군의관들이 이 섬에 사는 많은 젊은 사람들이 근위축성측색경화증과 유사한 병으로 죽어가는 것을 발견하였다. 과학자들은 이에 대해 몇 가지 다른 이유들을 그 원인으로 제시하였다. 전쟁동안 이 지역에서 발생한 기근으로 많은 사람들이 매우 독한 물질을 함유한 식물을 먹었다는 것이 가장 유력한 원인으로 대두되고 있다.

근위축성측색경화증은 '운동신경 질환'이다. 뇌에 있는 상부 운동신경의 퇴화가 반사신경 근력을 비정상적으로 과민하게 하여 경련을 유발한다. 하부 운동신경의 퇴화는 근육을 약화시키고 위축 경련을 유발한다. 나중에는 팔다리의 근육뿐만 아니라 횡격막, 혀, 인두의 근육도 위축되어 호흡곤란에 이르게 된다.

근위축성측색경화증의 90%는 산발적으로 발병한다. 새로 진단받은 환자의 대부분이 그 가계 중 첫번째 또는 유일한 경우이다. 나머지 10%는 집안내력이 있으며, 이는 특정 유전자의 돌연변이에 기인할 것으로 추정하고 있다.

최근 10년간 이 가계들에 대한 유전자 검사를 실시하였다. 우성유전으로 알려진 한 가계의 경우 이 병에 걸린 환자의 자녀가 이 병에 걸릴 확률은 반이었다. 이 가계에서 환자의 반이 45세 무렵에 이 병에 걸렸으며, 약 90%가 70세 전에 발병하였다. 우성유전이 되는 근위축성측색경화증 환자의 약 20%는 염색체 21번의 수퍼옥사이드 디스뮤타아제(SOD)를 만드는 유전자에 돌연변이가 있다. 사촌 간에 근친결혼을 하는 몇 인종에서 상염색체 열성유전이 되는 경우도 있으며, 이 경우 12세 무렵에 질병이 발병하였다.

연구자들은 이 병에 걸린 환자의 SOD 유전자에 75개 이상의 돌연변이가 있다는 것을 밝혔다. 가장 흔한 돌연변이는 아미노산 하나가 알라닌에서 발린으로 바뀐 경우이며, 이 경우 병의 진전이 빨라서 2년 내에 사망한다. 일반적으로 근위축성측색경화증에 걸린 사람이 5년 내에 사망할 확률은 50%이며, 20%는 7~10년간 생존한다.

한 가지 이상한 점은 스웨덴의 토나델란 계곡에 사는 사람의 40명 중 1명이 SOD1 유전자의 돌연변이를 갖고 있으나 이 병에 걸리는 것 같지 않다는 점이다. 그들이 양친에게서 각각 하나씩의 유전자를 물려받는다고 가정할 때, 이 병에 걸릴 확률은 40%이다. 이 돌연변이 유전자는 분명히 기능이 있는 단백질을 만들 수 없다.

어떻게 SOD1이 근위축성측색경화증을 유발하는가? 아무도 모른다. 그러나 몇 가지 가설은 있다. 일부는 SOD1의 돌연변이가 세포 내로 들어가는 물질의 크기에 영향을 주는 변형된 단백질을 만든다고 생각한다. 다른 연구자들은 SOD1 돌연변이를 갖고 있는 세포가 정상보다 일찍 죽게 된다는 것을 보고하였다. 또 다른 가설은 SOD1 돌연변이를 갖고 있는 세포는 너무 많은 구리를 갖게 되어 세포 기능이 치명적인 손상을 입게 된다는 것이다.

2001년 과학자들은 이 병이 조기 발병하는 아랍 가계들을 대상으로 한 연구에서, 염색체 2번의 유전자가 돌연변이 되었다는 것을 밝혔다. 이 가계들에서 이 병은 열성으로 유전되어 왔었는데, 과학자들은 질병의 증상 정도와 그 유전자의 돌연변이가 일치한다는 것을 보고하였다. 일반적으로 유전학자들은 열성유전 질병을 연구하는 것이 다소 쉽다. 이는 유전자를 결여시킨 생쥐 모델을 이용할 수 있기 때문이다. 극히 드물기는 하지만 아동 루게릭 환자에 대한 분자생물학적 연구는 일반적으로 발생하는 성인 루게릭 환자에 대한 이해를 돕는데 크게 기여할 것이다.

2003년 여름에 근위축성측색경화증을 이해하는데 중요한 진전이 있었다. SOD1의 돌연변이와 상관없는 두 유전성 가계에서 염색체 16번과 20번에 있는 유전자가 이 병의 발병과 밀접한 관련이 있다는 것이 보고된 것이다. 더 흥미로운 것은 벨기에의 카멜리에 연구팀이 보고한 내용이었다. 이들은 혈관내피세포 성장인자(VEGF) 유전자의 프로모터 부위에 변이가 있는 사람은 정상군보다 근위축성측색경화증에 걸릴 가능성이 2배임을 밝혔다. 이 연구 결과는 약 1,000명의 환자와 같은 수의 대조군에서 얻어진 것으로 통계적으로 상당히 의미가 있는 것이다. 또한 이 내용은 생쥐를 이용한 실험에서도 입증되었다. VEGF 유전자가 결여된 생쥐의 경우 근위축성측색경화증과 유사한 증상을 보였다.

근위축성측색경화증은 아주 치명적인 질병이기에 과학자들은 이 병의 원인에 대해서 알고 있는 바가 많지 않음에도 불구하고 그 치료법을 찾기 위해 심혈을 기울이고 있다. 최근 사람의 SOD 유전자를 생쥐에 도입하여 이 단백질이 과량 발현되는 생쥐를 대상으로 많은 연구를 하고 있다. 이 연구 결과가 이 병을 천천히 진행시키는 데 기여할 수 있기를 바란다.

처음으로 돌아가서, 근위축성측색경화증 환자가 1명 있거나 초기 발병한 가족이 없는 가족에게 이 병이 발병할 가능성은 아주 미미하다.

안과 질환(Eye Disorders)

녹내장(Glaucoma)

어머니가 녹내장에 걸리셨다. 그렇다면 내가 녹내장에 걸릴 유전적 위험성은 어느 정도일까?

녹내장은 미국에서 맹인과 같은 시각장애를 유발하는 두 번째 원인이기도 하다. 약 150만 명의 환자가 이 질병을 앓고 있으며, 이들 중 10%가 법적으로 맹인이라고 알려져 있다. 녹내장은 일반적인 용어로서 우리가 사물을 바라볼 때 맺혀지는 상을 대뇌피질로 시각적 정보를 보내주는 세포들과 망막 신경세포들의 사멸에 의해 시력이 저하된 환자들에서 발병한다. 녹내장의 원인에는 몇 가지가 있는데, 모두 안구신경이 손상되어 시력이 저하되어 발생한다.

녹내장은 상승된 안압(IOP, intraocular pressure)과 매우 밀접한 연관이 있다. 그러나 안구 내 압력이 증가된다고 해서 무조건 녹내장에 걸리지는 않으며, 녹내장을 가진 환자들에게서 일반적으로 안압이 상승된 경우를 찾아볼 수 있다는 것이다. 안압 측정은 녹내장 환자들의 위험성을 검사하는데 선별 테스트로 사용되지만, 안압수치가 정상이라 해서 위험성이 없다고 할 수는 없다. 이러한 질병으로 진단받은 환자들에게는 안압을 저하시켜 주는 것이 주요 치료 전략이다. 안압을 낮추는 치료법이 10년 동안 주로 연구되어 왔는데, 1998년 한 해에 시행된 대규모 연구에 의해 안압을 낮추는 것이 이 질병의 진행을 완화시킨다는 결과를 확실하게 얻게 되었다. 현재, 결체 조직망이라고 불리는 안구의 한 부분을 파괴시키고, 눈으로부터 나오는 배액을 증진시키는 레이저 치료법이 가장 좋은 형태로 인정되고 있다.

녹내장의 원인은 아직 완전히 밝혀져 있지 않았다. 그러나 알려진 위험 인자들이 질병의 원인이 되는 유전자의 존재 유무와 일치하는 경향을 나타내는데, 현재 잘 알려진 위험 인자로서는 노환, 흑인종, 상승된 안압, 근시, 시신경 원판의 안배 측정 비율, 실질적 가족력을 들 수가 있다. 현재까지의 연구 결과로는 녹내장이 당뇨, 고혈압과 연관되어 있는 것으로 보고되었으나, 아직까지 명확한 원인은 밝혀져 있지 않은 실정이다.

흔하지는 않지만, 마이오실린이라는 유전자의 돌연변이에 의해서 생긴 '청소년 개방각 녹내장(juvenile open angle glaucoma, JOAG)'은 유전병으로 알려져 있으며, 녹내장의 약 10~20%를 차지한다. 2003년 청소년 개방각 녹내장에 관련된 연구를 진행해 오던 밴더빌트대학 연구팀은 염색체 9q22와 20p12에 이 병에 연관된 유전자가 위치해 있을 것이라는 연구결과를 발표한 바 있다.

성인에서 나타나는 가장 일반적인 녹내장은 '원발성 개방우각 녹내장(Primary open angle glaucoma, POAG)'으로 알려져 있다. 이 일반적인 용어는 임상적 최종점을 공유하는 몇 가지 서로 다른 병리학적 과정을 내포하고 있는 것 같다. POAG를 가진 쌍둥이와 가족에 대한 연구에서 아유전적 요인이 작용하고 있음을 알 수 있다. 예를 들면, 높은 안압을 가진 사람의 형제는 다른 사람에 비해 안압이 높을 경향이 더 많을 것이라고 보고 있다. 흑인종과 백인종 간의 녹내장 위험성의 현격한 차이는 바로 병인 유전자가 존재할 것이라는 추론을 가능하게 한다. 백인종에 있어서 녹내장의 위험성은 1~2%인데 반해, 흑인종의 경우는

3~12%에 달한다고 한다. 녹내장을 앓고 있다고 할 경우, 백인종보다 흑인종이 영향을 받았을 친척을 찾기가 훨씬 쉽다. 흥미롭게도 흑인종은 커다란 안배(optic cup)를 가지는 경향을 나타내며, 몇몇 연구는 이러한 사실이 녹내장의 높은 위험성을 초래한다고 했다. 다른 인종에 있어서 이 질병은 일본인의 경우 1% 이하이고, 에스키모인의 경우에서는 2,000명 중에 한 명 꼴로 발병하는 것으로 조사되었다.

녹내장 증세를 나타내는 다수의 형제들을 대상으로 광범위한 유전체 탐색을 실시한 결과, 원인 유전자를 포함한 것 같은 염색체 부위를 확인하였다. 2003년 세 부류의 환자들을 대상으로 DNA를 연구하는 학회에서 염색체 14q11과 15q 부위 어딘가에 원인 유전자가 존재할 것이라는 믿을만한 결과를 제시하였다. 이 결과에 따르면, 유전적으로 발병되기 쉬운 원발성 개방우각 녹내장에는 두 유전자가 관련되어 있음을 시사하고 있으나, 현재 또 다른 후보 유전자를 찾아내기 위해 더 많은 노력을 기울이고 있다.

비교적 낮은 빈도로, 눈의 구조적 비정형에 의해 형성되는 것으로 보이는 '협각 녹내장(closed angle glaucoma)'도 마찬가지로 유전적 소인에 의해 영향을 받는다. 협각 녹내장은 인종적 차이에 따라 그 정도가 다른데, 중국인의 위험도가 가장 높다. 가족 중에 이 질병에 걸린 사람이 있는 경우에는, 비록 확률은 낮더라도 친척들 역시 이 질병에 걸릴 확률이 높게 나타나는 경향이 있으며, 이는 인종에 관계없이 나타나고 있다.

녹내장을 연구하는 좋은 방법으로 동물실험을 들 수 있다. 이를 위한 상염색체의 열성유전자형은 사냥용 개의 한 종류인 웰시 테리어를 통해 연구가 이루어져 왔다. 질병 유전자의 반수체를 가진 동물은 보통의 시력을 유지하고 있는 반면, 이배체의 유전자를 가지는 동물은 5세 때부터 시력을 점차적으로 잃어간다는 것을 알게 되었다. D2로 알려진 생쥐는 '색소성 녹내장(pigmentary glaucoma)'이라고 불리는 질병을 가지고 있는 것으로 알려져 있다. 이 질병은 홍채 내에 존재하는 멜라노솜이라고 불리는 세포가 깨어지고 색소가 안구 안으로 유입되면서 발병되는데, 이를 통해 세포의 파편 잔해가 용액의 흐름을 막아 안압을 높게 하고 녹내장 진행을 증진시키는 요인이 된다. 뿐만 아니라 안구 내에 존재하는 색소 자체가 독성물질로도 작용한다. 과학자들은 고해상도의 유전자지도 작성법을 이용하여 멜라노솜의 불안정성을 유발하는 돌연변이 유전자를 찾아냈다. 이렇게 분석된 유전자가 사람에게서도 이와 유사하게 돌연변이 형태로 이 질병을 일으키는 것 같다고 주장하고 있다. 또한 이를 연구한 과학자들에 의하면, 색소의 합성량이 낮은 돌연변이 생쥐는 녹내장 발병이 되지 않는다고 주장했다. 이는 색소 합성을 억제하는 물질이 이 질병의 새로운 치료법이 될 수 있다는 것을 반영하는 것이 된다.

듀크대학 연구팀은 아프리카 가나공화국에서 아프리카계 미국인에서 녹내장 발병이 더 두드러지게 나타나는 것을 관찰하였다. 이들은 미국에서 조사된 유사한 연구들에 비해 가나공화국에는 가족력 녹내장이 많아서 질병 유전자를 쉽게 찾아낼 수 있었다. 현재 호주에서는 대규모의 유전자지도 작성이 진행 중인데, 이는 호주 남동쪽에 위치한 작은 섬인 타스마니아에서 진행되는 녹내장 유전 연구로 알려진 대형 연구과제이다. 이 질병에 관련되어 있는 400여 가계에서 2,000명 이상의 환자들이 이 연구를 위해 DNA를 기부하였으며, 과학자들은 모든 원발성 개방우각 녹내장의 5%는 마이오실린 유전자의 돌연변이가 원인으로 작용한다는 것을 밝혀냈다. 이들은 발병 소인이 되는 대립 유전자를 잠정적으로 가질 것으로 보이는 유전체상의 위치를 적어도 다섯 군데 정도 찾아냈다.

원발성 개방우각 녹내장이 있는 부모는 대부분 악화되어 질병을 앓게 되지만, 드물게는 악화되지 않는 경우도 있다. 높은 안압을 측정하기 위한 안압측정기(tonometry)의 사용은 아직 완벽하진 않지만 활용적인 가치가 높다. 이는 40세에 발병이 진행되어 해마다 진단을 받는 양성의 가족력을 가진 환자들에게는 매우 중요한 것이기도 하고, 부모로부터 영향을 받은 아프리카계 미국인들에게는 매우 큰 이점이 되기도 한다. 원발성 개방우각 녹내장의 종신 위험성은 10% 정도를 상회하고 있다.

황반변성(Macular Degeneration, MD)

할아버지는 황반변성(黃班變性)으로 인해 앞을 거의 못 보신다. 그렇다면 나도 늙으면 할아버지처럼 될까?

황반은 빛을 받아들이고 뇌의 뒤에 위치하는 시각 중추에 신경 자극을 전달하는 망막의 중앙에 위치해 있으며, 수백만 개의 세포로 구성되어 있다. 황반에 의해 처리되는 빛의 정보는 개인의 중요한 시각정보의 근간을 이룬다. 황반변성은 미국에서 55세 이상의 성인에서 나타나며 시력을 잃는 요인으로 가장 공통적인 질병이다. 이런 악성 질병이 심해진 환자들은 전형적으로 주변 시야와 색의 인지 능력은 유지하지만, 그들이 어디를 응시하든지 그 영상이 매우 흐릿하여, 이는 기능적으로 장님이라고 할 수 있다.

황반변성은 건조형과 삼출형 두 가지로 나타난다. 보다 심각하고 일찌감치 눈에 영향을 줄 수 있는 건조형은 망막의 중앙에 위치한 세포들이 죽거나 깨어져서 발병된다. 반면 삼출형은 대략 10% 정도를 차지하고 있으며 망막의 뒤편에 새로운 혈관이 성장하는 것이 그 특징이다. 이 혈관들은 특별히 깨지기 쉬운 것들이며, 깨어진 틈으로 용출된 혈액은 망막황반 세포에게 치명적이다.

황반변성의 위험성은 나이에 따라 급격히 증가하는데, 50대에서는 2% 정도의 발병률을 나타내는 반면, 75세 이상이 되면 발병률이 20% 이상으로 나타난다. 미국에서는 대략 8백만 명 정도의 사람들이 황반변성으로 시력을 점차 잃어가고 있는데, 이들 중에서 약 130만 명이 이후 5년 이상 극심한 시각적 위험을 경험하게 된다. 이 질병의 원인은 아직 명확하게 밝혀져 있지 않지만, 여성들이 남자보다 다소 높은 위험성을 안고 있다. 흡연은 확실히 이 위험성을 증가시키고, 콜레스테롤에 의한 동맥경화 역시 이와 마찬가지일 수 있다. 2003년 말, 한 연구에 의하면 황반변성 환자들 사이에서 지방질이 풍부한 음식(가령, 식물성 유지)을 많이 섭취하게 되는 경우, 기름이 없는 살코기만 섭취하거나 물고기를 자주 섭취하는 사람들보다 현저하게 시력 저하의 위험성이 높은 것으로 드러났다.

건조형 황반변성의 경우 아직까지 효과적 약물은 없지만, 다행스럽게도 건조형 황반변성의 진행은 긴 세월에 걸쳐 천천히 일어난다. 또한 한쪽 눈에서 나타나는 증세가 다른 쪽보다 심한 편이다. 최근 진행된 몇몇 연구는 아연과 항산화제를 많이 섭취하면, 진행 중인 황반변성의 위험성을 25%까지 줄일 수 있다고 제시하고 있다. 혈관의 생성을 조절하는 레이저 안과시술을 이용하여 삼출형 황반변성을 치료하기도 한다.

2003년 말, 뉴욕의 아이테크제약회사에서 마큐젠이라는 신약을 황반변성을 보이는 1,000여 명의 환자들을 대상으로 임상적 실험을 진행한 결과, 환자들의 황반변성 속도를 현격하게 늦춘다는 결과를 얻게 되었다. 6주에 걸쳐 300명의 환자가 위약치료를 받은 반면 약 900명의 환자들은 마큐젠을 직접 눈에 투약받았다. 그 해 말까지 대조군의 45%가 검안표상에서 최소 세줄 정도를 읽지 못하는 시력감퇴 현상을 나타냈다. 반면 치료군은 단지 30%만이 같은 증상을 겪었다.

조기발병형 황반변성을 유발하는 희귀 유전병의 종류는 매우 다양하지만, 이러한 희귀 유전병이 전체 유전병에서 차지하는 빈도는 매우 낮다. 또한 이러한 형태의 질환은 훨씬 더 흔하게 나타나는 노화에 따른 황반변성의 병인을 이해하는데 필요한 정보를 많이 제공해 주지는 못하는 편이다.

황반변성은 가족력에 따라 달리 나타나는데, 많은 안과 의사들이 해마다 가족력에 연관되어 복잡하게 영향을 받은 환자에 대해서 보고하고 있다. 이 중 어떤 한 연구는 6~13명의 자녀를 둔 대가족이 황반변성을 겪는다고 보고하고 있다. 영향을 받은 형제 중 2명은 일란성 쌍둥이며, 몇몇의 쌍둥이에 관한 연구들은 황반변성에 있어 의미 있는 유전적 요소의 존재를 제시하고 있다. 하지만 아직까지 그것이 무엇인지에 대해서 정확히 설명하지 못하고 있다. 1998년 클라인박사 연구팀이 황반변성의 징후를 가진 많은 가족들을 대상으로 연구한 결과, 황반변성 유전자가 염색체 1번의 장완 부위(1q25-31)에 위치한다는 추정적 증거를 찾아냈다. 이러한 발견은 다른 연구 그룹에 의해서 다시 한 번 재현되었다.

2003년 클라인 박사가 회원으로 있는 대규모 연구팀이 70여 MD 가족을 대상으로 연구하여 중요하고 새로운 것을 발견했다. 344명의 MD 환자의 DNA와 건강한 217명의 친척들의 DNA를 비교한 결과, 그들은 다섯 부위에 MD와 관련된 병인 유전자가 존재한다는 확실한 통계적 증거를 찾아냈고, 이들 중 세 부위는 새로운 것이었다. 또한 2003년 보스턴에 기반을 둔 연구자들은 가족당 2명 이상의 MD환자를 가진 158 가계를 대상으로 유전자 연관성을 찾기 위한 연구를 진행하여 그 결과를 보고한 바 있다. 이 연구진들은 염색체 6번 부위에 강력한 유전적 연관성이 존재한다고 주장하였다. 나아가 원인 유전자가 염색체 1번의 장완에 존재한다는 매우 중요한 사실도 발견하였다. 이 연구 결과는, 동일 발견을 주장하는 3번째 연구결과이기도 하였다. 2003년 가을에 과학자 컨소시엄에서는 황반변성과 연관된 유전자를 찾기 위해 세 차례에 걸쳐 전체 유전체를 탐색하여, 1q31 부위가 황반변성과 연관되며 17q25 부위에 잠복해 있는 또 다른 병인 유전자를 확실한 근거로 주장하게 되었다. 유사 연구를 하던 미시건대학과 하버드대학의 과학자들은 다른 추정되는 부위를 몇 곳 찾아내었는데, 현재 이들은 마이크로어레이라는 방법을 이용하여 망막 황반세포에서 특별한 활성을 가지는 유전자를 찾기 위해 노력하고 있다. 현재까지 이 연구진들은 망막 황반세포에서 높게 발현되는 92가지의 단백질을 찾아내었다.

    노년에 나타나는 유전질환의 경우, 그 병인 유전자를 찾는 것은 더욱 어렵다. 유년의 아이들이 유전병이라는 진단을 받기 전에, 부모들이 이미 세상을 떠난 경우가 많다. 그래서 질환을 앓고 있는 사람들이 속하고 있는 병인 유전자를 물려받았을 것 같은 가족을 찾는다는 것이 쉽지 않다. 여전히 연구의 진행은 답답해 보인다. 2003년 미시간 연구팀은 매우 희귀하게 나타나는 상염색체 우성형으로 나타나는 황반변성 환자를 발견하였다. 이 질병은 RDS라고 불리는 유전자의 돌연변이 때문에 나타나는 것이었다. RDS의 돌연변이가 황반변성에서 공통적으로 나타나는 형태는 아니지만, RDS 유전자의 또 다른 돌연변이가 이 질병을 가지지 않은 가족에게 있어서 위험적인 요소로 돌변할 수 있는 가능성을 배제할 수는 없다.

    그러나 불행하게도, 아직 시력감퇴 질환에 관한 유전자 상담에 대한 충분한 유전학적인 지식이 축적되어 있지 못한 것이 현실이다. 그러나 흡연과 저지방 식이요법 등과 같은 유전자 이외의 요소들에 의해서도 황반변성이 올 수 있다고 하는 가능성에 대한 견해를 완전히 부정할 수 없는 상황이다.

정신질환(Mental Illness)

정신분열증(Schizophrenia)

누나가 정신분열증을 앓고 있다. 나는 45세이며, 건강하다. 나의 아이들이 정신분열증에 걸릴 위험은 없을까?

정신분열증은 무서운 질병이다. 징후는 알아차리기 어려울 정도로 천천히 진행되며 종종 청년기에 갑작스럽게 나타나는데, 주의 깊게 생각하거나 정상적인 감정을 느끼는 능력, 현실과 상상의 경계를 구분짓는 능력을 상실하게 된다. 환자를 안정시키는 정신질환 치료제가 개발되었을 무렵인 몇 십 년 전까지는 증상이 심한 대부분의 환자는 평생 동안 만성질환 병동에 격리되었으며, 일부에게는 보호관찰이 제안되었다. 치료하지 않을 경우, 정신분열증은 환자와 그의 가족들을 파멸시킨다.

정신분열증은 매우 흔한 질병이다. 일생동안 정신분열증에 걸릴 확률은 어림잡아 1/100 정도이다. 정신분열증으로 진단하기 위해서는 환자는 그의 생각이 다른 사람들에게 방송되고 있다고 생각하거나 자신이 외계인의 지배를 받고 있다고 믿는 등의 망상, 또는 일상생활 동안 지속적으로 현저한 환각 증세를 보여야 한다. 이 증상들은 6개월 이상 지속되어야 하며 특정 약물의 남용 등의 생물학적인 원인은 배제되어야 한다.

이 질병의 원인을 알지는 못하지만, 유전적 요인이 중요한 역할을 담당한다는 충분한 증거들이 있다. 가장 두드러지는 명제는 노출된 환경적인 스트레스에 따라 위험 요인의 일반적 한도를 조절하는 특정 유전자의 변이가 존재한다는 것이다.

표 38. 일란성 쌍둥이와 이란성 쌍둥이에서 정신분열증의 일치도

나라	일란성 쌍둥이		이란성 쌍둥이	
	수	일치도	수	일치도
핀란드	17	.35	20	.13
노르웨이	55	.45	90	.15
덴마크	21	.56	41	.27
영국	22	.58	33	.15
미국	164	.31	277	.06

1991년에 출판된 고테스만(Gottesman I.)의 저서에서 허가를 받아 인용함. 저서명: Schizophrenia genesis : The Origins of madness. W.H. Freeman, New York.

20세기 동안 환자의 친인척 4만 명 이상을 대상으로 수집한 정신분열증의 가족력 연구가 있다. 이러한 경험적 연구들은 정신분열증이 가계 내에서 전파된다는 것을 명확히 했다. 초기 연구는 정신분열증 환자의 부모 중 약 5~6% 정도가 역시 정신분열증 환자임을 보여주었다. 이렇게 상대적으로 낮은 비율은 환자의 상당수가 결혼하지 않았다는 사실에 일부 기인한다. 정신분열증 환자의 형제자매는 일생동안 약 10%의 발병 위험도를 보이는데, 이것은 일반적인 위험도의 약 10배에 해당한다.

부모 중 한 명이 정신분열증인 어린이의 발병 위험도는 10~15%이다. 남편과 부인이 모두 정신분열증인 부부를 대상으로 한 몇몇 연구에서는 그들의 아이가 갖는 발병 위험률은 약 50%에 달한다. 만일 부모와 자녀 중 한 명이 질환을 나타낸다면, 다른 형제들이 일생동안 정신분열증에 걸릴 확률은 약 15~20%이다.

쌍둥이 연구는 환경적 요인이 아닌 유전적 요인의 역할을 뒷받침한다. 일란성 쌍둥이와 이란성 쌍둥이를 서로 비교한 6건의 연구에서는

일란성 쌍둥이의 일치율이 60~65%인 반면, 이란성 쌍둥이에서는 약 10~15%였다. 일란성 쌍둥이의 높은 일치율은 두 쌍둥이가 함께 또는 떨어져 양육되었는가에 관계없이 동일했다.

표 39. 정신분열증 환자가 있는 가족의 위험도

관계	전체 친척수	정신분열증환자수	위험도(%)
1촌			
부모	8020	77	5.6
형제자매			
전체 확률	9921	1002	10.1
양친 모두 환자아님	7264	698	9.6
양친 중 1명 환자	624	104	16.7
자식	1578	202	12.8
양친 모두 환자	134	62	46.3
2촌			
삼촌, 숙모	2421	57	2.4
조카, 질녀	3966	120	3.0
손자, 손녀	740	27	3.7
3촌			
사촌	1600	39	2.4
배우자	399	9	2.3

1982년에 출판된 고테스만과 쉴드(Gottesman I. and Shields J.)의 저서에서 허가를 받아 인용함. 저서명: *Schizophrenia: The epigenetic puzzle*. Cambridge University Press, New York.

마찬가지로 입양되어 자란 정신분열증 환자에 대한 연구에서도 양육한 부모보다는 생물학적인 부모가 질병과 강하게 연관되어 있음을 보여준다. 한 연구에서는 출생 3일째에 정신분열증 환자인 어머니로부터 격리되었던 아이들과 건강한 어머니에서 격리된 대조군 아이들을 서로 비교하였다. 후자의 아이들에서는 정신분열증으로 진단된 경우가 없는 반면, 전자의 경우는 17%가 정신분열증으로 나타났으며, 상당수가 다른 정신과적 문제를 가지고 있었다.

　분자생물학자들이 유전자를 탐색하는 방법을 확보함에 따라 정신분열증의 원인이 되는 유전자의 탐색이 진지하게 시작되고 있다. 지난 10년 동안 두 자녀가 정신분열증으로 진단된 가족에게서 얻은 DNA를 이용하여 몇 가지 유전자 탐색이 범죄 유전자를 탐색하기 위한 다른 다양한 노력과 함께 진행되었다. 여기에는 몇 가지 잘못된 출발이 있었는데, 연관에 대한 최소한 질병 유발 유전자가 염색체의 특정 유전자에 있다는 통계적 증거는 배제되었다. 이 실험은 복잡한 질환의 일반적인 유전학적 연구 방법이다. 표현형을 정의내리기 어렵고, 얼마나 많은 각기 다른 경로가 질병을 유발하는지가 불확실하기 때문에, 질병유전자를 발견했다고 제시하는 데이터는 종종 재현하기가 어렵다.

　2002년 8월 대규모 유전체 탐색 연구를 통해 6번 염색체의 단완부(6p22.3)에 정신분열증의 원인이 되는 질병 유전자가 있다는 강력한 통계적 증거가 보고되었다. 이 발견은 부모 모두가 정신분열증의 공식적인 진단 기준에 부합되는 270가계에서 1,425명의 DNA에 대한 연구에 근거한다. 이 데이터는 6p22-3 부분이 디스빈딘이라는 단백질을 암호화하는 유전자 좌위를 포함하고 있기 때문에 고무적이었다. 생쥐를 대상으로 한 연구에서는 디스빈딘이 뇌세포의 배열과 상호연락망 확립에 중요한 역할을 수행함을 보여주었다. 2003년 1월 동일한 과학자들은 다른 203개 환자 가족을 대상으로 하여 디스빈딘에 대한 증거를 재현하는 연구 결과를 발표했다.

　최근 디코드제네틱스 소속 과학자들은 정신분열증의 최소한 몇 가지 사례는 뉴로레귤린1(neuroregulin1)이라는 유전자의 돌연변이 때문일지도 모른다는 것을 보여주었다. 환자는 일반인에 비해 약 2배의 확률로 이 유전자의 특정한 변이를 갖는다. 이 연구는 이와 유사한 발견이 스코틀랜드인을 대상으로 하여 재현되었기 때문에 특히 주목할 만하다. 추가적인 증거로, 뉴로레귤린1에 돌연변이가 있는 생쥐는 인간의 정신분열증과 유사한 증상을 보인다. 2003년 후반 영국, 스웨덴, 미국 과학자들은 353쌍의 정신분열증 형제를 포함하는 유전체 수준의 연관 연구를 보고했는데, 이들은 원인 유전자가 염색체 10q, 17q, 22q에 존재한다는 강력한 증거를 발견하였다. 이러한 발견은 이전의 연구를 재현하는 것으로서, 그들은 이 영역에서의 후보 유전자 탐색을 강력히 지지하고 있다.

가까운 미래에 과학자들은 정신분열증의 위험도를 높이는 몇 가지 유전자 변이를 발견하게 될 것으로 기대된다. 이러한 지식은 효율적이고 새로운 치료법을 이끌어낼 것이다. 그러나 이를 통한 유전자 진단법의 개발과 이용은 많은 윤리적 문제를 불러일으킬 것이다.

정신분열증으로 진단된 사람의 친족과의 상담은 어떻게 해야 할까? 우선 상담자는 환자가 정신분열증의 진단 기준을 확실하게 만족하는가를 확인해야 한다. 자세한 가족력을 확보한 후, 근거가 되는 실험 데이터를 이용하여 발병률에 대한 일반적인 설명을 할 수 있다. 그러나 발병률은 대상자의 연령에 따라 낮아진다. 발병 가능성이 있는 사람들 중 40세 이후에 정신분열증으로 진행되는 사람들은 매우 적으며, 50세 이후에는 거의 없다.

이 절의 서두에 제시된 질문에 대해 답하자면, 정신분열증 환자의 조카가 갖는 발병률은 약 2%로 일반인의 약 2배에 해당한다.

정서불안증(중증 우울증, 조울증)-Affective Disorder(Major Depression, Bipolar Illness)

아버지는 20대 초반에 조울증 진단을 받았다. 할아버지도 같은 질환을 앓지 않았나 생각된다. 나도 위험한가?

우울증이란 장기간 정서적으로 불안해하는 증세를 지칭하는 말이다. 이 질환의 종류는 매우 다양하므로 한 종류 병으로 간주할 수 없다. 대부분의 정신과 의사들은 정신질환을 진단하는 기준으로 '진단과 통계 지침 4'(DSM4)를 활용한다. 정서불안은 크게 단극성우울증(UPD)과 양극성우울증(BPD) 두 가지로 나뉜다. 후자의 경우에는 간헐적인 발작 증세와 함께 정서변화가 심한 증상을 보이는 것이 특징이다.

DSM4에서 제시하는 단극성우울증의 진단 기준은 지난 2주간 환자가 무력감, 피로감, 수면장애, 계획하지 않은 체중 감소, 반복적인 자살 유혹, 쾌감상실, 우울증 등과 같은 9가지 증상 중 적어도 5가지 이상을 경험했느냐에 달려 있다. 환자가 최근에 배우자가 사별했다든가 갑상선질환과 같은 생리적 문제가 있는 경우를 제외하고, 위의 증상이 환자의 생활을 심각하게 위협하는 경우에만 이와 같은 진단 기준을 적용한다.

DSM4 기준에 따르면, 양극성우울증과 연관된 일시적인 광적 발작 상태는 환자가 지나치게 쾌활하거나 과대망상적이거나 신경질적인 상태를 적어도 일주일 이상 나타내는 경우에만 해당된다. 이러한 발작 과정에서 환자는 지나치게 과장된 감정을 표출하거나, 수면욕이 감소하거나, 수다스러워지거나, 사고가 요동치고 비약하거나, 주의력이 감퇴하거나, 지나친 욕구충족이나 쾌락추구 행위와 같은 증상 중에서 적어도 3가지 이상의 증상을 나타낸다. 이러한 증세로 환자는 정상적인 생활을 할 수 없게 된다. 이는 불법적인 마약 사용에 따른 생리적인 증상은 아니어야 한다. 양극성우울증(조울증) 환자는 감정의 높고 낮은 상태를 한꺼번에 경험하는 것이 아니라 감정의 극과 극을 왔다갔다 하는 경향이 있다.

UPD나 BPD를 정확히 진단할 수 있는 생화학적인 검사방법은 없다. 그러나 최근 MRI 영상 결과에 의하면 BPD환자는 편도핵이라 불리는 뇌의 부분이 정상인에 비하여 현저하게 작은 것으로 측정되었다. 이러한 현상은 성인이나 최근에 발병한 청소년 환자에게서 모두 관찰되므로, 편도핵의 크기가 작은 것이 이 질환의 위험 사인이라고 할 수 있을 것이다. 그러나 이것이 아직 확실히 인정된 것은 아니다.

우울증에 걸린 가족에 대한 연구 결과, UPD는 BPD와 별개로 생각할 수 없다는 사실이 여러 번 증명되었다. 대부분의 가족들은 UPD와 BPD 모두를 가진 정신질환 환자로 고생하고 있다. 집안의 유전계보 분석에서 우울증으로 진단되면, 친척 중에 만성 알코올 질환 환자가 있을 확률이 높다. 이런 가족의 경우에는 거식증을 앓고 있는 젊은 여성이 일반 가족에 비해 더 많다. 현재까지 이러한 현상을 명확히 설명할 만한 방법이 없다.

 UPD는 발병 위험이 5~15%가 될 정도로 흔한 질환이다. 발병률이 1% 정도 되는 BPD도 희귀 질환은 아니다. 어떤 보건경제학자의 설에 따르면 2020년이 되면 우울증이 사회에 경제적으로 끼치는 영향력이 심장질환에 이어 두번째일 것이라고 한다. 우울증의 가장 큰 수수께끼는 발병률이 성별에 따라 다르다는 것이다. 서구사회의 모든 나라에서 남자보다는 여자의 발병률이 2~3배 가량 높다. 이런 비율은 여성이 질환에 걸리면 도움을 요청하는 정도가 높기 때문에 그렇게 보이기도 하나, 연구결과에 따르면 이와는 무관하다고 한다. 모든 문화권에서 BPD보다는 UPD 환자의 수가 많다.

 많은 가족을 대상으로 한 연구결과, 우울증환자와 일촌간인 친척은 이 질환에 걸리지 않은 대조군의 친척보다 우울증에 걸릴 확률이 3~5배 이상 높다고 한다. 입양아를 들인 집안에 대한 연구에서도 우울증 발병률이 유전자의 영향을 많이 받는 것으로 나타났다. 입양된 어린이가 양극성 우울증을 앓는 경우, 이들의 생물학적 부모의 30%가 UPD나 BPD를 가지고 있었던 것으로 알려졌다. 쌍둥이 연구에서도 UPD와 BPD가 동시에 발병할 비율이 이란성 쌍둥이보다는 일란성인 경우가 더 높다는 것이 여러 번 보고되었다. 동시 발병률이 일란성 쌍둥이의 경우 60%인 것에 반하여, 이란성의 경우 20% 정도임이 여러 연구에서 공통적으로 밝혀졌다.

 유전자 발굴의 초기인 1980년대 후반에 우울증 환자가 많은 가계를 대상으로 연구하던 두 연구 그룹은 우울증과 연관된 DNA 표식자를 발견했다고 발표하였다. 한 그룹은 11번 염색체의 단완에 유전자가 있을 것으로 보고하였고, 다른 그룹은 X염색체 상에 있다고 하였다. 이 두 논문은 나중에 취소되고 말았다. 어떻게 이런 일이 벌어졌을까? 이러한 가족을 대상으로 한 인류유전학에서는 한 사람만 잘못 진단하여도 유전자와 질환의 상관관계를 찾는 통계 기준이 무의미해진다. 최근에는 좀 더 정교한 방법으로 유전체를 분석하여 우울증 유전자로 의심되는 부분을 발견하였다. 12번 염색체의 한 좌표와 18번 염색체의 한 부분이 매우 가능성 있어 보였지만, 아직도 UPD와 BPD의 유전자를 클로닝하지 못한 상태이다.

이러한 노력에도 불구하고, UPD와 BPD의 위험성을 증가시키는 유전자에 관해서는 많은 연구가 필요하다. 현재 증거에 따르면 비교적 작은 수가 큰 효과를 나타낸다고 생각된다. 일부 연구에 의하면, 문제가 심각한 가계일수록 예측이 가능하다. 헌팅턴병과 같은 신경계 질환은 세대가 흐름에 따라 돌연변이가 증가되는 것으로 잘 알려져 있다. 우울증 환자의 돌연변이는 아직도 밝혀져 있지 않지만, 몇 가지 연구에 따르면 자손의 질병 발병 시기는 어머니보다 아버지가 환자일 때 더 일찍 나타난다고 한다.

표 40. 단극성 우울증 환자의 1촌 가족이 단극성 또는 양극성 우울증에 걸릴 위험도(다수의 연구 결과를 종합한 것임)

1촌가족의 진단명	위험도범위(%)	평균(%)
단극성 우울증	6-28	14.0
양극성 우울증	0-5	1.4[a]

[a]단극성 우울증 환자의 1촌 가족이 양극성 우울증에 걸릴 위험도는 일반인보다 높지 않다.

2002년 BPD에 걸리기 쉬운 유전자를 찾은 연구 결과는 매우 흥미롭다. BPD 환자가 특히 많은 코스타리카의 여러 가족에 대한 연구 결과, 3개의 염색체 부분에 DNA 표식자가 있을 확률이 높았다. 가장 강력한 표식자는 8번 염색체의 단완 부위에 위치하였다. 이곳으로부터 수천 마일 떨어진 토론토 대학의 연구팀은 다른 실험 방법으로 또 다른 긍정적인 결과를 얻었다.

표 41. 양극성 우울증 환자의 1촌 가족이 단극성 또는 양극성 우울증에 걸릴 위험도(10개의 연구 결과를 종합한 것임)

1촌가족의 진단명	위험도범위(%)	평균(%)
단극성 우울증	6-23	13
양극성 우울증	2-16	6[a]

[a]양극성 우울증 환자의 1촌 가족이 양극성 우울증에 걸릴 위험도는 상당히 높다.

BDNF(Brain-Derived Neurotrophic Facoir)라는 단백질을 만드는 유전자가 BPD 질환의 원인일 것으로 추측하여, 환자들에게서 이 유전자의 돌연변이를 찾았다. 환자가 있는 283가계들 중에서 질환의 위험도는 이 유전자의 특정 변이체와 상당히 연관되어 있었다.

2003년도에 국제적 연구팀은 유전자의 변이가 스트레스로 인한 우울증 유발에 영향을 주는지의 여부를 연구하였다. 1,000명 이상의 동일 연령 집단을 출생 시부터 조사한 결과, 세레토닌 이동단백질 유전자인 5-HTT의 전사조절 부위에 있는 특정 DNA가 변이된 경우, 우울증에 걸릴 위험도가 정상인 경우에 비해 훨씬 높음을 발견하였다. 또한 2003년 맥길대학교 연구팀은 벨벳원숭이에서 이와 같은 부분이 변이된 경우 '극도의 불안증세'를 보이는 것을 확인하였다. 이러한 연구 결과는 세레토닌 이동단백질이 스트레스 반응의 주요 분자임을 제시하였다.

2003년 12월 솔트레이크 시티의 미리아드 제네틱스사 과학자들은 MDD와 UPD의 발병에 영향을 주는 주요 유전자가 있다고 발표하였다. 그들은 유타에 있는 400 이상의 대가족 중에서 정신질환 환자가 적어도 4명 이상 있는 110가계를 발견하였다. 환자 가족의 구성원(1,890명)을 대상으로 600개 이상의 유전자 마커를 사용하여 조사하였다. 또한 성별에 따른 질환의 발병률이 잘 알려져 있으므로, 이를 기반으로 결과를 분석하였다. 여성에게서는 우울증 관련 유전자를 발견하지 못하였다. 그러나 예전에도 여러 번 제시된 바 있는 부분인 12번 염색체의 장완 부분에서 남성 우울증과 연관성이 매우 높은 유전자를 발견하였다. 이 연구는 우울증에서 유전자의 역할을 밝히는 연구 중 통계학적인 측면에서 가장 중요한 결과이다.

약학 분야의 연구는 우울증으로 치료받고 있는 환자에게 가장 빨리 이용될 수 있다. 여러 종류의 약이 우울증 치료 목적으로 이용되고 있는데, 일반적으로 어떤 종류의 약은 일부 환자에게는 매우 효과적이다. 더구나 각각의 약들은 환자에 따라 매우 미미하게 작용하거나 혹은 심각한 부작용을 나타내기도 한다. 약물 유전학 분야를 잘 연구하면 각 환자의 유전자 구성에 따라 적합한 약을 처방할 수 있을 것이다. 이러한 연구는 이제 막 시작되었고, 그 결과는 2~3년 후에 나올 것이다. 이러한 약물유전체학에 기반을 둔 약학의 임상학적, 경제적 효과는 막대할 것이다.

친척 중에 UPD나 BPD 환자를 둔 사람이 일생 중 우울증으로 진단될 위험은 어느 정도일까? 최근에 두 가지 유형의 우울증 환자 600명(대부분 BPD)을 대상으로 한 연구에서는 이들의 자손 중에 두 가지 종류의 우울증으로 진단되는 경우가 20% 가량 되었다. 부모님 중 한 분만 우울증인 경우, 그 아들이 환자가 될 경우가 8%이고 딸의 경우는 15%였다. 성별에 관계없이 자식들이 양극성 우울증이 될 확률은

7~14%였다. 이 그룹 내에서는 환자인 부모와 성별이 같을 경우 그 위험도가 더 높았다.

만약 부모 모두 우울증을 앓고 있으나 가족 중 다른 사람은 정상일 경우, 아들이 우울증을 앓을 확률은 15%이고 딸의 경우는 25%이다. 자손이 병에 걸릴 확률은 가까운 친척 중에 환자가 몇 명 있느냐에 따라 다르다. 양쪽 부모와 형제가 질환에 걸렸을 경우에 우울증을 가진 아이가 태어날 확률이 가장 높다. 이 어린이들의 경우 생전에 양극성 질환이 발병할 확률이 50%이고 우울증은 30~40%이다. 이런 경향은 핵가족에만 해당되므로 양극성 우울증 환자의 조카가 같은 질병에 걸릴 확률은 2%로, 일반적인 수준보다 약간 높으나 그리 높은 편은 아니다.

공포장애(Panic Disorder)

16살 된 딸아이가 공포장애로 진단받았다. 다른 딸아이도 이 질환에 걸릴 위험성이 있나?

공포장애는 환자를 만성적으로 쇠약하게 만드는 흔한 질환으로서 사춘기나 성인기 초기에 주로 발병한다. 이 질환은 몇 가지 증상을 나타내는데, 특히 일상적인 일들에 대한 지나친 불안 증세나 사회적 부적응증이 대표적인 것이다. 대표적인 현상은 특별한 이유없이 급작스럽게 고민과 비탄에 빠지는 것이다. 환자는 나쁜 예감을 가지거나 비운이 올 것이라는 상념에 빠지기도 한다. 가슴이 갑자기 심하게 두근거리며 숨을 쉬지 못하고 심장에 고통을 느끼고 어지러우면서, 나쁜 일이 일어날 것 같은 불안한 예감에 휩싸이는 공포발작 증상을 나타내기도 한다. 환자는 "내가 죽어간다"라거나 "숨을 쉴 수 없어", "심장발작이 일어나고 있어"라고 울부짖기도 한다. 이러한 위기는 30분 정도 진행된 그 후에 서서히 잠잠해진다. 공포 장애에 시달리는 환자의 절반 정도는 광장공포증 증세를 가지고 있어, 사람이 많은 곳을 싫어하고 새로운 곳으로 여행하거나 대중 앞에서 이야기하는 것을 두려워한다.

정신과의사들은 오랜 동안 이와 같은 복합적인 장애들을 많이 보아 왔다. 남북전쟁 직후 군의관들은 이와 같은 장애를 '신경순환계 무력증' 또는 많은 병사들이 심장과 폐 장애를 호소하였기 때문에 '병사의 심장' 이라고 불렀다. 1895년, 프로이드는 이러한 증상을 '불안성 신경증'이라고 명명하였다.

이 질환이 발병하는 나이는 거의 대부분 16세에서 35세 사이이며, 약 85%는 시간이 지남에 따라 상태가 호전된다. 미국에서 많은 사람을 대상으로 한 조사에 따르면, 어떤 사람이 일생 중 이 질환에 걸릴 위험도는 1~2% 정도이고, 약 5%의 미국인이 정도의 차이는 있지만 광장공포증을 경험한 적이 있다고 한다. 여러 연구결과에 따르면 여자가 공포장애로 진단되는 경우가 남자에 비하여 2배 가량 많으며, 광장공포증은 3배 정도 된다고 한다.

표 42. 공포장애의 가계위험도

- 가족력이 있는 일란성 쌍생아에게서 공포 장애가 발병할 가능성은 가족력이 있는 이란성 쌍생아보다 5배 높다.
- 공포장애가 있는 사람의 1촌 가족의 위험도는 약 15~20%가 된다.
- 공포장애의 발작 위험도는 각 개인이 공포를 경험하는 가계들에서 높게 나타나는 것 같다.

공포장애는 가족력이 매우 중요한 것으로 알려져 왔다. 몇몇의 쌍둥이 연구에 따르면, 이란성 쌍둥이에 비하여 일란성의 경우 불안장애, 특히 공포장애가 같이 발생하는 예가 훨씬 높다. 이 연구는 연구대상의 수가 적었지만, 이 질환에 있어 유전자의 기여도가 중요함을 확인시켜 주었다. 최근까지 몇 십 년 간의 연구에 따르면 공포장애로 진단받은 사람의 가까운 가족이 일생 중 이 질환을 앓을 위험도는 25% 정도 된다. 즉 대조군에 비하여 10~20배 정도 질환을 앓을 확률이 높다. 삼촌, 이모, 고모, 조카와 같은 친척의 위험도는 10% 가량 되고, 대조군에 비하여 5~10배 높은 확률을 가지고 있다.

139명의 환자와 그 가족 그리고 80명의 대조군을 분석한 1951년의 연구결과는 가족에게 질환이 같이 나타나는 현상을 과학적으로 확인해 주었다. 부모는 증상이 없으나 형제가 질환을 앓고 있는 경우, 다른 형제의 27%가 역시 환자였다. 만약에 부모 중 한쪽이 환자이면 38%의 형제가 환자였다. 부모 모두 환자라면 아들과 딸의 62%가 증상을 나타냈다. 117명의 환자를 대상으로 한 1987년의 연구도 같은 결론에 도달하였다. 부모나 형제 중 단 한 명이라도 환자라면 다른 형제가 이 질환을 앓을 확률은 일반인에 비하여 5배가량 높아서, 남자의 경우 10%, 여자는 25%이다. 상대적인 위험도는 가족 중 환자의 수가 한 명 이상이면 급격히 증가한다.

2001년 스페인의 연구팀은 가족 구성원이 공포장애나 광장공포증, 사회공포증, 연결 장애(joint laxity)를 가지고 있는 여러 가족에 대한 연구 결과, 15번 염색체의 장완 부분에서 염기서열 반복현상이 발견되었다. 이 연구는 임의로 선택한 사람 중 7%에서 발견되었고, 공포장애 환자에서는 훨씬 많이 발견되었다. 연구팀은 그 결과를 다른 집단에서도 확인하였고, 반복된 부분에 존재하는 60여 개의 유전자 중에서 원인 유전자를 찾고 있다. 연결장애는 이와는 관련이 없을지 모르며, 공포장애 유전자의 근처에 존재하는 주변 유전자에 의해 같이 유전되는 현상일 수 있다.

비록 원인유전자는 밝혀지지 않았지만, 공포장애가 유전자에 의한다는 증거는 매우 믿을 만하다. 이 장의 앞에서 제시한 문제와 같이 환자의 자매가 공포장애를 가질 확률은 25%가 됨이 확실하다. 위험도는 나이에 따라 감소하고 40세 이후에는 거의 없다. 질환의 증세는 가족 내에서도 다르기 때문에 환자 증상의 심각도로 다른 형제의 증세를 추측할 수는 없다. 다행히도 공포장애는 약이 잘 듣고 행동치료가 유용하므로 환자를 치료할 방법이 많다.

강박신경증(Obsessive Compulsive Disorder)

아내가 강박신경증으로 진단되었다. 증상은 그녀의 어머니가 하던 것과 매우 비슷하다. 우리 아들이 이 질환에 걸릴 위험이 있는가?

강박신경증은 사춘기나 성인 초기에 다양한 행동양상으로 나타나는 증상을 일컫는다. OCD에 걸린 사람은 집요하게 망상에 사로잡히거나 충동적이거나 혹은 두 가지 증상을 다 가지고 있다. 강박관념은 단순한 걱정 정도가 아니라 계속적으로 집요하게 자주 나타나는 심각한 우려로서 환자에게 과도한 스트레스가 되어 정상생활에 방해가 될 정도를 말한다. 이러한 불길한 생각은 환자가 비이성적이라고 알고 있음에도 불구하고 환자를 압도한다. OCD의 징후는 가벼운 것부터 환자를 심각하게 무력화시키는 경우까지 매우 다양하다.

더러운 것을 두려워하여 지나치게 손을 자주 씻거나, 집에서 잠깐 나와서도 개를 밖에 내놓는 것을 잊었다고 계속 걱정하는 것, 옷장을 하루에도 몇 시간 씩 정리해야 할 정도로 정돈에 지나치게 집착하는 것, 다른 사람을 해치고 있다고 두려워하는 것, 비정상적인 성 감각을 가지는 것 등이 강박증의 고전적인 예이다. 강박증이 충동성을 유발하는 것은 심리적으로 이를 극복하거나 조절하기 위한 시도이다. 전통적인 충동성의 예는 씻고, 세고, 확인하고, 정리하는 것들이다.

OCD에는 유명한 투우렛 증후군(Tourette Syndrome, TS)과 같은 다중집착장애증도 포함된다. 흔하지는 않지만, 머리를 집착적으로 뽑아 대머리가 되는 경우도 이 질환의 예에 속한다. TS는 어릴 때 발병하는 병적인 집착증세로서 연구가 잘 되어 있는 편이다. 질환에 걸린 어린이는 여러 종류의 근육이나 언어에 병적 현상을 나타내어, 환자의 10% 가량은 통제할 수 없을 정도로 욕을 하고 나쁜 언어를 사용한다. 이러한 병적 집착의 종류나 증세는 시간이 지남에 따라 달라진다. TS 증상을 나타내는 어린이는 OCD 환자와 비슷하다.

　OCD는 모든 인종에서 나타나며 여성과 남성 환자의 수도 비슷하다. 처음에는 비교적 희소한 질환이라 생각했지만, 최근에는 미국 인구의 1% 가량이 이 질환을 앓고 있다고 생각한다. TS는 이 중의 일부에 불과하다. 이 증상은 3,000명의 남자아이 중에 한 명 정도가 나타나고 여자아이는 거의 없어서, 전체 환자 중 10%만 여자아이이다. 다른 정신질환과 마찬가지로 가족력 조사 및 쌍둥이 연구 결과 OCD와 TS는 유전적인 성향이 매우 강한 것이 증명되었다. 유전모델 연구 결과 TS는 한 개의 우성유전자에 의한 것이고, OCD는 여러 유전자가 관여할 가능성이 제시되었다.

　최근 몇 년 사이에 OCD의 분자생물학에 대한 연구가 눈부신 진보를 이루었다. 1997년 뉴욕시에 있는 록펠러대학의 연구팀은 카테콜-O-메틸 전이효소(COMT)의 유전자 돌연변이가 원인일 것이라는 연구결과를 발표하였다. 이 유전자는 두 종류의 신경전달물질의 작용을 제어하는 역할을 하는 것으로서, OCD를 가진 남성 환자의 유전자에 돌연변이가 많았다. 돌연변이가 된 유전자를 2개 가진 남성의 경우 COMT 단백질의 양이 적고, 많은 양의 COMT를 만들어내는 사람에 비하여 OCD를 가지는 경우가 8배나 많았다. 2000년 토론토대학 연구팀은 OCD 환자에게서는 우연에 의한 것보다 높은 비율로 신경전달물질인 세레토닌과 결합하여 세포 내에 생리 활성을 일으키는 수용체 단백질인 세레토닌 수용체 유전자가 변이되어 있는 것을 발견하였다. 세레토닌의 재흡수를 막는 약이 OCD에 대한 최상의 처방인 것을 보면, 이 상관관계는 매우 그럴 듯해 보인다.

OCD의 정확한 임상기준에 따라 진단된 164명의 환자 가족에 대한 2003년 록펠러대학의 연구결과에 의하면, 뇌세포의 성장을 돕는 뇌에서 나온 신경전달물질인 뇌신경 성장인자의 유전자 중에서 특정 유전자형이 질환과 연관된 것으로 보인다. 과학자들은 이 단백질의 한 개 아미노산의 변화가 질환의 원인이라는 것도 발견하였다. 이 후보유전자에 관한 연구가 옳다면, 이는 질환의 원인으로 알려진 첫번째 유전자가 될 것이다.

자식을 걱정하는 부모에게 줄 수 있는 결론은 무엇인가? OCD는 행동장애이지만, 유전자에 극도로 민감하다는 것이다. 질환을 알고 있는 부모의 자식이 병에 걸릴 위험도는 20% 가량 되며, 이는 환자의 가까운 가족이 걸릴 확률과 마찬가지이다. 발병시기가 빠르면 빠를수록 증세가 심각할 위험도가 높다는 증거도 있다. 그러나 다행히도 공포장애와 마찬가지로 환자를 도와줄 수 있는 방법은 많다.

신경성 식욕부진증, 거식증(Anorexia Nervosa, AN)

조카가 거식증으로 매우 아프다. 내 딸도 위험도가 높은가?

거식증(AN)은 젊은 여자들에서만 나타나는 정신과 질환으로서 살이 찌는 것을 지나치게 두려워하고 먹기를 거부하는 것이 대표적 증상이다. 환자는 거의 대부분 중상층 이상의 사회적 지위에 있는 백인 여성이다. 거식증은 동양계나 흑인 여성에게는 거의 없다. 남성이 질환을 앓는 경우는 5% 미만이다. 신경정신과 의사들에 따르면 두 가지 다른 식음장애가 있다고 한다. 한 종류는 젊은 여성에서만 나타나는 거식증으로서, 한꺼번에 많이 먹고 이를 스스로 토하거나 설사를 유도하는 것이다. 전형적인 거식증 증상을 가진 여성이 산발적으로 거식증 행동을 취하기도 한다. 이러한 이유 때문에 거식증의 임상적 형태는 거식증 행동이 없는 대식증(Bulimic Behavior, RAN)과 거식증 행동을 하는 거식증(BPAN)으로 나눌 수 있다.

거식증은 사춘기 직후에 발병하는데, 가끔은 부모의 이혼이나 대학을 가기 위해 집을 떠날 때 등 매우 상처가 깊은 사건과 관계된 경우가 많다. 환자는 전혀 먹지를 않고 어떤 감언이설이나 위협, 간청도 행동양상을 바꾸지 못한다. 거식증 환자는 매우 쇠약해져서 감염에 의하여 죽을 수도 있다. 어떤 연구에 따르면 사망률이 5~10% 정도나 되는 치명적인 정신과 질환이다. 환자는 행동조절요법이나 항우울제를 같이 투여하는 치료를 받는다. 좀더 심각한 경우에는 장기간의 입원이나 억지로 음식을 먹이는 방법을 쓰기도 한다.

정신과 의사들은 이 질병이 전방 시상하부에 있는 공복감과 포만감을 조절하는 뇌 부분이 손상되어 일어나는 시상하부 장애라고 분류한다. 거식증의 원인은 아직 수수께끼이지만, 지난 30년 간의 연구결과 유전적 경향이 높을 가능성이 강조되었다. 거식증 환자의 친척들은 정상 그룹보다 높은 비율로 음식섭취 행동에 문제가 있다는 것이 가족력 연구에서 밝혀졌다. 적은 수의 쌍둥이 연구에 의하여도 이란성 쌍둥이보다는 일란성 쌍둥이가 같이 거식증을 앓을 확률이 높다고 한다.

펜실베니아대학의 연구자가 거식증의 성향을 결정하는 유전자가 있다는 증거를 2002년에 발견하였다. 과학자들은 2명 이상의 형제자매가 섭식장애를 가진 192가계를 모았다. 각 가족에는 거식증의 임상적 기준에 맞는 환자가 포함되어 있었다. 전체 유전체를 분석한 결과 염색체의 특별한 부분이 질환과 연관될 가능성이 높은 것은 발견하지 못하였다. 그러나 자매가 모두 대식증을 가진 37가계를 분석한 결과, 1번 염색체의 단완 부분이 연관될 가능성이 매우 높았다. 현재 여러 연구그룹에서 이 유전자를 찾아내기 위하여 노력 중이나 아직도 밝혀지지 않았다.

2003년 유럽의 8개 나라에서 1,000명 이상의 거식증이나 대식증환자를 조사한 결과, 뇌신경 성장인자를 만드는 유전자가 변이된 경우 거식중세가 있는 3가지 거식증의 임상 타입을 가질 확률이 매우 높았다.

환자의 가까운 친척은 어떨까? 이 질환은 소년이나 젊은 청년에서는 거의 없기 때문에 환자의 남자형제나 조카에는 영향이 없다고 할 수 있다. 환자의 여자형제가 질환을 앓을 위험성은 자료가 부족하여 잘 알 수 없지만, 한 사람 이상이 이 병에 걸린 예는 많지 않다. 현재까지 알 수 있는 것은 일반 사람들에 비해 위험도는 높으나 그래도 그리 심각하지 않다는 것이다. 음식섭취장애가 있으면 가족들이 도와서 문제를 해결해야 한다. 초기에 예방하는 것이 성공적으로 치료하는 최상의 방법이다.

인간 행동(Human Behavior)

알코올 중독(Alcoholism)

아버지와 형이 모두 알코올 중독자이다. 나는 술 마시는 것 자체가 두렵다. 내가 술을 마시게 되면 알코올 중독자가 될 확률이 훨씬 높을까?

알코올 중독은 정의하기도 힘들고 연구하기도 어려운 복잡한 질환이다. 알코올 중독의 정의와 진단이 힘든 것은 알코올 소비가 인간 문화사에서 5,000년 이상 광범위하게 진행되어 왔다는 사실과 간접적으로 연계되어 있다. 대부분의 성인이 술을 마시는 사회에서는 알코올 중독에 대한 진단은 일정 시간 동안 마신 알코올의 양과 같이 단순한 계량적 방법으로는 가능하지 않다. 한 국가에서는 과음으로 취급될 수 있는 알코올의 양이 다른 나라에서는 평균 음주량에도 못 미칠 수도 있다. 그래서 알코올 중독의 진단 기준을 마련함에 있어서 전문가들은 주로 알코올 섭취가 사람의 정상 활동을 유지하는 능력에 미치는 영향에 중

점을 두게 되었다. 지난 50년간 질병으로서의 알코올 중독에 대한 중심 개념은 알코올 중독은 생리적으로 알코올에 의존적이고, 거의 항상 알코올 섭취 없이는 정상 활동이 불가능한 상태를 의미한다는 것이다.

알코올에 대한 의존성이 알코올 중독의 중요한 성질이라고 볼 때, 전국적인 조사에 의하면 놀랄 정도로 많은 사람들이 알코올 중독임을 알 수 있다. 스웨덴에서는 무려 5%의 남성이 알코올 중독 상태인 반면, 여성의 경우는 1%만이 이 기준에 해당된다. 미국에서 조사한 바에 의하면, 남성의 경우 평생 알코올 중독에 걸릴 확률이 5~7%인 반면 여성의 경우는 0.5~1%에 불과한 것으로 알려졌다. 이런 숫자들은 그 대상이 누구인가에 따라 변동이 큰데, 예를 들어 특정 종교나 문화에 따라 큰 차이를 보인다. 이러한 결과는 알코올 중독 현상이 환경적 요인에 많이 좌우될 수 있음을 보여주는 것이다.

알코올 중독 현상이 유전된다는 사실은 백 년 전부터 알려져 왔다. 수많은 자료들이 부모 중 한 사람이 알코올 중독이면 그 자녀가 알코올 중독이 될 확률이 그렇지 않은 경우보다 훨씬 높다든지, 알코올 중독자의 형제자매의 알코올 중독 가능성이 높다는 사실을 보여주고 있다. 또한 알코올 중독자와 가까운 혈연관계에 있는 사람이 먼 친척보다 알코올 중독의 확률이 높고, 알코올 중독자의 자녀는 더 어린 나이에 알코올 중독이 될 확률이 높으며, 가족력이 없는 경우에 비해 그 정도도 심각한 것으로 알려져 있다.

일란성 쌍생아와 이란성 쌍생아를 비교하는 연구들에 의하면 일란성 쌍생아의 경우, 한 사람이 알코올 중독이면 다른 한 사람도 알코올 중독일 확률이 이란성 쌍생아에 비해 2배 가량 높다고 한다. 스웨덴에서 수행된 따로 성장한 일란성 쌍생아에 대한 연구에 의하면, 6명의 알코올 중독자 중 5명은 쌍둥이 모두가 알코올 중독자였다고 조사되었다. 스웨덴과 미국의 역학 조사에 의하면 알코올 중독 중 약 10%는 어린 시기에 알코올 중독이 되고, 여성의 알코올 중독 비율이 높으며 심각한 증상을 보이면서, 단일 유전자 또는 소수의 유전자의 영향을 받는 경우라고 한다.

　많은 과학자들이 입양아를 대상으로 알코올 중독에서 유전자의 역할을 밝히고자 하였다. 이러한 연구는 생물학적 부모와 양부모에서의 알코올 중독의 확률을 조사하는 방식으로 진행된다. 일반적으로 이러한 연구는 생물학적 부모가 양부모에 비해 2~3배 정도로 높은 알코올 중독 연관성을 보였다. 결과적으로, 가족력의 조사, 쌍생아 조사, 입양아 조사 등은 모두 알코올 중독이 유전자의 영향을 받음을 보여주고 있는 것이다(유전 상수는 0.5~0.6 정도임).

　몇 년 전에 알코올 중독에 대한 전문가인 워싱턴대학의 클로닌저 박사는 알코올 중독에는 두 가지 중요한 유형이 있다는 주장을 하였다. 생애의 후반에 나타나는 제 1유형은 새로운 것에 대한 낮은 탐색성, 해악에 대한 높은 회피성, 그리고 보상에 대한 높은 의존성 등의 개인 성격을 특징으로 한다. 제 2유형은 어린 나이에 알코올 중독에 빠지게 되며 반사회적 성향을 나타내는 경향이 높다. 제 1유형은 남녀 모두가 해당되지만 제 2유형은 남자에서만 나타나는 유형이다. 공식적인 정신분석 지침서에서는 채택하고 있지 않지만 많은 연구자들은 이 유형 구분을 채택하고 있는 실정이다.

　지난 10년 간 많은 연구자들은 컨소시움을 구성해 알코올 중독의 유전 현상에 대해 공동연구를 수행해 왔지만, 별로 성공적이지 못했다. 최근에는 분자생물학적 방법을 사용하여 알코올 중독에 연관된 유전자들에 대한 유전자 지도 작성을 시도하고 있다. 아직 하나의 유전자도 찾아 내지 못하고 있는 상황에서 좀더 현실적인 해석에 따르면 많은 알코올 중독의 경우 단일 유전자가 아닌 복수의 유전자에 의해 영향을 받는다는 것이다. 각각의 유전자는 알코올 중독에 대한 영향이 미미하기 때문에 찾아내기 힘들다. 예를 들어, 1998년 핀란드에서의 한 연구에서는 116명의 심각한 알코올 중독자, 261명의 비알코올 중독자인 친척, 그

제4부 성인 시기(Adulthood) 329

리고 213명의 대조군에 대한 연구를 수행했는데, 세로토닌 수용체 HTR1B 유전자의 한 변형이 연관되어 있음을 찾아냈다.

이제 본 단락의 처음에 제시한 문제에 대한 해답은 "예"라고 해야겠다. 일반적인 사람에 비해 알코올 중독자의 자녀와 형제자매는 알코올 중독에 빠질 확률이 3~5배 높다. 알코올 중독의 가족력을 가진 사람의 경우 최선책은 간단하다. 절주가 가장 좋은 예방책인 것이다. 대작가의 손녀이자 배우인 마리엘 헤밍웨이는 뉴욕 타임스와의 인터뷰에서 알코올 중독 가족력을 언급하면서 자신은 전혀 술을 마시지 않는다고 했다. 그녀의 표현에 의하면 "나는 헤밍웨이 가계의 좁은 선상에 있다는 것을 안다." 그 선을 넘어서면 재앙에 빠질 수도 있는 것이다.

약물 중독(Drug Addiction)

약물 중독에 빠지는 사람들은 유전적 성향 때문에 그렇게 된다는 증거가 있는가?

일반인이나 과학자나 모두 특정 가족이 높은 약물 중독 현상을 보이는 데에는 유전적 영향이 있을 것이라고 오래 전부터 의심해 왔다. 멘델의 유전법칙이 재발견되기 전인 1870년대에도 교도소 관료였던 덕데일은 뉴욕주의 교도소에 특정 가족들이 평균보다 훨씬 많다는 사실을 간파하고, 아편 남용에 유전적 요인이 있을 것임을 주장하였다.

알코올 중독에 비해 약물 중독에 대한 연구는 훨씬 드물게 진행되어 왔다. 게다가 사회경제적 요인과 문화적 요인이 약물 중독에 큰 영향을 준다는 증거도 많은 편이다. 예를 들어, 미국 성인 인구의 1/4에 해당하는 많은 사람들은 담배가 건강에 해롭다는 사실을 잘 알고 있으며 범사회적인 금연 운동에도 불구하고, 정기적으로 담배를 피우고 있다. 미국에서는 매일 3,000명의 10대 청소년이 흡연을 새로 시작하고 있다. 다른 나라에서의 흡연율은, 예를 들어 중국의 경우 훨씬 높다. 명확하게 환경적인 영향을 볼 수 있는 경우이다. 그럼에도 여전히 담배에 중독되는 위험률에 대해서는 유전적 요인이 작용한다는 증거 또한 상당히 있다.

니코틴 중독에 대한 유전적 영향에 대한 연구는 주로 개인이 언제 흡연을 시작하는가에 주목한다. 왜냐하면 흡연을 일찍 시작할수록 금연하기가 더 힘들기 때문이다. 1999년에 두 연구 그룹이 도파민 전달체 유전자의 공통된 변이인 SLC6A3-9가 흡연 습관과 연관되어 있음을 밝힌 바 있다. 도파민은 신경전달 물질의 하나로 그 작용은 외향적 성격과 새로운 것에 대한 탐색성의 성격을 부여하는 것으로 알려져 있다. 연구자들이 이 유전자에 관심을 가지게 된 것은 조기에 흡연을 시작하는 사람들은 새로운 것에 대한 탐색력이 높은 유전적 성향을 가질 것이라고 예측했기 때문이다. 과학자들은 200명이 넘는 청소년 흡연자와 대조군을 비교한 연구에서 SLC6A3-9 변이를 가지는 사람은 늦게 흡연을 시작하며, 금연 시도를 더 자주 했으며, 실제로 금연 성공률 또한 높았다. 두 번째 연구그룹은 그들의 연구를 1,100명의 비흡연자, 현재 흡연자, 과거 흡연자들로 확대하였는데, SLC6A3-9 변이를 가지는 흡연자는 그렇지 않은 사람에 비해 금연할 확률이 50% 정도 높았다.

2000년 세인트루이스대학의 연구팀이 3,356쌍의 쌍생아에서 유전적 요인이 환경적 요인보다 흡연에 더 큰 영향을 준다고 보고하였다(61% : 39%). 비슷한 연구가 버지니아 대학에서도 행해졌는데, 949쌍생아 쌍에서 유전적 요인을 78%로 분석하였다. 2002년 러만 연구팀은 신경전달물질의 하나인 세로토닌 합성에 관여하는 유전자의 특정 변이를 가지는 남자와 여자가 현저하게 어린 나이에 흡연을 시작하는 것으로 발표하였고, 이는 흡연이나 특정 약물 남용에 대한 결정이 충동 조절과 밀접한 연관이 있다는 제안과 부합하는 결과이다.

한 가지 확실한 것은 니코틴에 중독되고 나면 그것을 끊는 것은 대단히 어렵다는 것이다. 금연을 하고 싶어 하는 흡연자 557명에 대한 최근 연구에서는 발암 가능성을 금연의 동기로 활용하고자 하였다. 대상군을 둘로 나누어 둘 다에게 니코틴 패취를 제공해 주면서, 한 그룹의 피 실험자에게는 담배 연기에 있는 유해 물질을 제거하는데 도움을 주는 유전자인 GSTM1에 대한 조사를 병행하였다. 그런데 흡연으로부터 보호할 수 있는 유전자 형태를 가지고 있지 않다고 경고를 받은 피 실험자들의 경우도 그렇지 않은 사람들에 비해 담배를 끊는 확률이 높아지지 않았다.

2002년 6월 미국 스크립스연구소의 사이프 연구팀은 약물 남용과 연관된 유전자형에 대한 대규모 연구 결과를 발표하였다. 그들은 약물 남용자들의 DNA를 백인 대조군의 사람들과 비교하였다. 그들은 단일 유전자의 동형접합성 대립인자의 빈도가 약물 남용자에서 4배 정도 많이 나타난다는 놀라운 결과를 발표하였다. 이 결과가 우연히 일어날 확률은 1/1,000에 지나지 않을 정도로 밀접한 연관성을 보였다. 이러한 현상은 알코올 중독이나 니코틴 중독자에게서는 관찰되지 않아 더욱 흥미로운 사실로 받아들여진다.

그들이 발견한 유전자는 특정 약물을 대사하는데 필요한 유전자인 FAAH라는 유전자로서, 지방산 아미드 가수분해효소의 유전자인 것으로 밝혀졌다. 이 효소는 마리화나에 있는 특정 성분을 분해하는데 필요한 효소이다. 발견된 특정 변이는 이 단백질의 안정성에 문제를 일으켜 보다 쉽게 부서지게 함으로써 효소 작용이 잘 되지 않도록 하는 것으로 생각된다.

정기적으로 약물을 남용하거나 흡연을 하는 사람들은 다양한 환경과 유전적 배경 하에 그런 일을 하게 된다. 약물남용을 시작하거나 그만두게 되는 경향성에 유전적 요인이 존재하는 것은 틀림없으나, 다양한 다른 요인들로 인해 정확한 분석을 어렵게 하는 것 또한 사실이다.

동성애(Homosexuality)

삼촌이 게이이다. 게이 유전자는 모계를 따라 유전하나?

동성애는 성인이 되었을 때 같은 성의 사람에게 더 많은 성적 매력을 느끼게 되는 것으로 정의된다. 연구에 따라서 약간의 차이가 있지만 대체로 미국 남성의 약 1~5%가 전적으로 동성애자인 것으로 보인다. 여성동성애자(레즈비언)는 남성에 비해 절반 정도의 비율인 것으로 알려져 있다. 동성애자의 비율은 인종에 관계없이 대체로 비슷하다.

지난 세기 동안 동성애에 대한 연구가 다양하게 진행되어 왔다. 쌍생아, 가족력, 그리고 입양아 조사 등에 의해 동성애자로 되는데 유전적 요인이 일정한 역할을 함이 밝혀졌다. 쌍생아 연구 결과를 종합해 보면, 일란성 쌍생아 중 한 명이 게이이면 다른 한 명도 게이일 확률이 57%에 달하는 것으로 조사되었다. 다른 형제에 있어서는 약 13%로 조사되었는데, 이 또한 일반적인 대조군에 비해서는 3배 정도 높은 수치이다. 한편, 쌍생아와 가족 조사에 의하면 환경적 영향 또한 상당한 영향을 미친다.

많은 노력에도 불구하고 사람에 있어서의 동성애에 대한 생화학적 원인은 알려져 있지 않다. 하지만 뇌의 해부학적 조사로 게이 남성과 이성애자 간에는 뇌의 특정 부위에서 차이가 난다는 것이 알려졌다. 1992년의 한 보고에 의하면 게이 남성의 시상하부 앞부분이 여성의 것과 같은 모양과 크기라고 한다. 하지만 이런 연구 결과에서 명확한 결론을 도출하기는 쉽지 않은데, 첫째 반복적으로 조사되지 못했고, 둘째 원인과 결과의 관계를 알아낼 수 없기 때문이다.

1993년 미 보건성의 해이머 연구팀은 게이 남성의 DNA에 대한 조사 결과를 보고한 바 있다. 이들은 게이가 즐겨 보는 신문에 광고를 내 형제가 동성애자인 40쌍의 시험군을 확보하였다. 그리고 그들은 유전자

연관 관계에 대한 조사를 시행하였다. 그 결과 X염색체의 한 DNA 부위가 40쌍의 형제 중에서 33쌍에서 동일하다는 결과를 얻어낼 수 있었다. 이 수치는 예상치인 20에서 많이 벗어나 있는 것으로 통계적인 의미를 가질 수 있었는데, 우연히 이렇게 높은 동일성을 나타낼 수 있는 확률은 1/10,000에 불과함을 보였다. 같은 연구팀은 1995년에도 비슷한 연구를 32쌍의 다른 동성애 형제들을 대상으로 시행하였는데, 비슷한 결과를 얻었다고 발표하였다. 하지만 1999년에 라이스 연구팀이 같은 방식의 연구를 수행한 결과, X염색체에 동성애 유전자가 존재한다는 아무런 증거를 찾을 수 없었다고 보고함에 따라 아직도 동성애 유전자는 미궁에 빠져 있다고 하겠다.

　많은 분자유전학적 연구에도 불구하고 현재 우리가 가지고 있는 것은 경험적인 자료에 불과하다. 게이 형제를 둔 모친에서 태어난 아들은 그렇지 않은 모친이 낳은 아들보다 동성애자가 될 확률이 높다. 이 결과는 동성애 유전자가 X염색체 상에 있다는 것과는 일치하지 않는 결과이다. 어떤 사람이 게이인 형제를 가지고 있으면 자신이 동성애자가 될 확률이 대조군에 비해 2~3배 정도 높은데, 이 증가를 유전적 요인이라고 결론짓기는 쉽지 않은데, 형제들은 일반적으로 생활환경이 비슷하기 때문이다. 동성애자가 되게 하는 유전자가 있을 수 있지만, 그것이 주된 역할을 한다는 직접적인 증거는 아직 없는 것이다.

결 론

　　사람이 일생동안 살아가면서 겪는 질병이나 건강을 좌우하는 원초적인 물질인 유전체의 기능에 대한 대략적인 조사가 끝났다. 비록 우리가 질병의 위험으로부터 벗어날 수 있는 유전자 변이체들의 기능에 대해서는 아직 잘 모르고 있지만, 이들 변이체가 중요하다는 증거는 많이 축적되고 있다. 그러나 유전적 이유 때문에 한 사람이 특정한 질병에 걸릴 위험이 다른 사람보다 높다는 것을 자주 알려준다고 해서 그 위험을 줄일 수 있는 것은 아니다. 우선, 이 책에서 논의된 조건 중의 대부분인 유전적 위험성에 관한 정보는 건강하게 생활하는데 필요한 규범을 제시하는데 주로 도움이 될 것이다. 그러나 일부의 사람들은 소유할 가치가 없는 이런 정보들에 대해 냉소적으로 반응할 것이다. 또 다른 사람들은 이런 정보 취득을 긍정적으로 보게 될 것이며, 이를 자신의 건강관리에 적극적으로 활용하게 될 것이다. 물론 우리가 모르는 것이 많지만, 건강혁명을 일으킬 수 있는 유전적 지식을 배우고 활용할 수단을 가지고 있다.

　　약물 유전체학의 발달단계는 아직 유아기 수준에 머물러 있지만, 유아가 그렇듯이 유전 의약도 빠르게 발달할 것이다. 유전적 지식이 지금부터 향후 20년간 의료행위를 어떻게 변화시킬 것인가? 유전자 검사 그리고 가계도 조사에 근거하여, 질병의 위험을 얼마나 잘 예측할 수 있게 될 것인가? 현재로서는 이러한 의문들에 정확히 답할 수 없다. 그러나 이 책에서 다룬 대부분의 의문점들에 대해서는 2024년 이전에 그 해답을 제시할 수 있을 것이다. 이러한 주장은 과거 20년을 되돌아보고 그 동안 연구하고 배운 유전학의 결과로 알 수 있다.

심지어 가장 통찰력이 있는 유전학자조차도 1990년대에 일어난 유전혁명의 실체, 과정, 발생 시기를 예견할 수 없었다. 1984년에 시작된 사람 유전체 사업조차도 원하는 유전자를 무한정으로 복제할 수 있는 기술인 '중합효소연쇄반응(Polymerase Chain Reaction, PCR)'* 이 없이는 불가능했으며, 그때는 아직 이 기술이 발명되지 않았다. 이 시기의 분자생물학자들은 DNA의 염기 순서를 겨우 밝히기 시작했다. 또한 임상 유전학자들은 이 책에서 언급한 지식의 근거가 되는 유전자형과 표현형의 상관관계를 알 수 있는 기술이 없었다. 대부분의 의사들이 그렇지만, 일부 식견 있는 의사조차도 유전질환이 한 유전자에 생긴 돌연변이로 발생하고, 자식에게까지 영향을 미치는 경우는 드문 것으로 생각했다. 그 당시에는 누구도 유전자의 염기 순서가 사람들 간에 동일하지 않고, 다양한 것에 대한 의미를 이해하지 못했다. 이제 DNA를 이용하여 질병을 진단하는 DNA 조기진단 키트를 사용하기 시작했다. 유전자 치료가 공상과학 소설로 간주되었으나, 이제는 동물을 복제하는 것조차도 꿈이 아니라 현실로 나타나고 있다.

2000년에 미국 클린턴 대통령이 과학자들에 둘러싸여 사람 유전체 지도를 완성했다고 기자회견을 하게 될 것을 1984년에는 그 누구도 예상하지 못했다. 1980년대 중반에 사람 유전체 사업을 처음 시작했을 때는 회의론적인 견해가 많았다. 의혹을 품은 사람들은 정당한 이유가 있었다. 15년 내에 사람 유전체의 순서를 알아내기 위해서는 각 염기를 분석하는 단가를 현저히 줄여야 하며, 또한 염기를 분석하는 속도를 한층 더 높여야 한다는 것을 당사자들도 알고 있었다. 그리고 그들은 더 짧은 시간 내에 유전체 지도를 완성했다.

특히 1970년대 이후 인류 유전학의 역사는 발전을 가속해 왔으며,

---

* 한국유전학회 총서 제4권 『유전자:생명의 원천』, 1996. 전파과학사, 서울.

새로운 지식을 의료현장에 재빨리 적용해 왔다. 아마도 향후 20년 이내의 임상에서 예상을 뛰어넘는 중대한 발견을 하게 될 것은 의심의 여지가 없을 것이다. 이는 20년 후의 유전의학의 본질에 대한 우려의 추측에도 불구하고 중대한 발견이 있을 거라고 많이 예측하고 나도 그렇게 생각한다.

현재 DNA를 이용한 조기진단 검사*는 의례적인 일이 되었으며, 예방의약의 표준이 될 것이다. 어린이가 태어날 때마다 유전자 예비검사 키트로 DNA 시료에서 갖가지 질병을 예측할 수 있는 수백 가지의 유전자 변이체를 일상적으로 분석한다. 유년기에서 시작하여, 생활양식과 건강 프로그램이 각 개인의 유전체 정보에 따라 맞춰질 것이다. 처음에 의사는 아주 위험한 소수의 유전적 변이체에 모든 관심을 집중할 것이지만, 차츰 지나면서 민감한 위험도 예방 프로그램에 통합시켜나갈 것이다.

한 사람의 전체 유전체(약 2만 6,000 유전자)를 분석하고 염기 순서를 알아내는 것이 가능할 것이며, 특정한 암을 유발하는 돌연변이 유전자가 존재하는지를 알기 위해 그 유전자만의 염기 순서를 분석하는 것은 1시간 내에 가능할 것이다. 이제는 모든 병원과 다른 곳에서 그다지 비싸지 않은 탁상용 염기 순서 분석기를 쉽게 사용할 수 있을 것이며, 외과 의사가 종양수술을 하게 되면 당연히 암조직의 유전체 정보의 분석을 의뢰할 것이고, 의사는 이를 분석한 자료를 보고, 암의 재발을 방지할 수 있는 약을 처방할 것이다. 개인의 유전자 염기 순서를 지금까지 축적된 거대한 DNA 데이터베이스와 비교 검색하여 질병에 걸릴 위험이 있는 유전 형질이 있는지를 알아낼 것이다.

임상 의사들은 생물조직이나 혈액에서 하나 또는 둘 이상의 화학물질을 분석하여 특정 질병이 발병했는지 또는 더 진행 중인지를 쉽게 판별할 수 있는 광범위한 조기진단 키트를 임상에 일상적으로 이용하려고

---

* 한국유전학회 총서 제10권 『유전자 혁명과 생명윤리』, 2006. 전파과학사, 서울.

할 것이다. 조기진단 키트가 이미 개발되어 현재 판매되고 있으며, 특히 낭창성 피부염의 생화학적 변화를 검사할 수 있는 조기진단용 키트의 경우는 이미 3년 전에 개발되어 사용되고 있다. 또한 이들 제품은 보이지 않는 질병을 진단하는데 널리 사용될 것이다. 이들은 특히 난소암, 췌장암과 같은 잠행성이며 불치인 병을 진단하고 치료하는데 도움이 될 것이다. 오늘날에는 이것을 좀더 정교하게 만들어 전립선암을 진단하는데 사용하고 있다.

약물 유전체학은 약을 개발하거나 치료방법을 결정하는데 중요하게 작용한다. 오늘날 제약업체는 약을 투여받는 최소 70% 이상의 환자들에게 유용한 약을 개발하고, 식품의약국은 이를 검사하고 때로는 제약 승인을 하고, 의사들은 이를 처방한다. 2024년이 되기 전에, 식품의약국의 신약 승인을 요구하는 제약업체의 모든 기록에는 약의 각 조성물이 유전적 변이체를 가진 사람들에게 얼마나 유효한지에 관한 약물유전학적 정보를 필수적으로 기재해야 할 것이다. 신약에는 이에 알맞은 사용법이 명시되거나, 또는 특정한 유전형질의 보유자는 사용을 금지한다는 내용이 표기될 것이다.

영양 유전학은 건강 프로그램의 핵심적인 요소로 작용할 것이고, 특정한 동기가 있는 사람들은 자신의 유전체의 특징에 적합한 특정 식이요법을 하게 될 것이다. 급속하게 성장하고 있는 영양업체들은 신뢰할 수 있는 과학적 결과를 근거로 사업을 할 것이다. 영양학적인 상담에도 유전체 분석 자료가 많이 활용될 것이고, 중요한 것은 건강을 추구하기 위해 유전체 정보, 식이요법, 건강처방을 어떻게 잘 조합하느냐가 문제가 될 것이다. 현재 과학자들은 사람의 수명을 연장시키기 위해 100살 이상 살 수 있는 기회를 증진시키는 신제품을 개발하고자 노력하고 있다.

체세포 유전자 치료법은 치료의 중추적인 역할을 담당하게 될 것이다. 새로운 유전자 치료법들, 항암 치료법, 심장병 치료법, 그리고 알츠하이머병 치료법이 조만간 임상에 적용될 것이다. 일반적으로 치유하기 어렵다고 생각하는 신경질환들인 파킨슨병, 근위축성측색경화증, 헌팅턴 무도병의 경우에도 유전공학적으로 조작한 세포를 환자의 뇌에 이식함으로써 이들을 성공적으로 치료할 수 있게 될 것이다. 또한 성인에게 발병하는 당뇨병을 초기에 진단하여 췌장에서 인슐린을 시기적절하게 분비할 수 있도록 조절할 수 있게 될 것이다.

유전학적 지식을 이용하여 언어장애와 학습장애를 치료하기 위해서는 막대한 노력이 있어야 할 것이다. 예를 들면, 사람에게서 언어발달에 필수적인 유전자인 'FOXP2'가 최근에 동정되었다. 이 유전자의 돌연변이가 한 가계에서 발견되었는데, 이들은 읽기, 쓰기를 제대로 할 수 없었다. 생식세포 유전자 치료는 한 유전자에 의한 질병을 치료하는데 적용될 수 있으며 주요 위험인자를 변형하거나, 심지어 신장과 같은 표현형을 향상시키는 데에도 유용하게 사용할 수 있을 것이다.

논란의 여지는 있지만, 행동유전학 분야는 크게 발전하고 있다. 과학자들은 마약중독, 폭력적 행동뿐만 아니라 정신분열증, 양극성 우울증에 관한 변이 유전자도 발견할 것이다. 이러한 발견들은 양자 입양, 특별 교육 프로그램 자금 지원, 학급 운영, 정신병 치료, 유죄와 무죄를 결정하는 배심원 교육, 판결, 그리고 구두 결정과 같은 다양한 활동에 영향을 미치는 사회정책 입안에 매우 중요하게 작용한다.

건강하고 오랜 삶을 영위하기 위해서, 자신의 유전체 정보를 안다는 것은 결정적으로 중요할 수도 있다. 앞으로 약의 개념이 확대되고, 약과 영양소 사이의 경계도 거의 없어질 것이다. 경제적으로 강력한 국가에서 대부분의 약은 100살까지 건강하게 살 기회를 최대한 제공하는 것을 목표로 할 것이다. 사려 깊은 판단력과 부를 지닌 사람은 건강하고 오래 살기 위해 자신의 유전적 위험 정보를 미리 알아서, 이를 건강식이요법, 규칙적 운동 처방에 활용할 것이다. 따라서 그들은 좀더 건강하고 오래 살게 될 것이다.

찾아보기

[ㄱ]

가족성 고콜레스테롤혈증 130
가족성 난소암 247
가족성 대장암 253
가족성 선종폴립증 253
가족성 유방-난소암 247
가족성 작은 키 121
가족연구 26, 27
간대성(間代性) 근경련 108
간질 105
갑상선 201
갑상선 기능 저하증 202, 204
갑상선 기능 항진증 202
갑상선 암 202
갑상선 자극 호르몬(TSH) 202
갑상선 호르몬 202
갑상선종(고이터) 202
강박신경증 322
강직성 만성 간질 105
거식증(AN) 324
건선 233
건조형 황반변성 306
결신(缺神)간질 106
결핵 208
결핵양 나병 210
겸상적혈구 207
겸상적혈구빈혈증 50

고지혈증(FCH) 134
고혈압 129, 136, 138
곤봉발 70
골결핍증 197
골관절염 220
골다공증 197
골반염증 38
공우성설 124
공포장애 319
과염증(hyperinflammatory) 반응 60
관상동맥 질환(CAD) 25, 146
광우병 212
광장공포증 319
구조유전자(엑손) 33
국소빈혈 279
궤양성 대장염 166
그레이브스병(Grave's disease GD) 202
근위축성측색경화증 298
근육위축증 140
근친결혼 46
글루타릭 아카데미아 50
글루텐 민감성 장질환(Gluten-sensitive enteropathy, GSE) 175
긴 QT 증후군(long QT syndrome) 146

[ㄴ]

나병 209

나병양 나병 210
난독증(dyslexia) 95
난소암 246
난자 31
난자세포 안으로 정자를 주입하는 기술
　(ICSI) 40
난청도 75
남성형 탈모 235
내관 종양(intraductal carcinoma) 238
내사시(esotropia, inward deviation) 123
녹내장 301
뇌성마비(cerebral palsy, CP) 81
뇌졸중(stroke 혹은 뇌중풍) 153, 279
뇌탈출증 66
뉴클레오티드 33

[ㄷ]

다발성경화증 291
다운증후군 64
다중집착장애증 322
다형현상(polymorphism) 35
단극성우울증(UPD) 314
단일 뉴클레오티드 다형성(single-nucleotide
　polymorphism, SNPs) 16
단자(單字) 돌연변이(single-letter
　mutation) 35
담낭 184
담석 184
대동맥류 149
대세포암 277
대식증 325
대장암 252
더피 (Duffy) 혈액형 207
돌연변이 34

동맥경화증 127
동맥류(動脈瘤) 149
동성애 332
둔감한 외상(blunt trauma) 148
딸세포 24

[ㄹ]

락토즈 과민성(LI) 180
레트 증후군 54
렙틴 195
렙틴수용체 195
루게릭병 298
루푸스(전신 홍반성 루푸스, SLE)
　225
류머티스성 관절염 215
류머티스성 질병 216

[ㅁ]

마제족(talipes equinovarus) 70
만성 골수성 백혈병 270
만성 림프성 백혈병 270
만성 폐쇄성 폐질환(COPD) 160
말더듬 103
말라리아 207
맹장염 182
멘델법칙 32
모세혈관 확장성 조화운동 불능
　(ataxia telangiectasia, A-T) 244
무뇌증 66
무정위운동증 82
민족성 48

[ㅂ]

반수체(haplotype) 16
반수체유전자형(haplotype) 56
발작 105
발통풍(podagra) 223
발포인산(valpoic acid) 66
방광암 262
배아세포 65
백치(크레틴병 cretin) 86
베타-지중해 빈혈 51
복부 대동맥류(abdominal aortic
　　aneurysm, AAA) 149
본태성 고혈압 137
본태성 다낭난소증후군 39
부분 간질 105
부분 입천장갈림증 69
분비선조직암 277
불임 37
브루가다 증후군(Brugada syndrome)
　　147
비늘모양세포암 277
비대성 심근증 139, 148
비만인 190
비소세포폐암 277
비폴립증 결장직장암(HNPCC) 247
비호지킨병 272

[ㅅ]

사람 유전체사업 27, 33
사르코이드증 163
사스바이러스 211
사시 122
사춘기 척추만곡 119

사팔뜨기 122
삼출형 황반변성 306
상동형질(concordance) 16
상염색체 16
상피세포성 난소암(epithelial ovarian
　　carcinomas, EOCs) 246
상호균형 전좌(balanced translocation)
　　돌연변이 53
색소석 184
색소성 녹내장 304
생식세포 변이체 23
생식세포 유전자 치료 338
선천성 기형 63
선천성 락토즈 과민성(CLD) 180,
　　181
선천성 심장 결함 67
선천성 척추만곡 118
섬유염 증후군 230
성선자극호르몬 58
성염색체 16
성인형 과소락토즈증 181
소세포폐암 277
소아 결신 간질 이상 108
소아 급성 임파성 백혈병 26
소아 지방병증 175
소아당뇨병(제1형 당뇨병) 111
소화성 궤양증(PUD) 172
스크래피란 212
스프루(sprue) 175
습진(Eczema) 117
승모판 일탈증(MVP) 154
승모판(mitral valve) 154
시상하부 38
신세포암(腎細胞癌) 260
신장(키) 120

신장암 259
심근증 139
심방세동(心房細動 AF) 152
심장마비 128
심장율동전환(cardioversion) 153
십이지장 궤양(duodenal ulcer) 172
쌍생아연구 26

[ㅇ]

아미쉬(암만파 신도들) 50
아쉬케나지 유태인 집단 50
아토피 114
아토피 피부염(atopic dermatitis) 117
아토피성 피부염 231
악성 췌장염 178
알츠하이머병 284
알코올 중독 326
알파-지중해빈혈 51
앤지오텐신 II 유전자 56
약물 유전체학 334, 337
약물 중독 329
약시 122
양극성우울증(BPD) 314
양성 소아 중심 측두부 스파이크 간질 (BCECTS) 108
양성(良性) 신생아 경련 106
양수 검사 65
양자(養子)연구 26
억제성 심근증 139
에이즈(후천성 면역 결핍증) 213
연소성(年少性) 근간대성 간질(juvenile myoclonic epilepsy, JME) 107
연소성(年少性)당뇨병 186
열병성 간질 109

염색체 말단소립(telomere) 168
염색체(chromosome) 16
염색체지도 작성법 33
염증성 장 질환 166
엽산 59
영아돌연사 증후군(SIDS) 78
영양 유전학 337
영양 흡수 불량증 175
외사시(exotropia) 123
우성 돌연변이 35
우심실 심근증(ARVM) 148
우울증 313
우호적인 염증 215
원발성 개방우각 녹내장 302
원형탈모증 235
위암 263
위축성위염(atrophic gastritis) 264
유년기 척추만곡 119
유문협착증 69
유방암 237
유아 척추만곡 118
유전법칙 31
유전성(heritability) 16
유전성 비폴립증 결장직장암 253
유전자 31
유전자 돌연변이 24
유전자 탐색 방법 26
육아종(granuloma) 163
이란성 쌍생아 57
이차성 골관절염 220
이형접합성(heterozygosity) 16
인슐린 111
인슐린-비의존성 당뇨병 186
인종 48
인플루엔자바이러스 206

일란성 쌍생아 59
일반 간질 105
일차성 골관절염 220
임파종 272
입술갈림증(구순열) 68
입양 연구 27
입천장갈림증(구개열) 68

[ㅈ]

자가면역 질환 111
자간전증(子癎前症) 55
자궁 내 태아 사망 52
자궁내막증(endometriosis) 38, 41
자궁내막형 선암(adenocarcinoma) 250
자궁섬유종 44
자궁암 249
자매 쌍(sib-pair)방법 45
자연유산 52
자폐증(autism) 89
재발성 자연유산 53
전립선암 256
정맥 혈전증(venous thrombosis) 143
정신분열증 309
정신지체(mental retardation) 85
정자 31
제외(除外) 진단법 95
조산 60
조울증 50
조절부위 33
주의력결핍과다행동장애(ADHD) 100
중합효소연쇄반응(PCR) 33
지능검사(IQ 검사) 85
지속적 성장 지연 121
직렬질량분석법(tandem mass

spectrometry) 73

[ㅊ]

척추갈림증(이분척수) 64, 66
척추만곡 118
척추이분증 59
천식 114
청소년 개방각 녹내장 302
체세포 돌연변이 24
체세포 유전자 치료법 337
체질 인류학(physical anthropology) 48
출혈성 뇌출혈 279
췌장암 267
췌장염 178
취약 X염색체 증후군 38
취약 X염색체 증후군(Fragile X
    syndrome) 87
침투도(penetrance) 16
침투성 소엽세포 종양 238

[ㅋ]

콜레스테롤석 184
큐티연장 증후군(Long QT syndrome) 79
크론병(Crohn disease) 166

[ㅌ]

태아 염색체 분석 65
터너증후군 38
통풍 223
퇴행성관절염 220
투우렛 증후군 322
특정 읽기장애(specific reading

344   찾아보기

disability, SRD) 95
특정언어장애(SLI) 98
티오퓨린메틸트랜스페라제 26

[ㅍ]

파킨슨병 294
팽창성 심근증 139
페닐알라닌 하이드록실라아제 73
페닐케톤뇨증 71
편두통 289
폐색전 143
폐암 277
푸마릭산 탈수효소(dihydratase) 45
피마 인디언 51

[ㅎ]

하시모토 갑상선염 202
행동유전학 338
헬리코박터 파일로리(Helicobacter pylori) 173
헬리코박터균 264
협각 녹내장 303
협심증 128

호모 사피엔스 48
호지킨 임파종(Hodgkin's lymphoma) 271
호지킨병 272
황반변성 305
후천성 척추만곡 118
흉곽 대동맥류(thoracic aortic aneurysm, TAA) 150
흑색종 275
흑혈병 211

〈기타〉

1유전자-1효소 학설 32
21-히드록실라제 39
3수성(trisomy) 52
6-메르캅토퓨린 26
BMI 190
DNA 제한효소 33
DNA의 이중나선구조 32
DR3-DQ2 177
DR4-DQ 177
G6PD 결핍증 51
HIV(사람 면역 결핍 바이러스) 206
LDL 콜레스테롤 129